Das Geographische Seminar

Herausgegeben von
PROF. DR. RAINER GLAWION
PROF. DR. HARTMUT LESER
PROF. DR. HERBERT POPP
PROF. DR. KLAUS ROTHER

BERNHARD EITEL

Bodengeographie

westermann

Prof. Dr. BERNHARD EITEL, 1959 in Karlsruhe geboren. Studium der Geographie und Germanistik an der Universität Karlsruhe (TH). Erstes Staatsexamen für das Lehramt an Gymnasien 1986, Wissenschaftlicher Assistent am Institut für Geographie und Geoökologie der Universität Karlsruhe (TH) bei Prof. Dr. A. WIRTHMANN. 1988 Promotion zum Dr. rer. nat. bei Prof. Dr. W. D. BLÜMEL an der Universität Stuttgart. 1989 Wissenschaftlicher Angestellter und Akademischer Rat am Institut für Geographie der Universität Stuttgart. 1994 Habilitation in Stuttgart, Privatdozent. Seit 1995 Professor für Physische Geographie an der Universität Passau. Arbeitsschwerpunkte: Geomorphologie, Bodengeographie, Geoökologie, Paläoklimatologie (Süddeutschland, Frankreich, Namibia, Spitzbergen).

© Westermann Schulbuchverlag GmbH, Braunschweig 1999

Verlagslektorat: Theo Topel
Herstellung: Karin Tangermann
Druck und Bindung: westermann druck GmbH, Braunschweig

ISBN 3-14-**16 0281**-6

Inhalt

Vorwort

Das Buch ist eine Einführung in die Bodengeographie und wendet sich an Schüler und Lehrer, Studierende und an interessierte Leser ohne größere Vorkenntnisse. Es wurde weitgehend auf die Ergebnisdarstellung differenzierter Bodenanalysen verzichtet. An dieser Stelle sei aber darauf hingewiesen, daß das heutige Wissen auf den Entbehrungen und Mühen vieler Kollegen sowohl im Gelände als auch im Labor aufbaut. Nach einer kurzen Einführung in die bodenkundlichen Grundlagen und die gebräuchlichsten Bodenklassifikationssysteme werden (Poly-)Genese und Verbreitung der Böden der Erde behandelt. Nutzungsaspekte und andere menschliche Einflüsse werden angerissen, jedoch nicht vertieft. Das Buch ersetzt damit nicht weiterführende bodenkundliche Literatur, auf die an vielen Stellen verwiesen wird. Auf Wechselwirkungen zwischen Pedosphäre und Atmosphäre wird hingewiesen. Dies geschieht unter Berücksichtigung aktueller Diskussionen um die Entwicklung des Klimas der Erde. Damit kommt das Buch einem Wunsch nach Interdisziplinarität nach, der von vielen Studierenden geäußert wurde. Das Buch benutzt durchgängig die Nomenklatur, die zur Weltbodenkarte der FAO-UNESCO entwickelt wurde. Der Aufbau orientiert sich an der ökozonalen Gliederung der Erde. Bodenzonale Zuordnungen werden kritisch diskutiert.

Mein Dank den Herausgebern der Reihe, besonders Herrn Prof. Dr. KLAUS ROTHER Passau), Herrn Prof. Dr. HARTMUT LESER (Basel) und Herrn Prof. Dr. RAINER GLAWION (Freiburg/Brsg.) für viele kritische Ratschläge. Hinweise erhielt ich auch von Herrn Dr. JOACHIM EBERLE (Stuttgart) und Herrn Prof. Dr. LUDWIG ZÖLLER (Bonn). Herr Dipl.-Kfm. MICHAEL BUCHER (Passau) stand bei technischen Problemen stets mit Rat und Tat zur Verfügung. Besonders verbunden bin ich Herrn Dipl.-Ing. (FH) ERWIN VOGL (Passau), der sich in bewährter kartographischer Sorgfalt der Vorlagen und Entwürfe angenommen und die Karten und Abbildungen zum Druck vorbereitet hat. Nicht unerwähnt seien die Hilfskräfte, insbesondere Frau S. HAWRAN, die auf vielfältige Art zugearbeitet haben.

Passau, im Juli 1998   BERNHARD EITEL

1 Einführung: Aufgabe und Maßstabsebenen einer bodengeographischen Betrachtung

Die Geographie versteht sich heute als moderne Raum- und Umweltwissenschaft, deren Forschungsobjekt die Beschreibung und Erklärung komplexer Wechselwirkungen zwischen dem agierenden Menschen und seinem natürlichen Lebensraum auf verschiedenen Maßstabsebenen darstellt. Aus dem Verständnis der vielfältigen Beziehungen zwischen dem Menschen und seiner Umwelt erwächst die Aufgabe, raumwirksame Prozesse auf wissenschaftlicher Grundlage zu erfassen, zu bewerten und gegebenenfalls Handlungsvorschläge zu machen. Innerhalb einer derartig landschaftsökologisch ausgerichteten Geographie hat sich die Bodengeographie in den letzten Jahrzehnten zu einer eigenständigen Teildisziplin der Physischen Geographie wie auch der Bodenkunde entwickelt. Die Bodengeographie stellt sich nicht nur der Aufgabe, die Entstehung und Verbreitung verschiedener Bodentypen und Bodengesellschaften auf der Erde oder ihren einzelnen Teilräumen darzustellen und zu erklären, sondern sie beschäftigt sich mehr und mehr mit den komplexen raumzeitlichen Wechselwirkungen, in die die Pedosphäre in verschiedensten Landschaftsausschnitten der Erde eingebunden war und ist. Dabei liefert sie wichtige Bausteine zur Lösung angewandter geoökologischer Fragestellungen.

Das Arbeits- und Forschungsgebiet der Bodengeographie tangiert verschiedene Nachbardisziplinen. Dies liegt in der Natur der Böden: So stellten KUNTZE et al. (1994) die *Pedosphäre* (von griechisch *pedon* = Boden) als Durchdringungskomplex von Atmosphäre, Hydrosphäre, Lithosphäre, Anthroposphäre und Biosphäre dar. Böden sind offene Systeme, die besonders aus der Atmosphäre und der Lithosphäre Energie und Stoffe aufnehmen und über die von Mensch und Tier genutzte Vegetationsdecke und das Wasser Substanzen abgeben. Die Böden sind dabei einer ständigen Veränderung unterworfen und bilden als Raum-Zeit-Struktur ein vierdimensionales System (Abb. 1).

Neuere Ansprüche an die Bodengeographie – beispielsweise zur landschaftsökologischen Modellbildung – benötigen eine differenzierte Sicht der

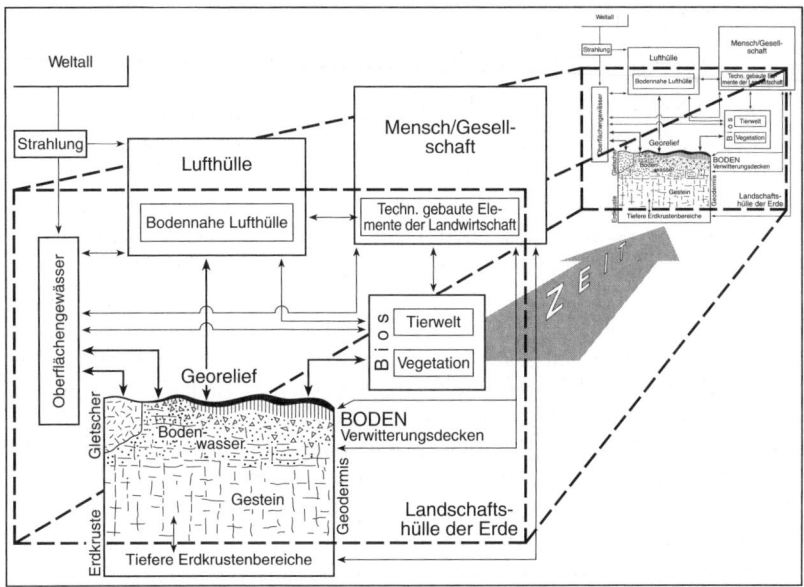

Abb. 1: Die Stellung der Böden im Zentrum der Landschaftshülle der Erde (nach LESER *1996, verändert). Der Faktor Zeit macht aus den Böden ein vierdimensionales System.*

Bodengesellschaften und ihrer Funktionen auf unterschiedlichem Gruppierungsniveau und je nach Größe des betrachteten Raums. Die Böden und die Gesellschaften, die sie bilden, sind Produkte komplexer rezenter wie vorzeitlicher Umweltbedingungen. Sie sind „lebendige" Phänomene, die mit unterschiedlicher Trägheit auf die Veränderungen ihrer Umwelt reagierten und reagieren – nicht zuletzt auch auf die Einwirkungen des Menschen. Damit stehen die Böden im Zentrum der Landschaftshülle der Erde (Abb. 1), sind Teil des Lebensraums des Menschen und somit wichtiges Forschungsobjekt der Geographie.

1.1 Maßstabsebenen bodengeographischer Darstellung

Bodengeographische Fragestellungen kann man auf verschiedenen Maßstabsebenen bearbeiten. Der kleinste dreidimensionale Ausschnitt aus der Pedosphäre ist das *Pedon*. Dieses „Bodenindividuum" bildet eine homogene Einheit und besitzt etwa eine Grundfläche von $1-10 \text{ m}^2$. Mehrere Peda gleicher *Bodenform* (Verknüpfung von Boden und Substrattyp) bilden zusammen ein *Polypedon* (räumlich: *Pedotop*). Innerhalb eines Pedotops (auch: *Bodenareal*) variieren die Eigenschaften und Kennzeichen der Peda nur unwesentlich. Sind die Peda auf kleiner Fläche aber sehr heterogen, so daß keine Areale abgegrenzt werden können, werden sie zu regelhaften Pedokomplexen zusammengefaßt.

Die *Bodenlandschaft* (auch: *Bodenschaft*; räumlich: *Pedochore*) ist die Gesamtheit der Bodenareale einer Landschaft. Pedokomplexe beziehungsweise Bodenareale stellen oft ein kleinräumiges Bodenmosaik dar. Die verschiedenen Bodenformen – diese entsprechen in den USA weitgehend den *soil series* (vgl. Kap. 3.2.2) – innerhalb einer Bodenlandschaft bilden eine *Bodengesellschaft*. Die Landschaftsschnitte durch derartige repräsentative und immer wiederkehrende Bodenlandschaften sind ein wichtiges Mittel bodengeographischer Darstellung. Das Profil durch eine solche Bodenlandschaft – zu didaktischen Zwecken oft generalisiert – wird heute allgemein *Catena* (= Kette) genannt, auch wenn die dargestellten Böden nicht immer in einer direkten, überwiegend reliefgesteuerten genetischen Beziehung zueinander stehen. Dies unterscheidet die in neuerer Zeit wiederholt anzutreffende Verwendung des Catena-Begriffs im Sinne von *Toposequenz* von seiner ursprünglichen Bedeutung, die auf Studien von MILNE (1935, 1936) zurückgeht. Eine umfassende Einführung in den Begriff sowie die Unterscheidung verschiedener Catenen bieten SOMMER und SCHLICHTING (1997).

In der *Kartierpraxis* werden in Deutschland auf Bodenkarten abhängig von der Maßstabsebene hierarchisch gegliederte Kartiereinheiten nach sieben Aggregierungsstufen erstellt:
(1) Bodenform (z. B. Parabraunerde aus Löß),
(2) Bodenformengesellschaft (z. B. (1) z. T. über Kalkstein),
(3) Leitbodengesellschaft (z. B. (2) und Pseudogley-Parabraunerde),
(4) Leitbodenassoziation (z. B. Böden aus Löß),
(5) Bodenlandschaft (z. B. Böden der devonischen Massenkalkgebiete),
(6) Bodengroßlandschaft (z. B. Böden der Ton- und Schluffschiefer mit wechselnden Anteilen an Grauwacke, Kalkstein, Sandstein und Quarzit; teilweise mit Lößlehm überdeckt) und
(7) Bodenregion (z. B. Böden der Berg- und Hügelländer mit hohem Anteil an Ton und Schluffschiefern) (KRAHMER und SCHRAPS 1997, S. 17).
Die *Bodenregion* (auch: Makrochore) bildet also eine Bodentypen-Gesellschaft mit Bezug zu geologisch-geomorphologischen Rahmenbedingungen ab.

Unsicherheiten existieren bei der Verwendung des Begriffs *Bodenprovinz*. Letztere – ebenfalls eine geographische Einheit – wird einerseits als kleineres, den Bodenregionen untergeordnetes Gebiet aufgefaßt (SCHROEDER 1992, SCHEFFER/SCHACHTSCHABEL 1992), andererseits wird darunter ein größerer bodengeographischer Ausschnitt verstanden, der mehrere Bodenregionen unter besonderer Berücksichtigung der Bodenbildungstendenzen und damit nach naturräumlichen Gesichtspunkten zusammenfaßt (KUNTZE et al. 1994,

SCHMIDT 1997, HINTERMAIER-ERHARD und ZECH 1997). Diese Verwendung kommt dem von HAASE (1978) eingeführten und gebrauchten Begriff der *Pedo-Georegion* als größter regionischer, auf naturräumlichen Gliederungskriterien beruhender Darstellungseinheit nahe. Die Pedo-Georegionen sind Ausschnitte aus der Pedosphäre, in denen „die Bodenbildung einer gemeinsamen Haupttendenz folgt", und in denen die „Struktur der Bodendecke eine allgemeine Grundform besitzt, die durch das Vorherrschen von pedozonalen Einheiten, Höhenstufenstrukturen, meso-mikroregionischer Kammerung oder bestimmten Mischungsformen daraus zum Ausdruck kommt" (HAASE 1978, S. 155).

Diese naturräumlich-landschaftsökologisch definierten Makroregionen sind geprägt durch unterschiedliche, aber verwandte Konstellationen von Bodenfaktoren und eignen sich zur geographischen Großgliederung der *Bodenzonen*. Sie bilden die größte gebräuchliche Darstellungsdimension und werden in kleinmaßstäbigen Karten dargestellt. Bei Gebrauch des Begriffs Bodenzone werden kennzeichnende Böden einheitlich nach bioklimatischen (teilweise auch landschaftsgeschichtlichen) Kriterien zusammengeschlossen. In Teilen sind diese Bodenzonen deckungsgleich mit Klima-, Landschafts- oder Ökozonen der Erde. Über die Zahl der Bodenzonen der Erde gibt es unterschiedliche Auffassungen: So wurden auf Bodenzonenkarten acht Einheiten (SEMMEL 1993 nach FINCK 1963, GANSSEN und HÄDRICH 1965, SCHRÖDER 1992) oder auch zehn differenziert (SCHULTZ 1995).

Die Anwendung des zonalen Gliederungsprinzips geht besonders auf russische Wissenschaftler zurück, die – stark beeinflußt von den Arbeiten DOKUTSCHAJEWS (1879, 1899 zit. nach MÜCKENHAUSEN 1977) – die Bedeutung des Klimas als bodenbildenden Faktor hervorhoben. So gelangte SIBIRZEW (1895, 1900 zit. nach MÜCKENHAUSEN 1977) zu einer Einteilung der russischen Böden nach Klima und geographischer Breite. Der Ansatz hatte vielfältige Wirkungen auf bodengeographische Darstellungen. In seinem Lehrbuch der „Bodengeographie mit besonderer Berücksichtigung der Böden Mitteleuropas" (erw. 2. Aufl.) übernahm GANSSEN (1972) diese Grundeinteilung und entwickelte sie auf der Basis früherer Arbeiten (GANSSEN und HÄDRICH 1965) weiter. Daraus entwickelte sich die Gliederung in *zonale*, sogenannte *klimaphytomorphe* Böden, in *intrazonale* Böden mit besonderer Abhängigkeit von den Bodenbildungsfaktoren Wasser und Gestein, sowie in *azonale*, nur schwach entwickelte Böden (*Rohböden*). Im deutschen Sprachraum wurde davon die bodengeographische Ausbildung bis heute stark beeinflußt.

1.2 Aufbau und Ziel der Darstellung

Die hohe Koinzidenz der Bodenzonen mit Klimazonen (GANSSEN und HÄDRICH 1965, GANSSEN 1972, SEMMEL 1993) betont den Bezug zwischen Klima und Bodengenese. Hierauf weist auch die Legende zur Weltboden-karte (FAO 1997) hin. Die Böden sind aber nicht monokausal an bestimmte Klimate, sondern an komplexe standortökologische Bedingungen gebunden. Eine einseitig zonale Betrachtung kann der tatsächlichen Bodenvielfalt nicht gerecht werden. Während die Darstellung von Peda oder Polypeda als zu kleine Einheiten die Einbeziehung pedonübergreifender Stofftransporte und Wechselwirkungen praktisch ausschließt, werden die komplexen land-schaftsökologischen Wechselwirkungen in einer einseitig bodenzonal ausge-richteten Betrachtung zu sehr generalisiert. Hinzu kommt, daß sich den heu-tigen Ökozonen nur sehr schwer Bodenzonen zuordnen lassen. Im Gegensatz zu den derzeit – mehr oder weniger klimazonal – wirksamen ökosystemaren Beziehungsgeflechten tragen nämlich die räumlich vorherrschenden Böden und ihre Standorte ein erdgeschichtliches Erbe in sich. Dessen Vielfalt wächst mit zunehmendem Alter der Landoberflächen beziehungsweise der Substrate und Böden. Die Folge sind polyklimatische oder polygenetische Bildungen, die nur bedingt die rezenten ökozonalen Bedingungen widerspie-geln. Im Mittelpunkt dieser Einführung in die Bodengeographie steht deshalb auch nicht die Deskription von pedologischen Kartiereinheiten oder abstra-hierten, vorweg definierten acht bis zehn Bodenzonen. Auch folgt die Arbeit nicht einer systematischen Differenzierung in zonale, intrazonale oder azo-nale Böden, denn in vielen Gebieten der Erde prägen gerade die letzteren die Pedosphäre. Trotz konsequenter Anwendung der FAO-Weltboden-Nomen-klatur wird auch auf eine bodensystematische Gliederung nach *Hauptboden-gruppen* oder *soil orders* (s. Kap. 3) verzichtet, wie sie in bodengeographi-schen Lehrbüchern aus dem angloamerikanischen Sprachraum vorliegt (z. B. STELLA 1976, BURINGH 1979). Diese Vorgehensweise hat aus geographischer Sicht den Nachteil, daß raum- und zeitbezogene Einflüsse nur eingeschränkt berücksichtigt werden können.

Die Gliederung dieses Buches orientiert sich statt dessen an der ökozona-len Gliederung der Erde (SCHULTZ 1995). Es verfolgt das Ziel, in die kom-plexen Zusammenhänge zwischen der Pedosphäre und dem ökozonal geglie-derten Lebensraum des Menschen einzuführen, indem vor allem die Grund-lagen der Genese und Verbreitung der Böden der Erde in Abhängigkeit von raumzeitlich variierenden Bodenbildungsprozessen erläutert werden.

Der Anschauung und Orientierung dienen stark vereinfachte Karten zur Bodenverbreitung sowie Catenen beziehungsweise Toposequenzen, die über die Verbreitung der Böden hinaus die Bildungsprozesse der Böden und ihre Weiterentwicklung in Abhängigkeit von veränderten pedogenetischen Rahmenbedingungen darstellen. Dies trägt der tatsächlichen Differenziertheit der Bodenmosaiks sowie der bodenbildenden Prozesse in verschiedenen Erdräumen Rechnung. Darüber hinaus macht es möglich, auch großräumige, über ökozonale Grenzen hinweggreifende Stoffverfrachtungen, wie beispielsweise äolische Ferntransporte, zu berücksichtigen.

Eine bodengeographische Darstellung baut auf bodenkundlichen Grundlagen auf. Diese werden zu Beginn behandelt. Dazu gehören neben den Bodenbildungsfaktoren ein Abriß der bodenbildenden Prozesse und eine Einführung in die gebräuchlichsten Bodenklassifikationssysteme. Zur Vertiefung stehen moderne Lehrbücher der Bodenkunde zur Verfügung (u. a. LIEBEROTH 1991, SCHROEDER 1992, SCHEFFER/SCHACHTSCHABEL 1998, KUNTZE et al. 1994, BLUME et al. 1996).

2 Bodenbildende Faktoren und Prozesse

Die Pedosphäre ist jener von wenigen Zentimetern bis über 50 m mächtige Bereich der Erdoberfläche, in dem unter Zufuhr von Energie in verschiedener Form anorganische und organische Stoffe verändert und umgewandelt werden sowie neue Substanzen entstehen. Unter Bodenbildung (*Pedogenese*) versteht man die Entstehung *neuer* kennzeichnenden Bodenmerkmale im Substrat. Die Prozesse, die zu bestimmten Böden führen, werden ausgelöst und geprägt durch räumlich unterschiedlich wirksame Kombinationen einzelner bodenbildender Faktoren.

2.1   Bodenbildende Faktoren

GANSSEN (1972) stellte die bodenbildenden Faktoren in einer Gleichung zusammen:

$$B = f(K, G, R, W, T, V, Wi, Z)$$

Die Bodengenese (B) ist danach als Funktion von Klima (K), Gestein (G), Reliefeinfluß (R), Zuschußwasser (W), Tieren (T), Vegetation (V), Wirtschaftsweise des Menschen (Wi) und Zeit (Z) aufzufassen. Die bodenbildenden Faktorenkombinationen und ihre Raumwirksamkeit variieren in den verschiedenen Bodenzonen der Erde sehr stark.

2.1.1   Bodenbildungsfaktor Klima

Das Klima wirkt über Niederschlag und Verdunstung, Temperatur sowie Wind auf den Boden ein. Für die Bodenbildungsprozesse spielen die Feuchte- und Temperaturschwankungen im Tages beziehungsweise Jahresverlauf eine große Rolle. Je nach Betrachtungsmaßstab sind mikroklimatische von makroklimatisch wirksamen Einflüssen zu unterscheiden.

Das in das Ausgangssubstrat, den Boden und seine Auflage eindringende Wasser wirkt nicht nur entscheidend bei der Veränderung und Neubildung von Stoffen (Transformation und Neosynthese) mit, sondern bildet auch das Transportmedium für vertikale und horizontale Stoffverlagerungen in der Pedosphäre. Die vorherrschende Temperatur bestimmt auch die Transportrichtung mit. Bei hoher Verdunstung in Trockengebieten kann die unter feuchten Klimaten vorherrschende deszendente (absteigende) Wasserbewegung im Boden in eine aszendente (aufsteigende) umgekehrt werden. Darüber hinaus wird in kalten Klimaten die Bodenbildung sehr stark von Gefrier-Tau-Zyklen beeinflußt. Bei Frost ruht die Pedogenese fast gänzlich.

Das Klima steuert darüber hinaus Materialtransporte an der Landoberfläche, so daß geomorphologische Prozesse auch die Pedosphäre erfassen. Dies führt linien- und flächenhaft zu Bodenabtrag und -umlagerung, zu begrabenen Böden (Fossilierung), zu Durchmischungen und zu neuen, unverwitterten Sedimenten, in denen die Bodenbildung neu ansetzen kann. Auch der Wind hat als Abtragungs-, Transport- und Sedimentationsagens Bedeutung. Während Sande meist saltierend (springend) und über kürzere Distanzen bewegt werden, werden die feineren Stäube oft über tausende von Kilometern verfrachtet und in anderen Ökozonen in Decksedimente und Böden eingearbeitet. Dies hat Auswirkungen auf die Bodenbildung beziehungsweise Bodenweiterentwicklung.

2.1.2   Festgestein und Sediment als bodenbildende Faktoren

Die Verwitterung verändert das Ausgangsgestein für die sich bildenden Böden. Physikalische Dekompositionsprozesse zerkleinern das Gestein und (bio-)chemische bereiten es bis in elementare Teilchen auf. Die Verwitterungsprozesse werden in der Geographie meist aus der Sicht der Geomorphologie betrachtet. Die Gesteinsaufbereitung bildet hier die Voraussetzung für Abtragung und Sedimentation und damit die Formung der Landoberfläche. Verwitterungsvorgänge können aus bodenkundlicher Sicht aber auch als bodenbildende Prozesse aufgefaßt werden (Kap. 2.2), da die entstehenden Gesteinsbruchstücke *(Klasten)* und chemisch neugebildeten Minerale sich auf die Art und Zusammensetzung des Bodens prägend auswirken.

Die Geschwindigkeit der Gesteinszerstörung und die Art der dabei freigesetzten Stoffe sind nicht nur vom Zusammenwirken der Verwitterungsprozesse, sondern auch stark von der Beschaffenheit (Klüftung, grob- oder feinkristalline Zusammensetzung, Porosität, Korngröße) und der mineralogischen Zusammensetzung der Gesteine abhängig. Man unterteilt die natürlichen Substrate grundsätzlich in Fest- (Magmatite, Metamorphite, Sedimentite) und Lockergesteine. Als *Deckschichten* sind letztere die Folge der

Gesteinsaufbereitung durch Verwitterungsprozesse und von Transportvor-
gängen auf der Landoberfläche (Geomorphodynamik). Beide tragen zur
Bodenart (Korngrößenzusammensetzung der mineralischen Bestandteile des
Bodens) bei. Man unterscheidet in *Grobboden* oder *Skelett* (Korndurchmes-
ser >2 mm) und *Feinboden*. Letzterer setzt sich aus *Sand* (2–0,063 mm),
Schluff (0,063–0,002) und *Ton* (<0,002 mm) zusammen. *Lehm* ist ein Sand-
Schluff-Ton-Gemisch. Unterschiedliche Anteile definieren die Bodenart (AG
Boden 1994). Festgesteine treten oft nur kleinräumig und besonders in stark
reliefierten Bereichen auf, während die meisten Landoberflächen von umgelagerten, oft mehrschichtigen Sedimenten bedeckt sind. Sie unterscheiden
sich sowohl vom sedimentologischen als auch vom petrographischen Charakter her oft erheblich von den darunter liegenden Festgesteinen und prägen
die Bodenbildung (siehe beispielsweise Kap. 4.3.2.1 und Kap. 4.8.2).

2.1.3   Relief und Geomorphodynamik als Bodenbildungsfaktoren

Die Untersuchung der Wechselwirkungen zwischen dem Relief beziehungsweise den auf der Landoberfläche ablaufenden geomorphologischen Prozessen
und den davon beeinflußten Böden hat zu fachübergreifenden bodengeographischen Studien geführt, die den engen Zusammenhang zwischen diesen Faktor-
kombinationen und der Bodengenese betonen (BIRKELAND 1984, GERRARD
1995). Das Relief beeinflußt besonders über die Höhenlage, Strahlungsexposition, Warm- und Kaltluftbewegungen das auf den Boden einwirkende Klima.
Von großer Bedeutung sind die von der Gravitation initiierten Transportvorgänge und damit die – nicht zuletzt auch klima- und gesteinsabhängige – Geomorphodynamik. Dies betrifft sowohl die Produktion von Lockersubstraten als
auch die pedogenetischen Prozesse selbst. In ebener Lage sind Stofftransporte
überwiegend vertikal orientiert, während mit zunehmender Hangneigung laterale beziehungsweise hangparallele Verlagerungen vorherrschen.

Pedonübergreifende Transportvorgänge ziehen vielfältige Veränderungen
der pedogenetischen Prozeßkombinationen nach sich. Sie können beispielsweise in steilen Oberhanglagen Böden verjüngen oder völlig abtragen und in
Senken zu Akkumulationen (*Kolluvien*) oder Auesedimenten führen. Wasser-
bewegungen innerhalb der Pedosphäre ziehen einerseits Stoffverluste (z. B.
durch Lösung), andererseits Anreicherungen nach sich. Auch der Mensch übt
in landwirtschaftlich und forstwirtschaftlich genutzten Gebieten Einfluß auf
die Geomorphodynamik aus, indem er u. a. durch Rodungen die Reliefstabilität mindert. In steilen Lagen schafft er z. B. durch Terrassierungen ein
künstliches Relief, wodurch erhebliche Eingriffe in die natürlichen Bodenbildungsprozesse zustande kommen. Dies hat wiederum auf die Vegetation und
Nutzung Rückwirkungen.

In den Trockengebieten spielen Deflationsvorgänge einerseits und die äolischen Einträge von Stoffen in Böden andererseits eine Rolle. Vor allem Staub wird bis in die angrenzenden feuchteren Gebiete transportiert. Sich oft wiederholende oder quasikontinuierliche Einträge auch kleiner Mengen über lange Zeiträume haben großen Einfluß auf die Pedogenese.

2.1.4 Wasser als Bodenbildungsfaktor

Das Wasser ist als bodenbildender Faktor an fast allen pedogenetischen Prozessen beteiligt. Es wirkt auf und in der Pedosphäre als Grundwasser, Sickerwasser, Stauwasser und Haftwasser (Adsorptions- und Kapillarwasser). Die Verfügbarkeit des Wassers ist besonders von der Lage des Bodens im Relief, den klimatischen Rahmenbedingungen sowie der Bodenart abhängig (KUTILEK und NIELSEN 1994). Das Wasser kann vor allem durch Verdrängung der Luft aus den Bodenporen und das entstehende reduzierende Milieu bodenbildende Prozesse in Gang setzen (Kap. 2.2.5). Die Böden weisen dann eine unterschiedliche *Hydromorphierung* auf und können in terrestrische, semiterrestrische und subhydrische Böden systematisch gegliedert werden (Kap. 3.1).

In solchen Tiefenlinien, wo Wasser das ganze Jahr über den Porenraum des Bodens füllt, prägt *Grundwasser* die Bodenbildung. Jenes Wasser, das der Schwerkraft folgend den Boden vertikal durchdringt und das Grundwasser speist, nennt man *Sickerwasser*. Es dient als wichtiges Transportmedium für die deszendente Stoffverlagerung. Bei stärkerer Hangneigung erhält der Sickerwasserstrom oft eine hangparallele Richtung (*Hangwasser / Interflow*). Ist die Permeabilität von Böden gering, kann dies während feuchter Perioden zur Vernässung durch *Stauwasser* führen.

Im Gegensatz dazu kann das *Haftwasser* (Bodenwasser) gegen die Schwerkraft im Boden gehalten werden: Dabei verursachen London-van der Waalssche Kräfte und elektrostatische Anziehungskräfte eine Anlagerung (Adsorption) der dipolaren Wassermoleküle an die feste Bodensubstanz. Eine andere Form des Haftwassers ist das Kapillarwasser, das über Menisken im Boden gespeichert wird. Die Bildung von *Menisken* an der Berührungsstelle zwischen Wasser und Feststoff beruht auf dem Zusammenwirken von Adhäsionskräften und den Kohäsionskräften zwischen den Wassermolekülen selbst unter Bildung von Wasserstoffbrücken. Die Krümmung der Wasserschichten an der Berührungsstelle zur Festsubstanz ist Ausdruck des Bestrebens, die Grenzfläche Wasser-Luft zu verkleinern, um einen energieärmeren Zustand zu erreichen. Die kapillare Bindung führt dazu, daß bei hohen Verdunstungsraten Kapillarwasser an die Bodenoberfläche aufsteigen kann. Dies geschieht besonders gut bei feinkörnigen Substraten (z. B. Sand-Schluff-

Gemische), die kleine Poren, aber eine relativ große Oberfläche besitzen. Jene Wassermenge, die ein Boden nach vollständiger Wassersättigung gegen die Schwerkraft halten kann, nennt man *Feldkapazität*. Das Haftwasser steht ständig unter Spannung Sie sinkt mit zunehmender Feuchte beziehungsweise steigt mit zunehmender Austrocknung des Bodens. Die resultierende Haftkraft, der das Bodenwasser unterliegt, kann den Zelldruck, mit dessen Hilfe die Pflanzen Wasser und gelöste Nährstoffe aufnehmen, bei weitem übersteigen, so daß ein Teil des Bodenwassers nicht pflanzenverfügbar ist. Die Grenze zu diesem sogenannten *Totwasser* heißt *permanenter Welkepunkt*.

2.1.5   Pflanzen und Tiere als bodenbildende Faktoren

Die Vegetation schützt den Boden vor den atmosphärischen Einflüssen. Sie gleicht den Gang der Temperatur aus und bewahrt besonders vor Erosion und Deflation. Gleichzeit erhöht sie die Infiltration von Niederschlagswasser. Die Vegetation entzieht dem Boden aber auch Nährstoffe, die als abgestorbene organische Substanz dem Standort nur zum Teil wieder zugeführt werden. Das *Edaphon*, die im Boden lebende Flora und Fauna, baut die abgestorbene organische Streu ab (*Remineralisierung*) beziehungsweise baut sie um (*Humifizierung*). Die Aktivität des Edaphons variiert stark nach Art der Streu und Klima. Darüber hinaus sorgen Bodentiere für eine Durchmischung des Mineralbodens mit den mehr oder weniger humifizierten Rückständen der Biomasse (*Bioturbation*). Biogene Gefügebildung, Humifizierung und Bioturbation sind wichtige bodenbildende Prozesse (Kap. 2.2.7, Kap. 2.2.8, Kap. 2.3).

2.1.6   Der Mensch als bodenbildender Faktor

In dicht und seit langer Zeit besiedelten Regionen sind die Böden auch durch den Menschen beeinflußt. Er greift in das natürliche Zusammenwirken der anderen bodenbildenden Faktoren ein und beeinflußt so die bodengenetischen Prozesse. Meist sind damit Gefährdungen und Degradationserscheinungen der Böden verbunden. Der Mensch kann direkt einwirken, indem er den natürlichen Bodenaufbau durch Bearbeitungstechniken (z. B. Pflügen) verändert. Durch Rodung und Anbau von Feldfrüchten entzieht er den Böden Nährstoffe. Durch Nadelbaum-Monokulturen kann eine unter natürlichen Wäldern nährstoffreiche, leicht ab- und umzubauende organische Auflage durch schwer zersetzbare Nadelstreu ersetzt werden, was das Bodenleben und die Humifizierungsprozesse stark beeinträchtigt. Mit der Rodung von Wald und falscher Bearbeitung von Ackerflächen steigt oft die geomorphodynamische Aktivität, die sich in Bodenerosion sowie Kolluvien und Auesedimenten widerspiegelt.

Großräumige Emissionen aus Wohnsiedlungen, Industrien oder Verkehrsmitteln können die natürliche Bodenversauerung beschleunigen sowie zur Belastung mit Stäuben und Schwermetallen oder anderen Stoffen führen. Der Eintrag von Schadstoffen kann über die Atmosphäre oder die Hydrosphäre erfolgen. Falsche Bodennutzung kann den Bodenwasserhaushalt nachhaltig verändern. Versalzung oder Hydromorphierung können die Folge sein. Indirekt wirkt der Mensch auch auf die bodenbildenden Prozesse ein, indem er das Mikro- und das Makroklima verändert. Auf Temperaturveränderungen reagieren besonders empfindlich die Böden in den Hochgebirgsregionen und Polargebieten, auf hygrische Schwankungen vor allem die in den Trockengebieten. Derartige Aspekte finden auch durch die Klimadiskussionen Interesse (SCHARPENSEEL et al. 1990).

In seinem Bestreben, die natürlichen pedologischen Grundlagen zu verbessern, hat der Mensch nicht nur anthropogene Anbauflächen geschaffen, sondern versucht, auch mit neuen Substraten – aus natürlichen wie auch künstlichen Materialien – Bodenbildungsprozesse zu manipulieren. Dabei spielen Düngemittel eine große Rolle. Die Beeinträchtigung der Böden hat die Forderung nach Bodenschutz nach sich gezogen. Der Mensch greift in diesem Zusammenhang deshalb auch meliorierend und schützend in die pedogenetischen Rahmenbedingungen ein. Zielsetzungen, Probleme und Techniken sind bei BLUME (1992) zusammengestellt.

2.1.7   Zeit als Bodenbildungsfaktor

Die Bodenbildungsprozesse benötigen auch Zeit. Böden entwickeln sich unterschiedlich schnell, was sich sowohl in ihren Eigenschaften als auch in ihrer Mächtigkeit widerspiegelt. Mit *Klimax* bezeichnet man den Endzustand einer Bodenentwicklung, an dem der Boden unter den ökozonalen *und* standortökologischen Bedingungen seinen „Reifezustand" erreicht hat. Es ist schwer abzuschätzen, wie lange Böden unter mehr oder weniger gleichbleibenden landschaftsökologischen Bedingungen benötigen, um ihr Klimaxstadium zu erlangen und beizubehalten. Die Entwicklung dahin verläuft nicht linear, sondern die Bodenbildung beginnt langsam und beschleunigt sich abhängig von der Art der bodenbildenden Prozesse, um sich am Ende langsam dem Reifezustand zu nähern (YAALON 1983). Lauf und Dauer dieses Vorgangs werden oft mit *Chronosequenzen* beschrieben. Darunter versteht man eine Abfolge unterschiedlich alter, d. h. verschieden weit fortgeschrittener bodengenetischer Merkmale beziehungsweise Böden bei vergleichbaren pedogenetischen Rahmenbedingungen. Derartige Sequenzen werden sowohl in der bodenkundlichen Forschung untersucht als auch in der geomorphologischen Forschung zur Altersdifferenzierung von Landformen verwendet (BOCKHEIM 1980, vgl. z. B. Kap. 4.1.5).

Angesichts sich ständig verändernder Einflüsse durch Bodenbildungsfaktoren – besonders durch langfristige Klimaschwankungen und singuläre meteorologische Extremereignisse – ist es fraglich, ob Böden ihre Endreife wirklich erlangen. Viele Anzeichen deuten darauf hin, daß Böden oft polygenetisch sind und sich immer wieder an veränderte Umweltbedingungen angepaßt haben. Dies trifft nicht nur auf die als „alt" bezeichneten Tropenböden zu, sondern auch auf viele „junge" Böden, die sich in den kaltzeitlich vergletscherten und periglazialen Gebieten entwickelt haben. Ihre Entwicklung wurde vom postglazialen Vegetations- und Klimawandel im Holozän immer wieder stimuliert.

Durch veränderte Faktorenkombinationen entwickeln sich die Böden weiter beziehungsweise werden überprägt. Sie können aber auch teilweise oder ganz abgetragen werden. Dann bleiben ältere Bodenrelikte zurück, die ihrerseits weitergebildet werden können. Fossile Böden entstehen durch Sedimentüberschüttungen (> 7dm, FELIX-HENNINGSEN und BLEICH 1996), so daß der Entwicklungszustand konserviert wird. Sie können aber auch – besonders durch Grund- und Stauwassereinfluß – einer fortgesetzten Hydromorphierung unterliegen. Bei mehreren fossilen Böden unter einer entsprechend mächtigen Deckschicht spricht man von fossilen Bodenkomplexen. Abgetragenes Bodenmaterial (*Bodensedimente*) ist oft mit frischen Substraten vermischt, was die am Ablagerungsort neu einsetzenden Bodenbildungsprozesse ebenfalls beeinflußt.

Böden haben stets eine Geschichte. Sie sind landschafts- und nutzungsgeschichtliche Urkunden, die nicht nur von Paläopedologen, sondern auch von Geomorphologen, (Paläo-)Klimageographen, Geologen und Archäologen erforscht werden. Von *Paläoböden* wird erst gesprochen, wenn die Bildung dieser Böden nicht im Holozän vor sich gegangen ist.

2.2   Bodenbildungsprozesse

Das Zusammenwirken der bodenbildenden Faktoren ruft je nach Kombination verschiedene Bodenbildungsprozesse hervor. Es sind *Transformations-* (Abbau, Umwandlung und Neosynthese) und *Translokationsprozesse* (Verlagerungen) zu unterscheiden. Wie die bodenbildenden Faktoren wirken auch die verschiedenen Bodenbildungsprozesse meist zusammen. Resultat sind bodenkennzeichnende Merkmale, welche die Grundlage der Bodentypologie bilden. Die wichtigsten Bodenbildungsprozesse sind nachfolgend zusammengestellt.

2.2.1 Gesteinsaufbereitung durch physikalische Verwitterungsprozesse

Das Gestein (Fest- und Lockergestein) ist oft ein bodenprägender Faktor. Die Verwitterung (*Dekomposition*) als Transformation des anstehenden Gesteins und damit die Schaffung unterschiedlicher Bodensubstrate ist einerseits die Voraussetzung der Bodenbildungsprozesse und andererseits ein eigenständiger, in situ ablaufender pedogenetischer Teilprozeß. Die Verwitterungsprozesse spielen – aus physiogeographischer Sicht – daher nicht nur für geomorphologische (LESER 1993), sondern auch für bodengeographische Fragestellungen eine große Rolle. Daher gibt es unterschiedliche Auffassungen, ob die Verwitterungsprozesse bereits zu den pedogenetischen Vorgängen zu rechnen sind, oder nicht. An dieser Stelle werden die Verwitterungsprodukte unter pedogenetischem Blickwinkel betrachtet und neben andere Bodenbildungsprozesse gestellt.

Die Produkte, die aus der Kombination verschiedener Verwitterungsvorgänge hervorgehen, unterscheiden sich vor allem durch die Gewichtung der Teilprozesse. Die Dominanz verschiedener Dekompositionsprozesse ist stark klimaabhängig.

Physikalische Verwitterungsprozesse erzeugen stets Gesteinsbruchstücke, deren Größe von mehreren Metern bis zur Grobtonfraktion reichen kann. Diese Spannbreite wird selten unter- oder überschritten.

Die Insolationsverwitterung (*Einstrahlungsverwitterung*) beruht auf den Spannungen, die sich – v. a. in grobkristallinen Gesteinen – zwischen den einzelnen Mineralkörnern aufbauen, wenn in tageszeitlichem Wechsel oder durch Beschattung und Sonnenexposition große Temperaturunterschiede auftreten. Diese sind bei Gesteinen 1,5 bis 2,5 mal stärker als in der Luft. In der Antarktis können bestrahlte Gesteinsoberflächen Temperaturen von über 30 °C bei gleichzeitigen Lufttemperaturen unter dem Gefrierpunkt erreichen (MIOTKE und HODENBERG 1980, KAPPEN 1985). Verstärkt werden diese auf unterschiedlichen Ausdehnungskoeffizienten beruhenden Spannungen bei schneller Erwärmung beziehungsweise plötzlichem Abkühlen beispielsweise durch kurzzeitige Regenfälle. Je nach Klüftung neigen die Gesteine dann zu Abgrusen (z. B. Granit), zur Abschuppung (z. B. Schiefer) oder, in größerer Dimension, z. B. zu Abschalungen an Felswänden sowie zu sogenannten Kernsprüngen in grobem Blockwerk.

Die Mehrzahl der Produkte physikalischer Verwitterung geht auf Kristallisationsdruck zurück. Man unterscheidet in

- *kryoklastische* (Frostsprengung),
- *calciklastische* (Carbonatsprengung) und
- *haloklastische* (Salzsprengung) Verwitterung.

Wenn Wasser gefriert, vergrößert sich sein Volumen um 9 %. Zudem kristallisiert das Eis senkrecht ausgerichtet von der Anfrierfläche weg. Dies

kann zu einem Druck führen, der etwa dem Achtfachen der maximalen Zug-
festigkeit von Gestein (250 kp/cm^2) entspricht. Die Eigenschaft des Eises,
Wasser aus der umgebenden Luft oder dem Boden anzuziehen (*Dehydratation*) und zu segregieren, hat große Auswirkungen auf die Geomorphodynamik und damit die Pedogenese in den Polargebieten und Hochgebirgen
(WEISE 1983).

Carbonat – vor allem CaCO$_3$ – wurde bislang als eigenständiges Verwitte-
rungsagens kaum beachtet. In chemischem Sinn auch ein Salz, ist es vor
allem in semiariden Gebieten der Erde aktiv. Lösung und Rekristallisation
von Kalk beim Verdunsten üben eine vergleichbare Wirkung auf das Gestein
aus wie das Eis (EITEL und BLÜMEL 1997).

Während die Carbonate in semiariden Landschaften aufgrund ihrer geringeren Löslichkeit in Wasser eine längere Verweildauer haben, sind neben
Gips (auch *gipsiklastische Verwitterung*) die leicht mobilisierbaren Salze
(z. B. Chloride) in ariden Landschaften oder Küstennähe besonders wirksam.
Hier bleiben sie geomorphodynamisch aktiv, da sie nicht mit Regenwasser
ausgewaschen werden. Besonders Tau und Nebel führen zu zyklischer
Lösung und Rekristallisation hochmobiler Salze. Salzlösung in den Gesteinen ist mit Massenverlusten verbunden, Salzkristallisation vor allem nahe der
Gesteinsoberfläche ruft einen Sprengdruck hervor (WINKLER und SINGER
1972).

Hinzu tritt die *Hydratation*. Darunter versteht man die *Adsorption* von
Wasser (Anlagerung von Wasser, Ausbildung von Hydrathüllen) – bei manchen Mineralen wie Gips auch seinen Einbau ins Kristallgitter. Damit ist eine
Volumenzunahme verbunden, die erneuten Druck auf den Mineralverband
erzeugt (GOUDIE und VILES 1995). Quellen und Schrumpfen ist oft auch ein
Kennzeichen tonreicher Gesteine, wenn sie mit Wasser in Berührung kommen.

Auch die Pflanzen üben eine physikalische Verwitterungswirkung aus: Mit
Hilfe des osmotischen Drucks des Protoplasmas (bis über 10 kp/cm^2) erfolgt
über die Pflanzenwurzel eine Lockerung des Gesteins. Bereits durch die Pio-
nierbesiedlung von Gesteinsoberflächen durch Flechten können feinste Klasten entstehen, indem die auf den Mineraloberflächen haftenden Biokolloide
durch Quellen und Schrumpfen der Thalli ebenfalls einen Druck von bis über
1 000 kp/cm^2 ausüben können, der den Zusammenhalt der gesteinsbildenden
Minerale bei weitem zu überwinden vermag (EICHLER 1986).

Die physikalischen Verwitterungsprozesse zerkleinern beziehungsweise
zerrütten das Gestein. Eine weitere Aufbereitung erfolgt während der Abtragung. Alle diese Vorgänge bereiten der chemischen Verwitterung den Weg,
indem sie Wasserwegsamkeiten und Oberflächen schaffen und damit die
Angriffsmöglichkeiten für chemische Reaktionen erhöhen.

2.2.2 Chemische Verwitterungsprozesse

Vor allem chemogene Sedimentgesteine wie Kalke, Dolomite, Salze und Gips sind relativ gut wasserlöslich. Die Intensität der *Lösungsverwitterung* ist nicht nur vom Gestein, sondern auch von der Wassertemperatur, der Sättigung der Lösung und vom Protonengehalt (pH; daher auch: *Säureverwitterung*) abhängig. An nahezu allen Lösungsprozessen in der Natur sind organische (aus dem Abbau pflanzlicher Streu) oder anorganische Säuren beteiligt. So nimmt beispielsweise Wasser CO_2 auf, wodurch der Niederschlag (Kohlendioxid aus der Luft) ebenso wie das Sickerwasser (Kohlendioxid aus der Atmung der Pflanzenwurzeln und Bodenorganismen) zu einer Kohlensäurelösung wird. So entsteht z. B. bei der Kalklösung – in reversibler Reaktion – das ca. 10 mal leichter lösliche Calciumhydrogencarbonat:

$$H_2O + CO_2 \Longleftrightarrow H_2CO_3 \text{ (Kohlensäure)}$$
$$CaCO_3 + H_2CO_3 \Longleftrightarrow Ca(HCO_3)_2 \text{ (Calciumhydrogencarbonat)}$$

Die Hydratation bereitet der *Hydrolyse/Protolyse* den Weg: Die dipolaren Wassermoleküle lagern sich bei der Hydratation mit der Sauerstoffseite an die Grenzflächenionen des Kristallgitters der gesteinsbildenden Minerale an. Dies führt zur Absättigung der freien Valenzen durch die Bildung von Hydrathüllen. Die entstehende Lockerung des Mineralverbands erlaubt weiterem Wasser das Eindringen. $(OH)^-$ und besonders H^+-Ionen, die aus der Dissoziationsfähigkeit des Wassers resultieren, wirken zusammen mit den Protonen gelöster Säuren auf die Mineraloberflächen ein. Dabei werden an den Grenzflächen der Kristallgitter Kationen durch H^+ ersetzt.

Bsp. Kalifeldspat (Orthoklas): $KAlSi_3O_8 + H_2O \Longrightarrow HAlSi_3O_8 + KOH$
Bsp. Olivin: $\qquad\qquad Mg_2SiO_4 + 4\,H_2O \Longrightarrow 2\,Mg(OH)_2 + H_4SiO_4$

Zugleich können freiliegende Ionen an der Mineraloberfläche durch Sauerstoff oder OH-Gruppen oxidiert werden, was die Lockerung des Kristallgitters weiter fördert (*Oxidationsverwitterung*).

Die hydrolytischen beziehungsweise protolytischen Verwitterungsprozesse greifen vor allem Silikate an (daher oft zusammenfassend *Silikatverwitterung*). Da sie weit verbreitete gesteinsbildende Minerale sind (z. B. Feldspäte, Glimmer, Hornblenden, Augite, Olivin), hat dies eine große pedogenetische Bedeutung. Im Gegensatz zur physikalischen Verwitterung werden als Folge der chemischen Verwitterung die Ausgangsmaterialien nicht nur abgebaut, sondern auch umgewandelt. Es ergeben sich daher Bezüge zu weiteren Bodenbildungsprozessen.

2.2.3 Entkalkung, Färbung durch Eisenoxide und -hydroxide, Verlehmung

Eine Voraussetzung für fortgesetzte Bodenbildungsprozesse auf der Basis chemischer Verwitterung, Stoffum- sowie -neubildung ist die *Entkalkung*. Hiervon sind naturgemäß vor allem Carbonate betroffen, die nach Lösung mit dem Sickerwasser abgeführt werden. Die Folge dieser ersten Entbasungsprozesse ist eine zunehmende Versauerung des Mineralbodens unter pH 7, die durch anthropogene Immissionen – z. B. Schwefelsäure aus der Kohleverbrennung – intensiviert werden kann (z. B. BLÜMEL 1986). Eine schwache bis mäßige Versauerung der Böden kann weitere Verwitterungsprozesse zur Nährstoffaufbereitung in Gang setzen:

Die hydrolytische und oxidative Zersetzung lithogener Fe(II)-haltiger Minerale führt zur Bildung von Oxiden und Hydroxiden. Ihre Farbe, Form, Kristallinität und der Grad des isomorphen Ersatzes von Eisen durch andere Ionen ändern sich in Abhängigkeit vom Bodenmilieu (SCHWERTMANN 1988, VALETON 1988). Dies macht sie zu Indikatoren der Pedogenese. Besonders das Verhältnis zwischen dem durch Oxalat-Extraktion bestimmbaren Fe_o-Gehalt (vor allem schlecht kristallisierte Eisenoxide, beispielsweise Ferrihydrit [$5Fe_2O_3 \cdot 9H_2O$] und organisch gebundenes Eisen) und dem durch Dithionit-Citrat-Extraktionen bestimmbaren Fe_d (alle pedogenen Eisenoxide, amorph und kristallin; s. BORGGAARD 1988) ist ein Merkmal. Es wird auch zur Unterscheidung von Böden herangezogen (z. B. bei Nitisols, Kap. 4.6.1; FAO 1997). Besonders das unter humiden Bedingungen weit verbreitete Eisenhydroxid $\propto$-FeOOH (*Goethit*) ist verantwortlich für die Braunfärbung (*Verbraunung*) beziehungsweise Gelbfärbung (*Xanthisierung*, Kap. 4.8.3) vieler Böden, während das Eisenoxid *Hämatit* ($\propto$-Fe_2O_3) ziegelrot färbt und bevorzugt unter zumindest saisonal trockenen Bedingungen auftritt (*Rubefizierung*). Vor allem Eisen- und Aluminiumoxide besitzen eine hohe Adsorptionskraft für Nährstoffe (z. B. Sorption des Anions Phosphat). In sehr oxidhaltigen Böden beeinflussen sie deshalb meist negativ die Bodenfruchtbarkeit (s. Kap. 4.8.2.1).

Besonders wichtig ist die als Folge der Mineralverwitterung einsetzende *Verlehmung*. Hierfür sind besonders Tonminerale verantwortlich, die entweder aus dem Gestein freigesetzt (primäre Tonminerale) und beispielsweise durch Kalklösung residual angereichert werden, oder durch Umbau von Glimmern beziehungsweise aus den Bausteinen anderer gesteinsbildender Silikate (z. B. Feldspäte) neu gebildet werden.

Derartige Silikate bestehen – vereinfacht – aus SiO_4-Tetraedern (Silizium als Zentralion) und Al $(O,OH)_6$-Oktaedern (Aluminium als Zentralion), die durch gemeinsame Sauerstoffionen miteinander verbunden sind und einen schichtartigen Aufbau haben (Abb. 2). Auf diese Weise entstehen sogenannte Zweischichttonminerale (1:1-Minerale), die aus einer Tetraeder- und einer Oktaederschicht bestehen (z. B. *Kaolinit*). Dreischichttonminerale (z. B. *Illit*

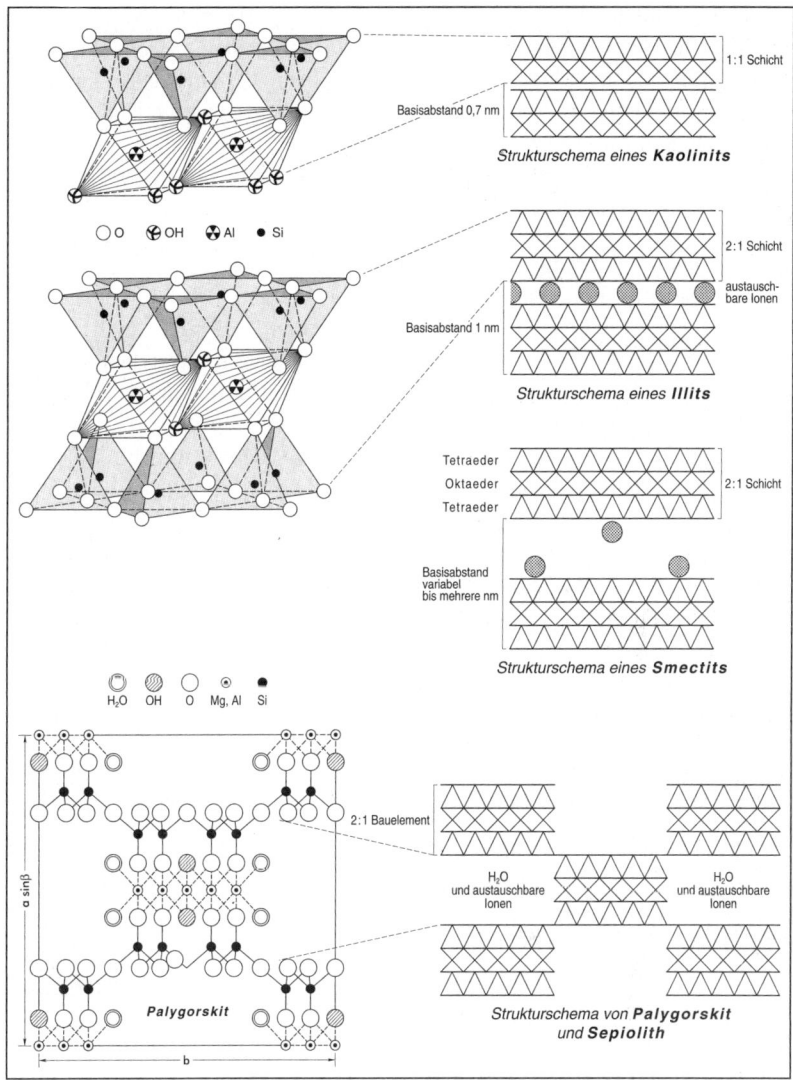

Abb. 2: Anordnung der Tetraeder- und Oktaederschichten in Zweischicht- und Dreischichtmineralen. Darunter das Strukturschema von Tonmineralen mit faserartigem Aufbau am Beispiel des Palygorskits und Sepioliths (nach LAGALY und KÖSTER 1992, VELDE 1995).

oder Minerale der *Smectit*-Gruppe) besitzen dagegen zwei Tetraederschichten (2:1-Minerale), bei Vierschichtmineralen (*Chlorit*-Gruppe) treten hierzu zwei Oktaederlagen (2:2-Minerale).

Ein Kristallblättchen wird durch ganze Pakete derartiger Anordnungen gebildet: Bei *Zweischichtsilikaten* wird der Zusammenhalt zwischen den Elementarzellen durch Wasserstoffbrückenbindungen gewährleistet. Auch bei den *Vierschichtmineralen* liegt einer Tetraeder- immer eine Oktaederschicht gegenüber. Der Zusammenhalt ist daher auch hier sehr fest.

Bei den *Dreischichtsilikaten* erfolgt der Zusammenhalt zwischen den Elementarzellen zur Bildung von Schichtpaketen durch die Einlagerung von Kationen oder Hydroxiden in die Zwischenschichten. Im Idealfall gleicht sich die positive Ladung aller Zentralkationen mit der negativen der O- und OH-Anionen aus. In der Natur ist dies aber selten der Fall: Durch unbesetzte und/oder isomorph ersetzte Zentralkationenstellen (z. B. Si^{4+} durch Al^{3+} in den Tetraedern oder Al^{3+} durch Mg^{2+} in den Oktaedern) entstehen negative Ladungsüberschüsse, die durch die Anlagerung von Kationen oder Hydroxiden in die Zwischenschichten ausgeglichen werden können.

Das *Sorptionsvermögen* (Ionenspeicherfähigkeit) ist um so höher, je größer die negative Überschußladung der pedogenen Tonminerale ist. Durch die festen Wasserstoffbrückenbindungen bei den Zweischichtsilikaten ist deren Sorptionsfähigkeit gering. Im Gegensatz dazu können viele Dreischichtminerale (z. B. Smectit-Gruppe) durch die Einlagerung von hydratisierten Kationen quellen, beziehungsweise durch deren Abgabe schrumpfen. Mit dieser Eigenschaft, Pflanzennährstoffe zu speichern beziehungsweise auszutauschen, ist die große Bedeutung der anorganischen Komplexe für die Bodenfruchtbarkeit verknüpft.

Nicht immer werden Tonmineralpakete nur von einem Mineral aufgebaut. Wenn mehrere verschiedene *Phyllosilikate* (griech.: phyllon = Blatt) zusammengelagert sind, z. B. Illit und Chlorit, spricht man von Wechsellagerungsmineralen (engl.: *mixed layers*). Daneben werden auch Tonminerale gebildet, die nicht die skizzierte Blattstruktur besitzen. Dies trifft auf die kugelförmigen, sehr wasserreichen *Allophane* zu, die aus der Verwitterung vulkanischer Gläser hervorgehen. *Palygorskit* (früher: Attapulgit) und *Sepiolith* (früher: Meerschaum) sind mehr oder weniger wasserreiche Minerale mit einer Faserstruktur. Sie sind aus Leisten zusammengesetzt, die den Bauelementen der Dreischichttonminerale entsprechen (Abb. 2). Die Leisten sind in einer Ebene praktisch unendlich kombinierbar (Fasern), während sie in den anderen auf fünf (Palygorskit) beziehungsweise acht Oktaederlagen (Sepiolith) begrenzt sind (LAGALY und KÖSTER 1992). Beide Fasersilikate entstehen besonders in alkalischen Bodenmilieus der Trockengebiete.

2.2.3.1 *Verlehmung durch Tonmineralbildung als Folge der Glimmerverwitterung*

Die Glimmerminerale Muskovit (hellgrau) und Biotit (schwarz) sind die häufigsten gesteinsbildenden Phyllosilikate. Eine erste mechanische Zerkleinerung der oft mehrere Millimeter großen Glimmerblättchen verursachen physikalische Verwitterungsprozesse, besonders das Gefrieren und Tauen des zwischen die Lagen eingedrungenen Wassers. Bereits hierdurch werden die Glimmer bis zu Grobton (0,002–0,0006 mm) zerkleinert. Derart „kleine Glimmer" werden als Tonminerale bereits zur Gruppe der Illite gezählt, ohne daß sie einer stärkeren chemischen Verwitterung unterlegen hätten. Aufgrund der Verbreitung von Muskovit und Biotit, machen die Illite etwa 90 % des Tonmineralbestands mitteleuropäischer Böden aus (TRIBUTH 1990).

Die Verwitterung erfolgt über den Austausch des in den Glimmerzwischenschichten enthaltenen Kaliums durch andere Kationen. Die K^+-Ionen dienen in den Glimmern dem Ausgleich des negativen Ladungsüberschusses, der durch hohen isomorphen Ersatz v. a. in den Oktaederschichten hervorgerufen wird. Der Verlust an K^+ führt zu einer randlichen Aufweitung chemisch veränderter Illite (4 %–6 % K). Bei weitergehendem K-Verlust können auch stark quellbare Vermiculite und Smectite (z. B. *Montmorillonit*) gebildet werden, die wiederum je nach Art der verfügbaren Ionen in der Bodenlösung in andere Tonminerale transformiert werden. Die Smectitisierung des Illits kann zum Beispiel auf folgendem Wege erreicht werden.

$$\text{Illit} + Ca + Na + Si + Mg + H_2O \Longleftrightarrow \text{Smectit} + K + Al$$

Bei fortschreitender Versauerung werden die Aluminium-Zentralionen angegriffen und unter Einlagerung von Aluminiumhydroxikationen in die Zwischenschichten sekundäre, relativ stabile Chlorite gebildet. Unter sehr sauren Bedingungen ist die Tonmineralzerstörung durch Ersatz der Oktaederzentralionen durch H^+ mit Aufweitung über 20 Å die Folge (KUNTZE et al. 1994).

2.2.3.2 *Tonmineralbildung aus den Produkten der Silikatverwitterung sowie Tonmineralzerstörung durch Desilifizierung*

Neben den Phyllosilikaten gehören u. a. Feldspäte, Pyroxene, Hornblenden zu den gesteinsbildenden Silikatmineralen. Während die Glimmer bereits eine Grundstruktur besitzen, die jener der Illite verwandt ist, müssen beispielsweise die Feldspäte in ihre Einzelbestandteile zerlegt werden. Diese können dann als Synthesestoffe für die Neubildung von Tonmineralen dienen (Abb. 3): In mäßig saurem Verwitterungs- bzw. Bodenmilieu zerfällt z. B. der

Als Maß für das Verhältnis der Konzentration (richtiger Aktivität) der oxidierten und reduzierten Stoffe in einer Bodenlösung dient das *Redoxpotential E* (bei Messung mit der Standard-Wasserstoffelektrode gekennzeichnet als Eh; angegeben in Volt). Oxidationsprozesse wirken potentialerhöhend, Reduktionsprozesse potentialerniedrigend (SCHEFFER/SCHACHTSCHABEL 1998).

Man unterscheidet grundsätzlich zwei wasserbestimmte Bodenbildungsprozesse: Die Hydromorphierung infolge von Stauwasser (*Pseudovergleyung*) und von Grundwasser (*Vergleyung*). Unter Grundwassereinfluß, z. B. in Talauen, um Endpfannen/seen oder in Küstennähe, werden unter anderem die Fe- und Mn-Oxide gelöst. Entweder durch Ionendiffusion, durch schwankenden Grundwasserspiegel oder kapillaren Aufstieg kommen die gelösten Ionen in höheren Profilbereichen wieder mit Luftsauerstoff in Kontakt, wodurch sie als neue Oxide *über* dem Grundwasserkörper ausgefällt werden. Eine Zweigliederung des Bodenprofils ist oft die Folge, nämlich in einen tiefer liegenden Reduktions- und einen darüber befindlichen Oxidationshorizont. Die *Pseudovergleyung* läuft nur bei periodischem oder episodischem (Regen-)Wasserstau im Boden ab. Die gelösten Metallionen diffundieren vor allem aus wassergefüllten groben Poren in benachbarte Bereiche, wo sie mit Sauerstoff aus den Feinporen in Kontakt kommen und früh ausfallen können. Spätestens bei Wiederaustrocknung des Bodens erzeugt dieser Prozeß Rostflecken und kleine Konkretionen, die über große Bereiche des Bodens verteilt auftreten (*Marmorierung*).

2.2.6   Carbonatisierung und Versalzung

In humiden Regionen der Erde ist die Entkalkung oft die Vorstufe für eine weitergehende Bodenentwicklung beziehungsweise -alterung (Kap. 2.2.3). Das gelöste Ca, das auch aus der Silikatverwitterung stammen kann, wird mit dem Sickerwasserstrom deszendent verlagert und kann – auch über Hangwasser – mit Hilfe des Grundwassers und des Vorfluters dauerhaft aus dem Geoökosystem ausgetragen werden. Eine sekundäre $CaCO_3$-Bildung und -Anreicherung ist die Folge, wenn dieser Lösungsabtrag unterbrochen wird. Im Boden entstehen derartige *Carbonatisierungen*, wenn die Konzentration der Lösung an $Ca(HCO_3)_2$ durch Wasserentzug steigt oder wenn der CO_2-Partialdruck der Bodenluft sinkt, weil Kohlendioxid in größere Poren oder in die Atmosphäre entweicht. In seltenen Fällen spielt auch ein Temperaturanstieg eine Rolle. Dann führt die deszendente Verlagerung z. B. in kalkreichen Lössen zu sogenannten *Lößkindln* beziehungsweise die laterale Zufuhr über das Hang- und das Grundwasser zu sekundären Anreicherungen (u. a. *Wiesenkalk, Rheinweiß*).

In trockeneren Gebieten sind viele Bodengesellschaften nicht nur durch deszendenten, sondern auch durch aszendenten Lösungsaufstieg des Kapillarwassers gekennzeichnet. Welche Wasserbewegung überwiegt, entscheidet die Intensität der in Trockengebieten mit hoher Variabilität fallenden Niederschläge. Besonders in feinkörnigen Substraten kann der Kapillarsog kalkhaltige Lösungen aus dem Unterboden oder vom Grundwasserspiegel bis an die Landoberfläche transportieren. Hier verdunstet dann das Wasser unter Bildung von Kalkanreicherungen.

An diesen Prozessen ist aber nicht nur der Kalk beteiligt. Das Gesagte betrifft auch andere Carbonate sowie Sulfate, Nitrate, Chloride u. a. In der Natur sind allerdings Ca- und Na-Salze (wie $CaCO_3$, $CaSO_4$, Na_2SO_4, $NaCl$ oder $NaNO_3$) besonders häufig. Dabei spielt der Mensch oft eine entscheidende Rolle: Das Problem der – anthropogen ausgelösten oder verstärkten – Versalzung ist meist mit unsachgemäßer Wassernutzung verbunden oder auf großflächige Veränderungen des Grundwasserspiegels beispielsweise durch Dammbauten und Flußregulierungen zurückzuführen.

2.2.7 *Bodenbildende Prozesse und die organische Bodensubstanz*

Bislang wurden Bodenbildungsprozesse beschrieben, die nur in geringem Maß direkt von der organischen Bodensubstanz beeinflußt werden. Pflanzliche und tierische Bodenorganismen zusammen bilden das *Edaphon*, die Lebewelt des Bodens. Bodenflora und Bodenfauna üben ebenso wie der Ab- beziehungsweise Umbau der abgestorbenen organischen Substanz einen oft prägenden Einfluß auf die Bodengenese aus. Der bereits in Zersetzung befindliche *Humus* kann zusammen mit der noch unzersetzten *Streu* die Auflage vieler Böden bilden.

2.2.7.1 *Remineralisierung und Humifizierung*

Die abgestorbene organische Substanz unterliegt der Zersetzung durch das Edaphon, die zur *Remineralisierung* der organischen Substanzen oder zu deren Umbau unter Bildung komplexer organischer Stoffe (*Humifizierung*) führt (Abb. 4). Die Geschwindigkeit der Humifizierung ist abhängig von der Zusammensetzung der Streu. So wird z. B. gerbstoffreiche und zellulosereiche Streu nur schwer zersetzt, während die Mikroorganismen Zucker, Eiweiß oder Fette für ihren eigenen Stoffwechsel verwenden können, wodurch der Um- und Abbau der Streu beschleunigt wird. Dabei spielt das Milieu eine Rolle: Bei gemäßigten Bodentemperaturen zwischen 25–30 °C, ausreichender Durchlüftung und Durchfeuchtung wird die abgestorbene organische

Substanz am schnellsten zersetzt. Bei Luftmangel durch perennierend hohen Wasserspiegel erfolgen Remineralisierung und Humifizierung dagegen sehr unvollständig, so daß große Mengen organischer Substanz angereichert werden und Moore (Niedermoor bei Grundwasser, Hochmoor bei Regenspeisung) entstehen.

Die polymeren Huminstoffe sind wie die mineralischen Tonmineralkomplexe wichtige Nährstoffadsorbenten. Sie können aus der Rekombination von Benzolringen, Furan oder Pyrrol synthetisieren, die unter anderem über Sauerstoff- oder Stickstoffbrücken miteinander verbunden werden und beispielsweise über Carboxyl-, Hydroxyl-, Carbonyl-, Aminoseitengruppen verfügen, weshalb sie einerseits sauer reagieren und andererseits Pflanzennährstoffe und Wasser zu adsorbieren vermögen.

Abhängig vom Zusammenwirken der Bodenbildungsfaktoren bilden sich vor allem in sauren, nährstoffarmen Böden mit geringer biotischer Aktivität stark saure Fulvosäuren (gelb-/rotbraun), mit hoher Wasserlöslichkeit und geringerer Adsorptionsfähigkeit. Dagegen sind die komplexeren, mäßig sauren Huminsäuren (dunkelbraun/schwarz) wichtige Adsorbenten, die besonders in nährstoffreichen Substraten mit hoher biotischer Aktivität synthetisiert werden. Die weit verbreiteten Humine (schwarz) sind stabile Zersetzungsprodukte der organischen Substanzen. Sie haben den höchsten Polymerisationsgrad, besitzen jedoch aufgrund ihres geringen Säuregrads eine wesentlich geringere Adsorptionsfähigkeit.

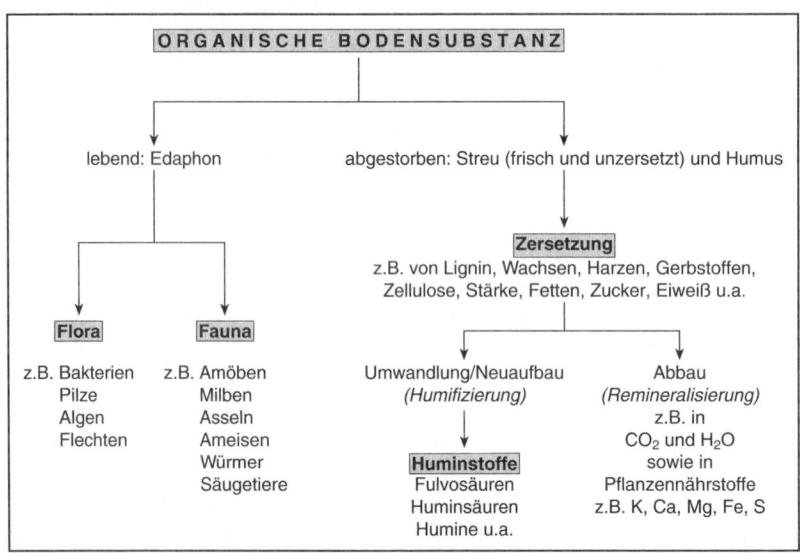

Abb. 4: Zusammenstellung und Unterscheidung der wichtigsten organischen Substanzen im Boden.

Tonminerale (anorganische Komplexe) und besonders Fulvo- und Huminsäuren (organische Komplexe) bilden als sogenannte Ton-Humus-Komplexe bedeutende Nährstoffträger. Ein Maß für die Fähigkeit, Pflanzennährstoffe zu absorbieren beziehungsweise auszutauschen, ist die – besonders von der Art und der Menge an Tonmineralen und Huminsäuren abhängige – *Kationenaustauschkapazität* (Summe aller austauschbaren Kationen) beziehungsweise die sogenannte *Basensättigung*. Hierunter versteht man den Anteil, den Calcium, Magnesium, Natrium und Kalium an der gesamten Kationenaustauschkapazität ausmachen. Eine hohe Basensättigung ist in der Regel mit einem höheren pH-Wert der Böden, also geringerem Versauerungsgrad, verbunden. Den prozentualen Anteil eines einzelnen Kations an der Kationenaustauschkapazität nennt man die *Sättigung* dieses Kations, zum Beispiel Aluminiumsättigung. Diese Maße sind relevante Merkmale bei der Klassifikation von Böden (s. Kap. 3.3).

Die Huminstoffe bilden zusammen mit den Resten der Streu den *Humuskörper* eines Bodens. Je nach Art, Beschaffenheit und Gefüge des Humus können terrestrische (mit zunehmender Zersetzung: Rohhumus, Moder und Mull) und hydromorphe *Humusformen* (Anmoor, Torf, Dy, Gyttja und Sapropel) unterschieden werden (KUNTZE et al. 1994).

Meist ist Humus durch vertikale Verlagerung mit dem Sickerwasser oder durch mechanische Vermischungsvorgänge (Kap. 2.2.9) in die obersten Bereiche des Mineralbodens eingearbeitet, in dem der Gehalt an Grobhumus stark zurücktritt. In tiefere Bodenhorizonte gelangen Huminstoffe aber auch durch den Prozeß der Podsolierung.

2.2.7.2 Podsolierung als bodenbildender Prozeß

Unter *Podsolierung* versteht man die vertikale Verlagerung – besonders von Eisen und Aluminium – mit Hilfe löslicher Huminstoffe im Boden. Damit der Prozeß bodenprägend ablaufen kann, müssen verschiedene Voraussetzungen erfüllt sein: Die Möglichkeit vertikaler Verlagerung erfordert eine gute Durchlässigkeit des Substrats – oft Sande oder Kiese – bei vergleichsweise hohen Niederschlägen (meist > 1 000 mm/J). Das Substrat ist darüber hinaus meist sehr nährstoffarm, was eine schnelle Entbasung und Versauerung fördert. Der Humuskörper auf den ungünstigen Standorten wird oft von zellulose- und gerbstoffreichen Pflanzenresten dominiert, die nur unvollständig zersetzt sind. Hiervon stammen v. a. die wasserlöslichen organischen Säuren (v. a. Fulvosäuren) ab, deren Infiltration in den Mineralkörper die Versauerung zusätzlich verstärkt.

Fällt der pH-Wert unter etwa 5, werden die Silikate – auch die Tonminerale – unter Freisetzung der Metallionen mehr und mehr zerstört (Kap. 2.2.3

und 2.2.4). Diese bilden zusammen mit den organischen Stoffen – besonders den Fulvosäuren (Kap. 2.2.7.1) – metallorganische Komplexe, sogenannte *Chelate* (Scherenverbindungen). Damit wird die Bildung von schwer mobilisierbaren Metalloxiden verhindert. Dagegen führt die gute Wasserlöslichkeit der Chelate zur Verlagerung besonders der Aluminium- und Eisenionen mit dem Sickerwasserstrom in tiefere Bodenbereiche. Durch den Entzug dieser Ionen aus der Verwitterungslösung wird verhindert, daß sich ein Reaktionsgleichgewicht einstellt. Dies bedeutet, daß bei fortgeschrittener Podsolierung die Aluminium- und Eisenmobilisierung im Oberboden nahezu vollständig ist.

Unterstützt wird diese Art der Metallionenverlagerung bei sehr saurem Milieu durch die Peptisation (Überführung von *Gelen*, d. h. von Kolloiden in koaguliertem Zustand in eine Dispersion = *Solzustand*) von Eisen-, Mangan- und Aluminiumoxiden und -hydroxiden (z. B. FeOOH). Hierbei erfolgt eine Anlagerung von Protonen an die OH-Gruppen und die Mobilisierung in Form positiv geladener *Sole* (z. B. $FeOOH_2$). Die Stabilität dieser Sole wächst mit zunehmendem Säuregrad. Wasserlösliche organische Verbindungen wirken dabei möglicherweise als Schutzkolloide mit. Die Folge ist eine umfassende Bleichung der Mineralkörner, nach der Silikatzerstörung also überwiegend residualer Quarze (BREBURDA 1987).

Im Unterboden koagulieren die Sole und fallen die Chelate aus. Die Ursachen sind oft ein steigendes pH-Milieu, höhere mikrobiotische Aktivität sowie ein höherer Gehalt an Metallionen, wodurch sich das Metallionen : Kohlenstoff-Verhältnis ändert und die Löslichkeit der metallorganischen Komplexverbindungen sinkt. Die Metallionen – besonders Eisen, Aluminium, Mangan – werden oxidiert (*Sesquioxide*) und die niedermolekularen organischen Säuren werden zu komplexeren Huminstoffen polymerisiert. Beide Teilprozesse führen zu Anreicherungen – im Fall der Oxide bis hin zu Verhärtungen (*Ortstein*), bei den organischen Komplexen zu humusreichen Unterbodenhorizonten.

2.2.8   *Prozesse der Bodendurchmischung und -entmischung (Turbationen)*

Mechanische Bodendurchmischungen (*Turbationen*) haben große Bedeutung für die Bodenbildung. Sie heben die profildifferenzierende Wirkung der translozierenden pedogenetischen Vorgänge weitgehend auf. Dabei kann man grob zwischen jenen Prozessen unterscheiden, die von Bodentieren oder vom Menschen verursacht werden (*Bioturbation*), und jenen, die auf Frostwechsel (*Kryoturbation*) oder Feuchtewechsel (*Hydro-* beziehungsweise *Peloturbation*) zurückgehen.

Abhängig von der Bodenart, dem Klima und den agierenden Bodentieren umfaßt die *Bioturbation* oft über einen Meter mächtige Feinmaterialkomplexe. Einer Durchmischung des Substrats – beispielsweise mit Humus – steht dabei manchmal auch eine Entmischung entgegen. Sie kann in den Tropen das Resultat der Termitentätigkeit sein, die durch Feinmaterialtransport nach oben zu einer relativen Anreicherung von groben Steinen in tieferen Bodenbereichen führt. Der Mensch sorgt vor allem durch Pflügen für eine – zumindest oberflächlich – wirksame Turbation.

Die *Hydroturbation* ist die Folge der Quellfähigkeit von Tonmineralen bei Durchfeuchtung (deshalb auch *Peloturbation* von gr.: pelos = Ton). Quellen und Schrumpfen erzeugen eine Art Selbstmulcheffekt. Dabei spielen Schrumpfrisse von bis > 1 m Tiefe eine große Rolle, über die auch allochthones Oberflächenmaterial in größere Bodentiefen gelangt und eingearbeitet wird.

Die Volumenzunahme durch Gefrieren sowie durch Dehydratation der Substrate und Sublimation aus der Luft an der Gefrierfront bewirken einerseits Druckerhöhungen und andererseits beim Tauen eine Wasserübersättigung. *Kryoturbationen* sind die Folge. Darüber hinaus fördert das Auffrieren von Steinen auch die Sortierung von Substraten nach ihrer Korngröße (Kap. 4.1.1).

2.3 Gefügebildung als Merkmal und Folge bodenbildender Prozesse

Man unterscheidet das mit dem bloßen Auge erkennbare *Makrogefüge,* das nur mit Hilfe des Mikroskops erkennbare *Mikrogefüge* sowie *Riß- und Röhrensysteme*, die durch Zug/Scherung beziehungsweise Wurzeln und Bodentiere entstanden sind. Das Makrogefüge hat große Bedeutung für die physikalischen Eigenschaften eines Bodens, die wiederum seine Weiterentwicklung beeinflussen. Es wird grundsätzlich in das *Einzelkorngefüge* unterteilt, in dem die Bodenteilchen lose beieinander liegen (v. a. bei Sanden und Kiesen), das *Kohärentgefüge*, bei dem die Partikel eine überwiegend durch Kohäsionskräfte zusammenhaftende ungegliederte Bodenmasse bilden (z. B. bei Schluffen) und das *Kittgefüge*, bei dem Einzelkörner durch pedogenetische Bindemittel (z. B. Oxide, Kalk) miteinander verbacken werden.

Ein wichtiges Merkmal pedogenetischer Prozesse ist der Aufbau von Aggregaten (*Aggregatgefüge*) durch bodenbiologische Prozesse (*Aufbaugefüge*) oder die Absonderung von Aggregaten (*Absonderungsgefüge*), z. B. durch Frostwechsel, Verdichtung, Quellung, Schrumpfung (z. B. durch Tonminerale) und Verklebung (SCHROEDER 1992). Eine besondere gefügestabilisierende Wirkung haben neben den Tonen oder den Huminstoffen auch Metallionen beziehungsweise ihre Oxide bis hin zur Bildung oxidischer Aggregate (z. B. Pseudosandbildung s. Kap. 4.8.3). Aus dem Auftreten verschiedener Aggregatformen und -größen lassen sich Bodeneigenschaften und pedogenetische Prozesse diagnostizieren (AG Boden 1994).

3 Bodenhorizonte, Bodentypisierung und Bodenklassifikation

Vergleichbar den Verwitterungsprozessen laufen auch die Bodenbildungsprozesse nicht einzeln und nacheinander ab. Stets sind Prozeßkombinationen wirksam, die im Laufe der Zeit einer hohen Variabilität unterliegen, wenn sich die Bedingungen für die Bodenbildung ändern. Sichtbare Folgen der pedogenetischen Prozesse sind mehr oder weniger starke Horizontierungen der Böden. Deren diagnostische Merkmale und Eigenschaften haben zu unterschiedlichen Bodentypisierungen und Bodenklassifikationssystemen geführt. Einen Überblick über ältere Ansätze, die Böden nach unterschiedlichsten Kriterien in Systemen zu ordnen, gibt MÜCKENHAUSEN (1977).

Bodenhorizonte sind der Ausdruck dominierender Bodenbildungsprozesse beziehungsweise Prozeßkombinationen, die sich in bestimmten Merkmalen und Merkmalskombinationen äußern. Zur Verständigung wurden ihnen in den Klassifikationssystemen Buchstaben- und/oder Zahlensymbole zugewiesen, deren Anordnung und Anwendung an Definitionen und Übereinkünfte gebunden ist. Die Hauptbodenhorizonte werden in der Regel durch Großbuchstaben gekennzeichnet. Weltweit werden Ober-, Unterboden und Ausgangssubstrat mit der Horizontfolge A/B/C angesprochen, doch besteht bislang nur eine partielle Übereinstimmung in der Verwendung weiterer Hauptbodenhorizont- und zugehöriger Merkmalsymbole, die durch beigestellte Kleinbuchstaben dargestellt werden.

Die in Deutschland verwendete Systematik, die für mitteleuropäische Böden entwickelt worden ist, orientiert ihre Klassifikationskriterien an den bodenbildenden Prozessen und den Faktoren der Bodenentwicklung. Sie wird nachfolgend den international verbreitetsten Klassifikationen, der US Soil Taxonomy und der FAO-Klassifikation, die meßbare Eigenschaften (diagnostische Merkmale und Horizonte) als Gruppierungsmerkmale stärker heranziehen, gegenübergestellt.

3.1 Horizontbezeichnungen und Bodensystematik in Deutschland

In Tabelle 1 sind die Hauptsymbole der Bodenhorizonte nach der „Bodenkundlichen Kartieranleitung" (AG Boden 1994) zusammengestellt. Die Erläuterungen dienen der Orientierung und ersetzen nicht die zum Teil umfangreichen Definitionen. Pedogene Merkmale der Haupthorizonte werden durch nachgestellte Kleinbuchstaben (Tab. 2) gekennzeichnet. Eine freie Kombinierbarkeit der Symbole ist nicht vorgesehen. Deshalb sind die Haupthorizonte mit angegeben, denen die jeweiligen Merkmalssymbole zugeordnet werden können. Geogene und anthropogene Merkmale werden durch vorangestellte Zusatzsymbole markiert.

Tab. 1: Die Hauptsymbole der Bodenhorizonte nach AG Boden (1994).

Organische Horizonte (>30 Masse-% organische Substanz)	Mineralische Horizonte (<30 Masse-% organische Substanz)
H Torfhorizont aus Resten torfbildender Pflanzen (H von Humus).	**A** Terrestrischer Oberbodenhorizont.
L Streu aus weitgehend unzersetztem organischen Ausgangsmaterial an der Bodenoberfläche (L von engl.: litter).	**B** Terrestrischer Unterbodenhorizont.
O Organischer Horizont aus mehr oder weniger zersetzter organischer Substanz, der dem Mineralboden aufliegt (O von organisch).	**C** Ausgangsgestein.
	P Terrestrischer Unterbodenhorizont aus Tongestein oder Tonmergelgestein (P von Pelosol).
	T Terrestrischer Unterbodenhorizont aus dem Lösungsrückstand von Carbonatgesteinen (T von Terra).
	S Terrestrischer Unterbodenhorizont mit Stauwassereinfluß (S von Stauwasser).
Unterwasserhorizonte	**G** Semiterrestrischer Bodenhorizont mit Grundwassereinfluß (G von Grundwasser).
	M Bodenhorizont aus humosem Bodenmaterial, das im Laufe des Holozäns sedimentiert wurde (M von lat.: migrare = wandern).
F Horizont am Gewässergrund mit i.d.R. <1 Masse-% organischer Substanz. Davon ausgenommen ist Torf (s. H).	**E** Bodenhorizont aus aufgetragenem Plaggenmaterial (E von Esch).
	R Horizont, der vom Menschen im Zuge durchgeführter Meliorationsmaßnahmen durchmischt wurde (R von Rigolen).
	Y Ein durch Reduktgas geprägter Horizont (i.d.R. in anthropogenen Aufschüttungen).

Bei der Kombination mehrerer kennzeichnender Horizontmerkmale (Detailvorschriften siehe AG Boden 1994) liegt die Betonung stets auf dem letzten Symbolteil. Übergangshorizonte werden durch Bindestrich verbunden, z. B. Sw-Bv oder Bs-Bh – in letzterem Fall vereinfachend auch Bsh. Die Merkmale miteinander verzahnter, aber nicht durchmischter Horizonte werden mit einem Pluszeichen verknüpft, z. B. Bbt + Bv (Bt-Bänder im Wechsel mit Bv-Bändern beispielsweise im Fall einer Bänderparabraunerde). Wurden fossile oder reliktische Horizonte überprägt, so werden die entsprechenden Buchstabenkombinationen durch einen hochgestellten Punkt verknüpft, z. B.

Tab. 2: Nachgestellte pedogene Merkmale (oben) und vorangestellte geogene sowie anthropogene Merkmale der Haupthorizonte (unten) nach AG Boden (1994).

a	anmoorig (mit A)	n	neu, frisch, unverwittert (mit C)
a	bei Absonderungsgefüge (mit H)	o	oxidiert (mit F, G, Y)
b	gebändert (mit B)	p	gepflügt (mit H, A)
c	mit sekundärem Carbonat (mit H, A, B, C, T, S, G, M)	q	„Knickhorizont" in Marschböden (mit S)
d	wasserstauend dicht (mit S)	r	reduziert (mit F, H, S, G, Y)
e	eluvial, ausgewaschen, sauergebleicht (mit A); naßgebleicht (mit S)	s	angereichert mit Sesquioxiden (mit H, G, B bei Podsolen)
f	vermodert (auch fermentiert), von schwed.: „Förmultningskiktet" (mit O)	t	geschrumpft (mit H)
f	lockeres Gefüge bei Lockerbraunerden (mit Bv)	t	tonangereichert (mit B)
g	haftnässebeeinflußt (mit S)	u	rubefiziert (ferrallitisch) (mit B, T)
h	humos (mit O, A, B, G)	v	verwittert, verbraunt, verlehmt (B, C)
i	initial (beginnend) (mit F, A)	v	vererdet (mit H, Oh)
j	fersiallitisch (mit B, C)	w	stauwasserleitend (mit S)
k	konkretioniert (mit B, C, G)	w	zeitweilig grundwassererfüllt (mit F, H, G)
l	lessiviert, an Ton verarmt (mit A)	x	biogen vermischt, „vermixt" (mit A)
m	massiv, pedogen verfestigt (mit Bs, Bbs und G)	z	mit sekundärem Salz (Leitfähigkeit > 0,75 mS/cm im Sättigungsextrakt) (mit H, A, G)
m	vermulmt (mit H)		

a	Merkmale einer Auendynamik (mit A, C, G, M)	l	Lockersubstrat, grabbar (mit C)
b	braun bei Plaggenesch (Grassoden) (mit E)	m	massives Substrat, nicht grabbar (mit C)
b	brackisch (tidal-brackisch) (mit F, S, G)	m	marin (tidal-marin) (mit F, S, G)
c	carbonatisch (bei Carbonatgestein, mehr als 75 Masse-% $CaCO_3$) (mit lC, mC)	n	Niedermoor (mit H)
e	mergelig (2–75 Masse-% Carbonat in festem oder lockerem Kiesel- oder Silikatgestein, Mergelgestein, auch Gipsgestein) (mit F, H, Ah, lC, mC, G, P, S)	o	organisch (sedimentär) (mit A, G)
		p	perimarin (tidal-fluvial) (mit F, S, G)
		q	quellwasserbeeinflußt (mit G)
f	fossil (mit H, A, B, P, T, S, G)	r	reliktisch (mit A, B, P, T, S, G)
g	grau bei Plaggenesch (Heideplaggen) (mit E)	s	hangwasserbeeinflußt (mit S, G)
h	Hochmoor (mit H)	u	Übergangsmoor (mit H)
i	kieselig, silikatisch (< 2% Carbonat) (mit lC, mC)	x	steinig, < 5 Vol.-% Feinerde bei Grobskelett > 2 cm (mit C)
j	juveniles, anthropogen umgelagertes Natursubstrat (mit H, C, G)	y	anthropogen umgelagertes künstliches Substrat (mit lC, mC, G)
		z	salzhaltig (mit F, A, G)

fAh•Sd (Stauhorizont aus begrabenem humosem Oberboden). Bei der Darstellung von Horizontfolgen werden die Symbolkombinationen der einzelnen Horizonte durch Schrägstriche voneinander getrennt, z. B. Ah/Bv/lCv. Geologisch-sedimentpetrographische Schichtwechsel werden durch vorangestellte römische Zahlen angezeigt. Dabei beginnt man erst mit der zweiten Lage zu zählen, z. B IICv.

In Deutschland wurden vom Arbeitskreis für Bodensystematik der Deutschen Bodenkundlichen Gesellschaft Symbole und zugehörige Definitionen der Bodenhorizonte vorgelegt, welche die Grundlage der in Deutschland gebräuchlichen Bodentypisierung darstellen. Diese fanden – modifiziert und

Tab. 3: Abteilungen, Bodenklassen und zugehörige Bodentypen (AG Boden 1994).

Abteilung *Terrestrische Böden*

Klasse: O/C-Böden		*Klasse: Podsole*	
Felshumusboden	O/mC	Podsol	Ahe/Ae/B(s)h/B(h)s/C
Skeletthumusboden	xC+O/C	Staupodsol	Ahe/Sw-Ae/Sd-B(h)ms/C
Klasse: Terrestrische Rohböden		*Klasse: Terrae calcis*	
Syrosem	Ai/mC	Terra fusca	Ah/T/Cc
Lockersyrosem	Ai/lC	Terra rossa	Ah/Tu/Cc
Klasse: Ah/C-Böden (außer Schwarzerden)		*Klasse: Fersiallitische/ferralitische Paläoböden*	
Ranker	Ah/imC	Fersiallit	…/IIBj/Cj/Cv
Regosol	Ah/ilC	Ferrallit	…/IIBu/Cj/Cv
Rendzina	Ah/cC		
Pararendzina	Ah/eC	*Klasse: Stauwasserböden*	
Klasse: Schwarzerden		Pseudogley	Ah/S(e)w/(II)Sd
Tschernosem	Axh/Axh+lC(c)/lC(c)	Haftnässepseudogley	Ah/Sg
Kalktschernosem	Acxh/Acxh+elCc/elCc	Stagnogley	Sw-Ah/S(e)rw/IISrd
Klasse: Pelosole		*Klasse: Reduktosole*	
Pelosol	(P-)Ah/P/C	Reduktosol	Ah/Yo/Yr
Klasse: Braunerden		*Klasse: Terrestrische anthropogene Böden*	
Braunerde	Ah/Bv/C	Kolluvisol	Ah/M/II…
		Plaggenesch	E-Ah/E/II…
Klasse: Lessivés		Hortisol	R-Ap/R-Ah/(R)/C
Parabraunerde	Ah/Al/Bt/(Bv)/C	Rigosol	R-Ap/(Ah)-R/C oder R/C
Fahlerde	Ah/Ael/Ael+Bt/Bt/C	Treposol (Tiefumbruchb.)	R-Ap/R+…/…

Abteilung *Semiterrestrische Böden*

Klasse: Auenböden		*Klasse: Gleye*	
Rambla	aAi/alC/aG	Gley	Ah/Go/Gr
(Auenlockersyrosem)		Naßgley	Go-Ah/Gr
Paternia	aAh/ailC/aG	Anmoorgley	Go-Aa/Gr
(Auenregosol)		Moorgley	H/Gr
Kalkpaternia	aAh/aelC/aG		
(Auenpararendzina)		*Klasse: Marschen*	
Tschernitza	aAxh/aC/aG	Rohmarsch	(e)Go-Ah/(e)Go/(z)(e)Gr
(Auenschwarzerde)		Kalkmarsch	(e)Ah/eGo/(z)eGr
Vega	aAh/aM/(IIalC/)(II)aG	Kleimarsch	Ah/Go/(z)(e)Gr
(Braunauenboden)		Haftnässemarsch	Ah/Sg-Go/(z)(e)Gr
		Dwogmarsch	Ah/Go-Sw/fAh·Sd/
			fGo·Sd/Go/Gr
		Knickmarsch	Ah/Sw/Sq/Gr
		Organomarsch	oAh/oGo/oGr

(nicht näher klassifiziert: *anthropogene Böden im semiterrestrischen Milieu*)

Abteilung *Semisubhydrische und Subhydrische Böden*
und Abteilung *Moore*

Klasse: Semisubhydrische Böden		*Klasse: Subhydrische Böden*	
Watt	(z)(e)Fo/(z)(e)Fr	Protopedon, Gyttja, Sapropel, Dy	
Klasse: Natürliche Moore			
Niedermoor, Hochmoor		*kultivierte Moore* (nicht näher klassifiziert)	

ergänzt – Eingang in die „Bodenkundliche Kartieranleitung" (AG Boden 1994), wo sie die Verständigungsgrundlage bei der Kurzbeschreibung der Böden bilden. Die nach pedogenetischen Gesichtspunkten – also im wesentlichen nach Horizontkombinationen – zu typisierenden Böden werden heute in Deutschland auf der Grundlage der Bodensystematik von MÜCKENHAUSEN (1977) klassifiziert, die ihrerseits auf dem *natürlichen System* der Böden von KUBIENA (1953) fußt und vom AK Bodensystematik der Deutschen Bodenkundlichen Gesellschaft fortlaufend überarbeitet beziehungsweise ergänzt wird. Danach wird in *Abteilungen, Klassen, Typen, Subtypen, Varietäten* und *Subvarietäten* unterschieden. Die Bodennamen der beiden höchsten Kategorien sind in Tabelle 3 nach AG Boden (1994; dort auch detaillierte Definitionen) mit ihren Horizontsymbolen zusammengestellt (In Klammern gesetzte Symbole können fehlen, ohne daß dies Auswirkungen auf die systematische Zuordnung hat.).

Während die Bodenklassen in erster Linie nach dem Entwicklungsstand und den bodenbildenden Prozessen taxonomiert sind, werden die Bodentypen nach besonderen Horizontabfolgen eingeteilt. Wichtige Subhorizonte (beispielsweise Sw und Sd in der Klasse der Lessivés) ergeben dann die Subtypen, z. B. die Pseudogley-Parabraunerde (Ah/Sw-Al/Sd-Bt/C). Varietäten und Subvarietäten werden durch meist adjektivische Beifügungen gekennzeichnet, die zusätzliche geringe bzw. starke und z. T. auch veränderliche Merkmale ausdrücken (beispielsweise Podsoligkeit, Humusform, Solummächtigkeit).

3.2   Grundprinzipien der US-amerikanischen Soil Taxonomy

Ähnlich der deutschen Bodensystematik sind auch in den USA Horizontsymbole gebräuchlich, die sich an pedogenetischen Prozessen orientieren (Soil Survey Staff 1996). Die Hauptbodenhorizonte werden – wie auch in Deutschland üblich – durch Großbuchstaben ausgedrückt (Tab. 4). Übergangshorizonte werden durch zueinandergestellte Großbuchstaben gekennzeichnet, wobei – im Gegensatz zu dem in Deutschland gebräuchlichen Prinzip – das erste Symbol das dominierende Merkmal angibt (z. B. EB). Mit Querstrich werden Großbuchstaben eines Haupthorizonts getrennt, der über die Eigenschaften von zwei verschiedenen Haupthorizonten verfügt (z. B. E/B). In derartigen Verzahnungshorizonten wird jenes Horizontmerkmal vorangestellt(!), dessen Eigenschaften im Horizont ein größeres Volumen einnehmen.

Wie im deutschen System üblich, werden auch in der US Soil Taxonomy die Horizontmerkmale durch beigefügte Suffixe in Form von nachgestellten Keinbuchstaben symbolisiert. Die Verwendung der Symbole erfolgt nach mehr oder weniger umfangreichen Definitionen (Tab. 4). Bis zu drei Suffixe können zur näheren Charakterisierung von Bodenhorizonten kombiniert werden. Dabei werden a, d, e, h, i, r, s, t und w stets anderen Suffixen vorangestellt und außer im Fall des Podsolhorizonts Bhs oder dem – meist sapro-

Tab. 4: Hauptbodenhorizonte und nachgestellte Horizontsymbole nach Soil Survey Staff (1996).

O	Horizont oder Auflage aus dominant organischem Material. O schließt die deutschen Bezeichnungen O, L und H weitgehend ein.
A	Oberbodenhorizont. Mineralbodenhorizont, der nicht mehr die präexistenten Gesteinsstrukturen zeigt sowie mehr oder weniger mit Humus angereichert ist und/oder anthropogen durchmischt ist. Der A-Horizont zeigt nicht die eluvialen Merkmale des E oder die illuvialen des B (s.u.).
E	Eluvialhorizont. Die Bezeichnung schließt Lessivierungsprozesse (Tonverlagerung) ebenso wie Podsolierungsprozesse (Fe-, Al-Auswaschung) ein.
B	Unterbodenhorizont; gekennzeichnet v.a. durch Verwitterungsprozesse und/oder durch Stoffilluvation bzw. residuale Anreicherungen von Sesquioxiden.
C	Lockersubstrat (im deutschen System = lC).
R	Fels, massives Ausgangsgestein (im deutschen System = mC).

a	stark zersetztes organisches Material, < 17 Vol.-% Pflanzenreste (mit O).	**q**	Kieselsäureanreicherung.
b	fossilierter Bodenhorizont (engl.: **b**uried = begraben, verschüttet).	**r**	verwittertes Festgestein oder schwach verfestigtes Sedimentgestein, auch Saprolith.
c	mit Fe-, Al-, Mn- oder Ti-Konkretionen und/oder Nodulen (engl.: **c**oncretions).	**s**	absolute Anreicherung von Sesquioxiden durch Illuvation metallorganischer Komplexe (entspricht weitgehend dem in der BRD gebräuchlichen s), Podsolhorizont.
d	durch mechanisch-physikalische Verdichtung (nicht pedogen) kaum durchwurzelter Horizont (engl.: **d**ense = dicht).		
e	mittelmäßig zersetztes organisches Material, 17–40 Vol.-% Pflanzenreste (mit O).	**ss**	Quell- und Schrumpfwirkung von Ton mit Toneinregelung an den Scherflächen der Aggregate, v.a. bei Peloturbation (engl.: **s**lickenides).
f	Dauerfrost mit Bodeneis (engl.: **f**rost).	**t**	Tonanreicherung.
g	starke hydromorphe Merkmale, v.a. der Fe-Reduktion (engl.: **g**leying) (mit B, C).	**v**	Fe-reiches, humusarmes Bodenmaterial, beim Trocknen aushärtend; Plinthit.
h	humos, illuviale Humusanreicherung (mit B).	**w**	Farb- und Texturveränderungen (meist Verbraunung, Rubefizierung und/oder Verlehmung) ohne Illuvation von Stoffen, entspricht weitgehend dem v der in der BRD gebäuchlichen Nomenklatur, hier aber nur mit B; (engl.: **w**eathered).
l	nur schwach zersetztes organisches Material, >40 Vol.-% Pflanzenreste (mit O).		
k	Carbonatanreicherung.		
m	>90 Vol.-% des Horizonts verhärtet, zementiert (engl.: **ce**mentation). Das das Bindemittel kennzeichnende Suffix wird vorangestellt, z.B. Ckm.	**x**	pedogen verdichtet, meist wasserstauend (fragipan).
n	alkalisiert; **N**a-Anreicherung.	**y**	Gipsanreicherung.
o	residuale Anreicherung von Sesquioxiden (engl.: **o**xides).	**z**	Salzanreicherungen (löslichere Salze, Gips).
p	mechanische Durchmischung (meist Pflughorizont) (mit O). Ein ehemaliger E, B oder C wird mit p zum Ap.		

lithischen – Verwitterungshorizont Crt nicht miteinander kombiniert. Die für den B-Horizont (t hat Vorrang vor w, s und h) vorgesehenen g, k, n, q, y, z oder o stehen danach (z. B. Bto). Abgesehen von begrabenen Bodenhorizonten, werden die Suffixe c, f, g, m, v und x immer angehängt (z. B. Bkm), sind jedoch nicht mit h, s und w kombinierbar.

Zur vertikalen Gliederung gleicher Horizonte werden arabische Zahlen an die Symbolkombination angefügt. So wird ein C-Horizont durch C1-C2-C3 unterteilt oder – bei hydromorph überprägtem, vergleytem unteren C-Bereich

– in C-Cg1-Cg2-R unterteilt. Diese Zählweise geht auch über geologisch-petrographische Schichtgrenzen hinweg, die lediglich durch eine vorgestellte Numerierung gekennzeichnet wird (z. B. Bs1-Bs2-2Bs3-2Bs4-…). Bei wiederholtem Auftreten gleicher Horizontsymbole innerhalb der selben geologischen Strate werden die folgenden mit einem Strich gekennzeichnet, z. B. A-E-Bt-E`-Btx-C.

Die Grundlage des Bodenklassifikationssystems bilden diagnostische Eigenschaften und Horizonte, deren gegenseitige Abgrenzung nicht mit jenen der oben zusammengestellten pedogenetischen Symbole identisch sind. Zusätzlich finden in der Systematik exakt definierte chemische und pedomorphologische Unterscheidungsmerkmale Anwendung. Die Bodenansprache erfolgt nach genau definierten Oberboden- und Unterbodenhorizonten. Hinzu treten diagnostische Bodencharakteristika, die den Bodenaufbau (Lagen), die Farbe, mineralogische Besonderheiten, sekundäre Anreicherungen u. a., besonders aber die Temperatur und den Einfluß von Wasser (z. B. aquic conditions oder xeric regime) betreffen. Was die zum Teil sehr umfangreichen Definitionen betrifft, sei auf die immer wieder aktualisierten Mitteilungen des Soil Survey Staff (zuletzt 1996) verwiesen.

Diese Eigenschaften, die Horizonte und ihre Merkmale führen in einem Schlüssel, der zu durchlaufen ist, zu den Bodennamen, die in *orders* (Tab. 5), *suborders, great soil groups, subgroups* und *families* unterteilt sind. Die Bodennamen sind zusammengesetzte Kunstwörter aus überwiegend lateinischen und griechischen Wortstämmen, die auf der Ebene der Untergruppen und Familien durch adjektivische Beifügungen präzisiert werden. Die jeweils namengebenden Buchstabenfolgen der orders sind in Tabelle 5 unterstrichen. Ihnen werden die Kürzel der charakterisierenden Eigenschaften vorangestellt, wodurch der Namen der Unterordnungen gebildet wird. Am Beispiel der Arid*isols* soll dies verdeutlicht werden. Tabelle 5 faßt die Schlüssel für die zugehörigen sieben Unterordnungen (Soil Survey Staff 1996) zusammen.

Als nächster Schritt folgt die Gliederung in die Bodengruppen (great soil groups), was am Beispiel der Calc*id*s, die bislang in nur zwei Bodengruppen gegliedert werden, demonstriert wird (Tab. 5).

Die Untergruppen, beispielsweise der Petro*calcid*s, sind vor allem nach der Zuordnung zum Feuchteregime gegliedert (z. B. Aquic Petrocalcids). Dies sind – neben wiederholt bewässerten Böden – solche Petrocalcids, die aufgrund wiederkehrender Wassersättigung bei reduzierendem Milieu hydromorphe Merkmale entwickelt haben. Daneben sind auch Horizontmerkmale Gliederungspunkte, exemplarisch im Fall der Calcic Petrocalcids, die einen zweiten Kalkanreicherungshorizont, oder bei den Argillic Petrocalcids, die einen Tonanreicherungshorizont (argillic horizon) über dem Zementationshorizont besitzen. Familien werden durch weitere Adjektive gebildet, denen

Tab. 5: Zur Bodensystematik nach der US-Soil Taxonomy (Soil Survey Staff 1996): Die Bodenordnungen mit einem taxonomischen Beispieldurchlauf zu den Petrocalcids und Haplocalcids.

Die Bodenordnungen

Histosols	Böden mit mächtiger Humusauflage, auch Moore; griech.: histos = Gewebe.
Spodosols	Böden mit Podsolhorizont (z.B. Bs); griech.: spodos = Holzasche.
Andisols	Böden mit andischen Eigenschaften (z.B. >60% vulkanische Gläser); jap.: an = dunkel.
Oxisols	stark verwitterte, oxidangereicherte Böden.
Vertisols	Böden mit vertischen Eigenschaften (dicht, u.a. mit quellfähigen Tonen); lat.: vertere = wenden.
Aridisols	Böden mit Merkmalen, die aus trockenen Klimabedingungen (*aridic moisture regime* = trockenheiß, d.h. nicht aus Kältewüsten) resultieren; lat.: aridus = trocken.
Ultisols	Böden mit guter Durchfeuchtung, intensiver Entbasung und Tonanreicherungshorizont *(argillic horizon)*; lat.: ultimus = der Letzte.
Mollisols	Böden mit mollic epipedon, d.h. mächtigem, humusreichem A-Horizont; lat.: mollis = weich.
Alfisols	Böden mit Tonanreicherungshorizont *(argillic* oder *natric horizon)*, aber nur mäßiger Entbasung; amerik.: Pedalfer ≙ entkalkter Boden.
Inceptisols	schwach entwickelte Böden mit erkennbarer Horizontierung und Humusauflage; lat.: inceptum = Anfang.
Entisols	Rohböden ohne erkennbare Horizonte; engl.: recent = jung.

Beispiel: **Die Schlüssel der 7 Unterordnungen für die Aridisols**

cry	unter „cryic" Bedingungen, d.h. v.a. Jahresmitteltemperatur in 50 cm Tiefe 0–8 °C; griech.: kyros = Eis, Kälte. Suborder: Cryids.
sal	Aridisols mit Salzanreicherungshorizont *(salic horizon)*, dessen Obergrenze nicht tiefer als 1 m liegt. Suborder: Salids.
dur	Aridisols mit Kieselkruste *(duripan)*, deren Obergrenze nicht tiefer als 1m liegt. Suborder: Durids.
gyps	Aridisols mit Gipsanreicherungshorizont *(gypsic* oder *petrogypsic horizon)*, dessen Obergrenze nicht tiefer als 1 m und ohne verhärtetem Kalkanreicherungshorizont darüber. Suborder: Gypsids.
arg	Aridisols mit Tonanreicherungshorizont *(argillic* oder *natric horizon)* und ohne verfestigtem Kalkanreicherungshorizont im oberen Meter des Mineralbodens. Suborder: Argids.
calc	Aridisols mit Kalkanreicherungshorizont *(calcic* oder *petrocalcic horizon)*, dessen Obergrenze nicht tiefer als 1 m liegt. Suborder: Calcids.
camb	andere Aridisols. Suborder: Cambids.

Beispiel: **Die Bodengruppen der Calcids**

petro	Calcids mit verfestigtem Kalkanreicherungshorizont *(petrocalcic horizon)*, dessen Obergrenze nicht tiefer als 1 m liegt. Great soil group: Petrocalcids.
haplo	andere Calcids. Great soil group: Haplocalcids.

die Zuordnung zu Korngrößenklassen, die Mineralzusammensetzung, der Carbonatgehalt beziehungsweise der Säuregrad, die Bodentemperatur und Bodenmächtigkeit, Gefügemerkmale oder ähnliches zugrunde liegt.

Mit der US Soil Taxonomy werden verschiedene Böden innerhalb von Familien letztlich zu Serien (*series*) zusammengeschlossen. Die Kriterien können unterschiedliche Nutzung, Korngrößenzusammensetzungen, Aufbau, Mineralzusammensetzung usw. sein, die nicht zur Abgrenzung einer eigenständigen Familie führten. Die Serien werden meist mit Lokalnamen gekennzeichnet.

Der Vorteil der US Soil Taxonomy liegt darin, daß sie weltweit anzuwenden und leicht zu erweitern ist, um neu zu beschreibende Böden aufzunehmen. Als neue Order wird die Aufnahme von *Gelisols* für permafrostgeprägte Böden diskutiert. Die oft umfangreichen Definitionen und Grenzwerte, die der Nomenklatur zugrunde liegen, ermöglichen zwar eine exakte und objektive Klassifikation, machen aber eine schnelle Verständigung im Gelände schwer, da sie oft detaillierte Laboruntersuchungen voraussetzen. In Deutschland wird die Soil Taxonomy nur selten angewendet, da das System nicht mit der hier gebräuchlichen pedogenetischen Klassifikation zu verbinden ist. Letztlich stellt auch die große Zahl der künstlich zusammengesetzten Bodennamen eine nicht zu unterschätzende Verständigungshürde dar, da sie meist nur schwer in Bodentypennamen der deutschen oder FAO-Systematik zu übersetzen sind.

3.3   Die FAO-Weltbodenkarte und ihre Nomenklatur

Die internationale Zusammenarbeit im Rahmen der Erstellung einer Weltbodenkarte im Maßstab 1 : 5 000 000 durch die FAO / UNESCO hat eine eigene Bodennomenklatur für die Legende des Kartenwerks notwendig gemacht. Sie beruht, wie die Soil Taxonomy, auf der Verwendung diagnostischer Horizonte und Merkmale. Im Unterschied zum US-amerikanischen System hat die FAO-Klassifikation jedoch Elemente aus verschiedenen, auf nationaler Ebene erarbeiteten Systematiken – unter anderem auch der in Deutschland gebräuchlichen – mitverwendet. Sie findet deshalb besonders dann Anwendung, wenn außereuropäische Böden behandelt werden. Auch dieses Buch bedient sich der FAO-Nomenklatur. Dies geschieht nicht zuletzt deshalb, weil in diesem Kartenwerk die Verbreitung der Böden zusammenhängend dargestellt ist (Probleme ergeben sich jedoch durch die Einführung neuer Hauptbodengruppen).

Die FAO-Bodensystematik wurde seit 1977 mehrfach modifiziert. Die folgende Zusammenfassung basiert auf der überarbeiteten Fassung, die von der FAO (1988) herausgegeben und – mit Korrekturen und Ergänzungen – 1997 nachgedruckt wurde. Die Verwendung der Horizontsymbole und der Bodennomenklatur ist dort differenziert ausgeführt und wird hier nur in den wichtigsten Grundzügen zumVerständnis der nachfolgenden Kapitel wiedergegeben.

Die *Symbole der Bodenhaupthorizonte* (H, O, A, E, B und C bzw. R an der Profilbasis) entsprechen weitgehend denen der US Soil Taxonomy (Tab. 1). Ein Unterschied besteht in der Bezeichnung humoser Horizonte: Die FAO-Systematik unterscheidet in O und H. Unter einem H-Horizont versteht man einen organischen Horizont mineralischer oder organischer Naßböden (z. B. Torf) aus mehr als 18 beziehungsweise 12 % organischer Substanz (z. Vgl.: im deutschen System > 30 %). Ein O-Horizont bezeichnet organische Auflagen auf verschiedenen Mineralböden mit > 20 % an wenig zersetzter organischer Substanz. Im Gegensatz zu dem langfristig wassergesättigten H-Horizont – wenn nicht künstlich dräniert – ist ein O-Horizont bestenfalls kurzfristig wassergesättigt.

Übergangshorizonte werden durch Aneinanderstellung gekennzeichnet, wobei – im Gegensatz zu der in Deutschland gebräuchlichen Verfahrensweise – stets der *erste* Großbuchstaben den *dominierenden* Horizont markiert (z. B. BC). Verzahnen sich Haupthorizonte, so werden die Symbole durch Schrägstrich getrennt (z. B. E/B). Auch hier steht das dominierende Horizontsymbol vorn.

Nachgestellte Suffixe bezeichnen Merkmale beziehungsweise besondere Eigenschaften der Haupthorizonte und können miteinander kombiniert werden. Die Bedeutung vieler Symbole weicht nur gering von denen der US-Soil Taxonomy ab (Tab. 6). In der Regel werden nicht mehr als zwei Suffixe kombiniert (Ausnahmen s. FAO 1997). In Übergangshorizonten entfallen die Suffixe der einzelnen Hauptsymbole, da sie stets den gesamten Bodenausschnitt kennzeichnen (z. B. BCk = die Carbonatanreicherung betrifft den gesamten Übergangshorizont).

Tab. 6: Dem Haupthorizontsymbol nachgestellte Suffixe zur Kennzeichnung besonderer Eigenschaften oder Merkmale (FAO 1997).

b fossilierter Bodenhorizont (engl.: **b**uried = begraben, verschüttet); b steht immer hinten, z.B. Bvb.	**p** bearbeitet, mechanisch durchmischt (meist Pflughorizont Ap). Neben Ap sind nur Kombinationen mit dem Haupthorizontsymbolen O und H möglich.
c mit z.B. Fe-, Al-, Mn- oder Ti-Konkretionen oder Nodulen (engl.: **c**oncretions). c wird kombiniert mit dem Suffix, das die Art der Konkretionen kennzeichnet, z.B. Bkc (= mit Kalkkonkretionen).	**q** Kieselsäureanreicherung.
	r starke Reduktionsmerkmale durch Grundwassereinfluß; meist Cr, nur wenn weitere pedogene Veränderungen, dann Br.
f ganzjährig gefroren bzw. unter 0 °C (früher i).	**s** absolute Anreicherung von Sesquioxiden, z.B. Podsolhorizont (z.B. Bs oder Bhs).
g starke hydromorphe Merkmale, v.a. der Fe-Reduktion und -Oxidation (engl.: **g**leying) durch saisonale Wassersättigung (mit B, C).	**t** Tonanreicherung (mit B oder C).
h humos, illuviale Humusanreicherung, aber nicht mechanische Durchmischung (mit A, B).	**u** unspezifiert; u dient zur weiteren vertikalen Unterteilung von Haupthorizonten, die nicht näher mit Suffixen gekennzeichnet sind.
j Auftreten von Jarosit (KFe$_3$(OH)$_6$(SO$_4$)$_2$), z.B. in hydromorphen Böden.	**v** Auftreten von Plinthit (Anreicherungen von Fe-reichem Material, das jedoch erst bei Exposition zu Lateritkrusten aushärtet).
k Carbonatanreicherung (v.a. CaCO$_3$).	**w** Verwitterungshorizont, gekennzeichnet durch Tonmineralgehalt, Farbe und Textur (engl.: **w**eathered).
m zu > 90% verhärtet, zementiert (engl.: ce**m**entation). Das Suffix m wird stets mit dem das Bindemittel kennzeichnenden Symbol kombiniert (z.B. Ckm).	**x** pedogen verdichtet, meist wasserstauend (z.B. Btx).
n alkalisert; Na-Anreicherung.	**y** Gipsanreicherungen.
o residuale Sesquioxidanreicherung.	**z** Salzanreicherungen (löslicher als Gips).

Die vertikale Gliederung eines Horizonts mit demselben Hauptsymbol erfolgt durch nachgestellte arabische Nummern, wobei von oben nach unten gezählt wird. Nach einem Wechsel der Symbolkombination wird wieder neu begonnen (z. B. Bu1 – Bu2 – Btx1 – Btx2 – …). Gleiches trifft auf Übergangshorizonte zu. Diese Zählweise wird auch nicht bei Schichtwechseln unterbrochen, die durch vorangestellte Nummern markiert werden (z. B. Bt1 – Bt2 – 2Bt3 – 3C – …).

Das System der Nomenklatur der FAO-Weltbodenkarte wird ständig weiter überarbeitet. Es umfaßt vier Ebenen: die Hauptbodengruppen, Bodeneinheiten, Untereinheiten und Bodenphasen. Die 28 Hauptbodengruppen (*major soil groupings*) werden vor allem nach diagnostischen Horizonten unterschieden. Diese werden nicht allein durch die Horizontmerkmale (Kap. 3.3.1) beschrieben, sondern erst die zusätzliche Übereinstimmung mit genauen Definitionen und Abgrenzungen, die weitgehend aus der US Soil Taxonomy stammen, erlaubt die Bestimmung des diagnostischen, für das Gliederungssystem relevanten Horizonts. Welche Voraussetzungen alle zur Bestimmung diagnostischer Horizonte erfüllt sein müssen, kann hier nicht im einzelnen ausgeführt werden (s. dazu FAO 1997).

Die überarbeitete Legende zur Weltbodenkarte faßt die *major soil groupings* nach mehr oder weniger bodengeographischen Gesichtspunkten in acht Gruppen zusammen: Die erste Gruppe bilden die Fluvisols, Gleysols, Regosols und Leptosols, die weltweit als rezente Bildungen auftreten. Arenosols, Andosols und Vertisols sind besonders über das Substrat (Sand, Vulkanasche, Ton) definiert. Die Cambisols stehen als Verwitterungsböden allein. Die vierte Gruppe bilden die Böden mit Salzakkumulation, die besonders in Trockengebieten auftreten: Calcisols, Gypsisols, Solonchaks und Solonetz. Kastonozems, Chernozems, Phaeozems und Greyzems sind wegen ihrer basengesättigten humosen Horizonte zu einer weiteren Gruppe zusammengefaßt. Böden, die durch mehr oder weniger dichte Tonhorizonte, Luvisols und Planosols, beziehungsweise durch Sesquioxid- und Humusdynamik im Unterboden gekennzeichnet sind, Podzols und Podzoluvisols, bilden die sechste Zusammenstellung. Hauptbodengruppen, deren Entstehung an die unterschiedlich intensive chemische Verwitterung unter tropisch-subtropischen Klimaten gebunden ist, folgen: a) mit Lessivierung Lixisols, Acrisols, Alisols, Nitisols, b) mit residualer Fe-Anreicherung Ferralsols und Plinthosols. Ein wichtiges Unterscheidungsmerkmal für die Böden mit Tonanreicherungshorizont (Tab. 7) stellen dabei die Kationenaustauschkapazität (KAK größer oder kleiner 24 cmol(+)/kg Ton) und die Basensättigung (BS größer oder kleiner 50 %) dar. Die letzte Gruppe bilden die Histosols (überwiegend Moorböden) und die Anthrosols (anthropogene Böden).

Die Hauptbodengruppen (Tab. 7) werden ihrerseits in der Legende zur Weltbodenkarte (FAO 1997) nach 40 charakteristischen Eigenschaften und

Tab. 7: Hauptbodengruppen (major soil groupings) mit Übersetzungshilfen zum Verständnis. Erläuterungen zu den Hauptbodengruppen in Kapitel 4. Die zugehörigen Bodeneinheiten (soil units) jeweils darunter (Kurzerläuterungen s. Tab. 8, ausführlich FAO 1997).

Fluvisols (*meist Auenböden*)

Eutric Fluvisols	Umbric Fluvisols
Calcaric Fluvisols	Thionic Fluvisols
Dystric Fluvisols	Salic Fluvisols
	Mollic Fluvisols

Regosols (*Rohböden, v.a. auf Feinmaterial*)

Eutric Regosols	Dystric Regosols
Calcaric Regosols	Umbric Regosols
Gypsic Regosols	Gelic Regosols

Gypsisols (*Gipsanreicherungsböden*)

Haplic Gypsisols	Luvic Gypsisols
Calcic Gypsisols	Petric Gypsisols

Solonchaks (*Salzböden*)

Haplic Solonchaks	Gypsic Solonchacks
Mollic Solonchaks	Sodic Solonchacks
Calcic Solonchaks	Gleyic Solonchacks
	Gelic Solonchacks

Luvisols (*Lessivés, BS und KAK hoch*)

Haplic Luvisols	Vertic Luvisols
Ferric Luvisols	Albic Luvisols
Chromic Luvisols	Stagnic Luvisols
Calcic Luvisols	Gleyic Luvisols

Podzoluvisols (*meist Fahlerden*)

Eutric Podzoluvisols	Stagnic Podzoluvisols
Dystric Podzoluvisols	Gleyic Podzoluvisols
	Gelic Podzoluvisols

Chernozems (*Schwarzerden, Tschernoseme*)

Haplic Chernozems	Luvic Chernozems
Calcic Chernozems	Glossic Chernozems
	Gleyic Chernozems

Greyzems (*graue (Wald-)Steppenböden*)

Haplic Greyzems	Gelic Greyzems

Histosols (*meist Moorböden*)

Folic Histosols	Fibric Histosols
Terric Histosols	Thionic Histosols
	Gelic Histosols

Lixisols (*Lessivés, BS hoch/KAK niedrig*)

Haplic Lixisols	Albic Lixisols
Ferric Lixisols	Stagnic Lixisols
Phlintic Lixisols	Gleyic Lixisols

Alisols (*Lessivés, BS niedrg/KAK hoch*)

Haplic Alisols	Plinthic Alisols
Ferric Alisols	Stagnic Alisols
Humic Alisols	Gleyic Alisols

Ferralsols (*v.a. Ferralit*)

Haplic Ferralsols	Humic Ferralsols
Xanthic Ferralsols	Geric Ferralsols
Rhodic Ferralsols	Plinthic Ferralsols

Arenosols (*Sandböden*)

Haplic Arenosols	Ferralic Arenosols
Cambic Arenosols	Albic Arenosols
Luvic Arenosols	Calcaric Arenosols
	Gleyic Arenosols

Vertisols (*u.a. Pelosole*)

Eutric Vertisols	Calcic Vertisols
Dystric Vertisols	Gypsic Vertisols

Gleysols (*meist Gleye*)

Eutric Gleysols	Mollic Gleysols
Calcic Gleysols	Umbric Gleysols
Dystric Gleysols	Thionic Gleysols
Andic Gleysols	Gelic Gleysols

Leptosols (*Rohböden, flachgründig/steinig*)

Eutric Leptosols	Mollic Leptosols
Dystric Leptosols	Umbric Leptosols
Rendzic Leptosols	Lithic Leptosols
	Gelic Leptosols

Calcisols (*Kalkanreicherungsböden*)

Haplic Calcisols	Petric Calcisols
	Luvic Calcisols

Solonetz (*Alkaliböden mit hoher Na-Sorption*)

Haplic Solonetz	Gypsic Solonetz
Mollic Solonetz	Stagnic Solonetz
Calcic Solonetz	Gleyic Solonetz

Planosols (*Stauwasserböden, v.a. Stagnogleye*)

Eutric Planosols	Mollic Planosols
Dystric Planosols	Umbric Planosols
	Gelic Planosols

Podzols (*Podsole*)

Haplic Podzols	Carbic Podzols
Cambic Podzols	Gleyic Podzols
Ferric Podzols	Gelic Podzols

Kastanozems (*braune, Ca-reiche Steppenböden*)

Haplic Kastanozems	Calcic Kastanozems
Luvic Kastanozems	Gypsic Kastanozems

Phaeozems (*entkalkte, verbraunte Steppenböden*)

Haplic Phaeozems	Luvic Phaeozems
Calcaric Phaeozems	Stagnic Phaeozems
	Gleyic Phaeozems

Anthrosols (*terrestrische anthropogene Böden*)

Aric Anthrosols	Fimic Anthrosols
Cumulic Anthrosols	Urbic Anthrosols

Acrisols (*Lessivés, BS und KAK niedrig*)

Haplic Acrisols	Humic Acrisols
Ferric Acrisols	Plinthic Acrisols
	Gleyic Acrisols

Nitisols (*schwach lessivierte, tonreiche Böden*)

Haplic Nitisols	Rhodic Nitisols
	Humic Nitisols

Plinthosols (*Böden mit Plinthit, „Latosole"*)

Eutric Plinthosols	Humic Plinthosols
Dystric Plinthosols	Albic Plinthosols

Andosols (*Vulkanascheböden*)

Haplic Andosols	Vitric Andosols
Mollic Andosols	Gleyic Andosols
Umbric Andosols	Gelic Andosols

Cambisols (*Verwitterungsböden, u.a. Braunerden*)

Eutric Cambisols	Chromic Cambisols
Dystric Cambisols	Vertic Cambisols
Humic Cambisols	Ferralic Cambisols
Calcaric Cambisols	Gleyic Cambisols
	Gelic Cambisols

Kennzeichen (*formative elements*) in 153 Bodeneinheiten (*soil units*) gegliedert (z. B. Stagnic Luvisol = dt.: Pseudogley-Parabraunerde), deren Namen im wesentlichen aus der US Soil Taxonomy stammen. Sie sind nachfolgend zusammengestellt und (mit Hilfe von Tab. 8) kurz erläutert. Diese Bodeneinheiten können durch zusätzliche Merkmalskombinationen in Untergruppen (*subunits*) unterteilt werden. Dies dient besonders dazu, Zwischenstufen zwischen den Ordnungsniveaus und besondere Eigenarten auszudrücken. Ein gley-dystric Fluvisol beschreibt beispielsweise eine basenarme Paternia (Auenregosol) mit hydromorphen, grundwasserbedingten Merkmalen in den obersten 100 cm. Die Bodenphasen (*phases*) bilden das unterste Klassifikationsniveau. Sie drücken limitierende Eigenschaften aus, welche die Bodenoberfläche oder den Unterboden betreffen, sind nicht unbedingt an die Bodenbildungsprozesse gebunden und können in allen Bodeneinheiten vorkommen. Beispielsweise steht ein dystric Fluvisol salic phase für eine Paternia (dystric Fluvisol), die der Versalzung (salic phase) unterliegt (Übersetzungshilfen FAO ↔ deutsche Systematik s. AK Bodensystematik 1998).

Tab. 8: Kurzerläuterung der Namen (formative elements) zur Unterscheidung der Bodeneinheiten (Tab. 7). Ausführliche Erläuterungen der kennzeichnenden Attribute in FAO (1997).

albic	stark gebleicht	*gypsic*	mit Gipsanreicherung
andic	für Andosols	*haplic*	mit einfacher, normaler Horizont-
aric	für Pflughorizont		folge
calcaric	mit Anwesenheit von kalkhaltigem	*humic*	mit humusreichem Oberboden
	Material	*lithic*	geringmächtig (v.a. über R)
calcic	mit Kalkanreicherung	*luvic*	mit Tonanreicherungshorizont
cambic	mit Änderung in Farbe, Textur und	*mollic*	mit krümeligem Oberboden; hohe
	Zusammensetzung		Basensättigung
carbic	mit hohem Humusgehalt in	*petric*	mit Kruste nahe der Bodenober-
	Podzol-B-Horizonten		fläche
chromic	mit leuchtend (meist roter) Farbe	*plinthic*	mit Fe-reichem tonigem Horizont
cumulic	mit natürlicher Sedimentaufschüttung		(Plinthit)
dystric	mit geringer Basensättigung	*rendzic*	mit geringmächtigem Oberboden
	(<50%)		über (Kalk-)Gestein
eutric	mit hoher Basensättigung (>50%)	*rhodic*	rot gefärbt
ferrallic	hoher Gehalt an Sesquioxiden	*salic*	mit hohem Salzgehalt
ferric	mit Eisenanreicherung:	*sodic*	mit hohem Gehalt an austauschba-
	Rostflecken, Fe-Konkretionen		rem Na
fibric	mit schwach zersetztem	*stagnic*	hydromorph durch Stauwasser
	organischem Material, z.B. Torf	*terric*	vererdet, mit gut zersetzter organi-
fimic	kontinuierlich gedüngt		scher Substanz
folic	mit zersetztem organischem	*thionic*	mit sulfidischen Stoffen (z.B. H_2S)
	Material, Streu	*umbric*	wie mollic aber mit geringer
gelic	mit Permafrost in den oberen 2 m		Basensättigung
	Boden	*urbic*	künstliche Aufschüttung
geric	intensiv verwittert	*vertic*	Oberboden mit stark quellenden
gleyic	hydromorph durch Grundwasser		Tonmineralen
glossic	sich mit tieferen Horizonten	*vitric*	reich an vulkanischen Gläsern
	verzahnend	*xanthic*	gelb gefärbt

3.4 Die World Reference Base For Soil Resources

Mit dem Ziel, nationale Bodenklassifikationen und die FAO-Nomenklatur einander besser anzupassen, wurde eine modifizierte Systematik im Zuge der World Reference Base For Soil Resources (WRB 1994) vorgeschlagen. Unmittelbar mit Fertigstellung des vorliegenden Bodengeographiebuches erschien eine Überarbeitung:

Die FAO-Hauptbodengruppen betreffend, wird neu vorgeschlagen (s. FAO, ISRIC, ISSS [1998]: WRB for Soil Resources = World Soil Resources Report 84, 91 S.), die Böden mit Permafrost (in weniger als 100 cm Tiefe) als *Cryosols* (griech.: kraios = kalt, Eis) zu klassifizieren. *Durisols* (lat. durum = hart) sind Böden mit Kieselsäurekrusten oder -nodulen (in den oberen 100 cm). Die *Umbrisols* (lat.: umbra = Schatten, dunkel) sind humusreiche Böden, die jedoch im Gegensatz zu den Chernozems, Kastanozems und Phaeozems eine geringe Basensättigung aufweisen (wie beispielsweise viele Humic Cambisols oder Umbric Regosols, n. FAO 1997). Die Podzoluvisols werden durch den Namen *Albeluvisol* (lat.: albus = weiß) ersetzt. Im Gegensatz zur FAO-Nomenklatur können nach WRB (1998) Plinthosols auch harte petroplinthutische Verfestigungen (Lateritkrusten, Kap. 4.8.3) besitzen. Die Gruppe der *Greyzems* entfällt. Entsprechende Böden werden den Phaeozems zugeordnet.

Frühere Vorschläge (WRB 1994) wie *Sesquisols* (von Sesquioxidanreicherung), *Glossisols* (für Podzoluvisols nach griech.: glossa = Zunge für sich verzahnende Horizonte) wurden wieder verworfen. Gleiches gilt für die *Stagnosols* (lat.: stagnare = fluten) für periodisch (stau-)wassergesättigte Böden.

Darüber hinaus werden die Definitionen für diagnostische Horizonte, Eigenschaften und Stoffbestandteile der FAO (1997) überarbeitet und mehr oder weniger stark modifiziert. Dies führt stellenweise auch zu neuen Bodeneinheiten. Dazu sei auf die WRB (1998, s. o.) verwiesen. Wie erfolgreich die WRB die FAO-Nomenklatur künftig ersetzt, bleibt abzuwarten.

4 Entstehung und Verbreitung der Böden der Erde – bodengeographische Grundlagen und regionale Beispiele

Die vorwiegend in den 70er Jahren erarbeitete Weltbodenkarte ist bis heute das umfassendste Kartenwerk der Pedosphäre der Erde und damit die wichtigste kartographische Grundlage der synoptischen Bodengeographie. Eine ebenso große Bedeutung hat es auch durch die konsequente Anwendung einer einheitlichen Nomenklatur, die eine übergreifende Verständigung zwischen Geowissenschaftlern unterschiedlicher Staaten (mit eigenen Bodensystematiken) gewährleistet. Dies und die Tatsache, daß nationale Nomenklaturen die Verschiedenheit der Böden in unterschiedlichen Erdräumen nur schwer ausdrücken können, haben zu dem Entschluß geführt, in diesem Buch die Bodennamen und Horizontbezeichnungen nach der Nomenklatur der Weltbodenkarte zu verwenden (Stand: FAO 1997). An verschiedenen Stellen werden Hilfen zur Übersetzung der Bodennamen und Horizontsymbole in die deutsche Systematik angeboten (in einigen Bodenprofilskizzen links deutsch, rechts FAO). Dies geschieht als Lern- und Orientierungshilfe, wohl wissend, daß die korrelaten Begriffe und Namen aus beiden Systemen nicht synonym und jeweils mit sehr umfangreichen Definitionen verbunden sind (dazu siehe FAO 1997, AG Boden 1994, AK Bodensystematik 1998).

4.1 Böden und Bodengesellschaften in den waldfreien Polar- und Subpolargebieten

Die wald- und eisfreien Polar- und Subpolargebiete umfassen die Tundren- sowie die Frostschuttzone. Sie erstrecken sich – sieht man von vergleichbaren Gebirgsregionen ab – polwärts der 10 °C-Juli-Isotherme, die in groben Zügen die polare Baumgrenze nachzeichnet. Dieser Bereich ist – mit wenigen Ausnahmen – durch das großflächige Auftreten von Permafrost gekennzeichnet.

Die Vegetationsdecke dünnt von den Tundrengebieten nahe der borealen Waldgebiete nach Norden gegen die subpolaren und polaren Wüsten hin aus und ist vielerorts lückenhaft. Damit verlieren die Böden eine wichtige Isolationsschicht, wodurch Gefrier- und Tauzyklen fast direkt einwirken können. Der Rückgang der Vegetationsbedeckung, die wachsende Bedeutung der Frostdynamik und die abnehmende bodenchemische Dynamik mit zunehmend höherer Breite führen zu einer bodengeographischen Unterteilung der nordpolaren Bodenzone in die *Tundrenzone* sowie die *subpolare* (entspricht etwa der sogenannten Moostundra beziehungsweise Fleckentundra) und *polare Wüstenbodenzone* (Abb. 5).

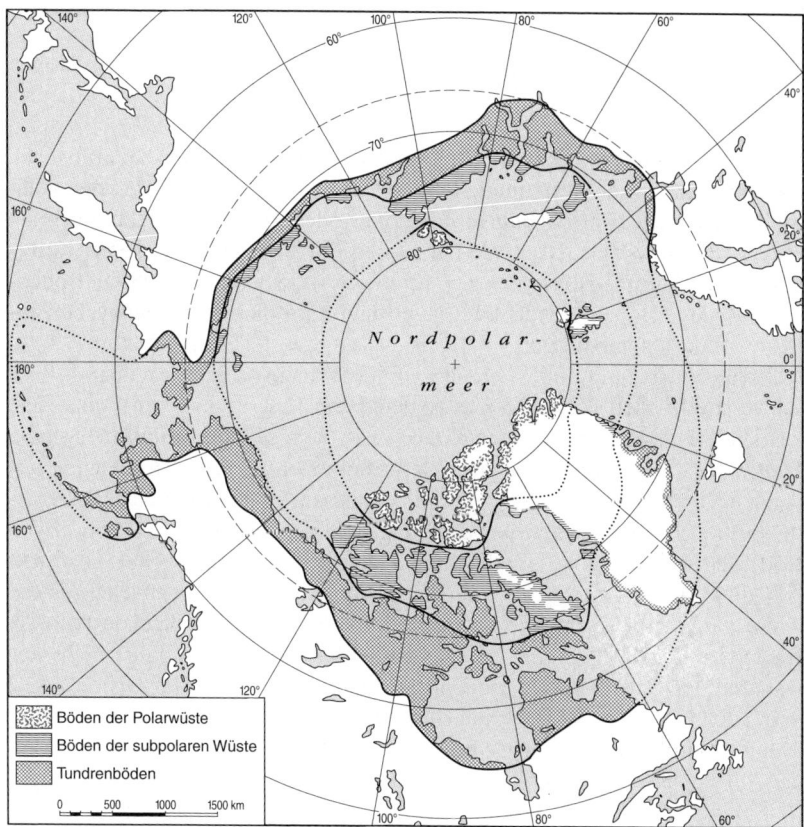

Abb. 5: Die Verbreitung von Tundrenböden, der Böden der subpolaren Wüste sowie der Polarwüste in der Arktis (nach TEDROW 1977).

4.1.1　Die besondere Bedeutung der großflächigen Geomorphodynamik

Die Gefrier- und Tauzyklen treten in hochpolaren Gebieten durch die langanhaltende Polarnacht mit tiefen Temperaturen in geringeren Frequenzen auf als in niedereren Breiten mit täglichen Tag-Nacht-Wechseln wie beispielsweise auf der Antarktischen Halbinsel oder in Südgrönland. Die physikalischen Verwitterungsprozesse bei Vorherrschen der Frostsprengung dominieren, denn chemische Verwitterungsprozesse sind wegen der niedrigen Temperaturen und der Trockenheit gehemmt. An Gunststandorten können sie dennoch zu bemerkenswerten bodengenetischen Stofftransformationen führen. Angesichts der allgemein tiefen Temperaturen sind die Niederschlagsmengen gering und bleiben meist unter 300 mm/J. In sehr ozeanisch geprägten Gebieten – wie Westspitzbergen oder auf den westantarktischen Inseln – kann dieser Wert um mehr als 50 % über-, in sehr kontinentalen polaren Kältewüsten Nordasiens, Nordamerikas oder Antarktikas auch erheblich unterschritten werden. Der Grad der Maritimität beziehungsweise der Kontinentalität hat große Konsequenzen auf die Vegetationsdecke und die Bodenentwicklung (BLÜMEL und EITEL 1989) und wird durch orographische Einflüsse zusätzlich modifiziert.

Dennoch ist zumindest während weniger Wochen im Jahr fast überall *Wasser* – gerade auch aufgrund niedriger Verdunstungsraten – verfügbar. Die Ursache ist das Schmelzen der winterlichen Schneedecke, die selten einige Dezimeter überschreitet, aber windverdriftet mächtige Schneerücklagen bilden kann, in deren Umfeld oft während der gesamten sommerlichen Beleuchtungsjahreszeit Tauwasser zur Verfügung steht. Besondere Bedeutung für die Bodenfeuchte besitzt das oberflächige Auftauen (s. Abb. 6) des *Permafrostes*: Als Dipol besitzt Wasser die Fähigkeit, andere Moleküle anzuziehen. Diese Anziehungskraft ist umgekehrt proportional zur Diëlektrizitätskonstante D. Da $D_{Eis} = 2$ und $D_{Wasser} = 81$, zieht Eis Wasser an. Dies führt nicht nur während des Gefrierens des Bodens zur Eisbildung an der Gefrierfront, sondern auch in den trockenen Wintermonaten zur Sublimation von Luftfeuchte in luftgefüllten Boden- und Sedimentporen (SCHENK 1955, WEISE 1983). In der Auftauphase ist eine Wasserübersättigung des Auftaubereichs die Folge.

Auf ebenen Flächen kann das Tauwasser oft nur schwer abfließen und die Permafrosttafel verhindert die Versickerung. Schlecht dränierte ebene Flächen und die Bereiche in Senken neigen daher zur Vernässung. Dies ruft eine Hydromorphierung der Böden hervor, wie sie in anderen Klimaten durch das Grundwasser bewirkt wird. Die Folge sind vor allem *Gelic Gleysols* (permafrostbedingte Tundrengleye). Gleysols sind gekennzeichnet durch reduzierende Eigenschaften mit entsprechenden Farbwechseln (Kap. 2.2.5) innerhalb der obersten 50 cm des Bodens (typische Horizontfolgen sind beispielsweise A-Cr, A-Bg-Cr, H-Cr oder H-Bg-Cr). Die FAO-Nomenklatur

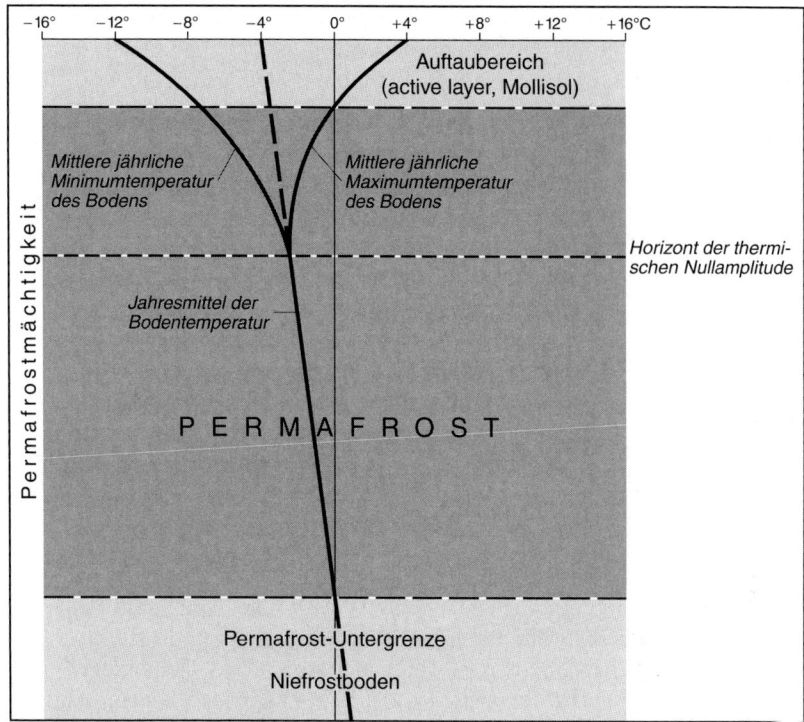

Abb. 6: Generalisierte vertikale Temperaturprofile durch die polare Permafrosttafel während einer Auftauphase und in winterlich gefrorenem Zustand (nach KARTE 1979).

Für die bodengenetischen Prozesse ist vor allem der Auftaubereich wichtig. Durch die jahreszeitliche Wasserverfügbarkeit finden hier nahezu alle physikochemischen Prozesse sowie die kryoturbaten Durchmischungsvorgänge statt.

beschränkt dabei die Verwendung des Adjektivs *gelic* auf Auftautiefen bis maximal 200 cm. Zur Kennzeichnung des perennierend unter 0 °C bleibenden Horizonts wird das Suffix f (*frozen*) nachgestellt (beispielsweise A-Cr-Cf). Das häufige Auftreten von hydromorph geprägten Böden – besonders der Gelic Gleysols – kennzeichnet die Bodengesellschaften vor allem in den Tundrengebieten Nordamerikas und Nordeurasiens, die sich nordwärts an die borealen Nadelwaldgebiete auf Flächen mit geringer Reliefenergie anschließen.

Das wiederholte Gefrieren und Auftauen der Pedosphäre bewirkt jedoch besonders in den Übergangsgebieten zur polaren Wüste eine Frostdynamik, welche die festen Bestandteile des Bodens bewegt und vermischt. Der englische Ausdruck *active layer* beschreibt daher sehr gut den Auftaubereich der Permafrosttafel. Da dieser sich beim Wiedergefrieren ausdehnt – Wasser nimmt beim Gefrieren zu Eis ein ca. 9 % größeres Volumen ein als in flüssigem Zustand –, entsteht ein seitlich und zur Oberfläche gerichteter Druck, wodurch die festen Bodenbestandteile bewegt werden. Der Prozeß wird durch Eislinsenbildung im active layer (*Segregationseis*) noch verstärkt. Dabei wird das Bodenwasser zur Gefrierfront gezogen, und auch aus der Bodenluft wird Wasser sublimiert. Beim Auftauen folgen Sackungen und oberflächliches Verfließen der Feinbodenbestandteile. Diese und andere frostbedingten Durchmischungsvorgänge (*Kryoturbation*; griech. kryos = Eis) führen zu Verwürgungen (deshalb früher auch *Würgeböden, Brodelböden* oder *Taschenböden* genannt) und Aufpressungen (*hummocks*, WASHBURN 1979, *Thufure*, SCHUNKE 1975), auf ebenen Flächen mit ausreichend Lockermaterialbedeckung verschiedenster Größe aber auch zu Sortierungen nach der Korngröße des bewegten Materials (Bild 3). BÜDEL (1987) unterschied 16 Teilvorgänge der Kryoturbation.

Der Frosthub bewegt dabei größere Steine besonders effektiv – entsprechend der Ausdehnung des active layer sowohl nach oben als auch zur Seite. Da die gröberen Steine beim Wiederauftauen der Landoberfläche länger an der Basis gefroren bleiben, während die wasserübersättigte Umgebung um den Stein bereits zusammensackt, erfolgt ein Auffrieren besonders der gröberen Steine. Das Feinmaterial ist wasserreicher und wölbt sich daher in gefrorenem Zustand. Während frühere Auffassungen die Sortierung des Grobmaterials an der Seite der Feinmaterialbeete als Folgeprozeß des Frosthubs darstellten (BÜDEL 1987, KARTE 1979), kann nach neuerer Auffassung das Grobmaterial bereits mit dem Auffrieren zur Seite bewegt werden (BLÜMEL 1990). Allen diesen Vorgängen, deren Intensität und Wirkung von Ort zu Ort variieren kann, ist das Resultat gemeinsam: die sogenannten *Struktur-* oder *Frostmusterböden* (s. LESER 1993). Dabei handelt es sich meist weniger um bodentypologische Begriffe, sondern um eine physiognomische Beschreibung äußerer Merkmale der Boden- beziehungsweise Verwitterungsdecke. Die Einführung des im angloamerikanischen Sprachraum bereits teilweise gebrauchten Begriffs *Cryosol* als eigenständige FAO-Hauptbodengruppe wird diskutiert (auch *Gelisol* für US Soil Taxonomy; s. WRB 1994).

An Hängen führt die Wasserübersättigung auftauender Flächen zu Bodenfließen, das zusammen mit dem Bodenkriechen die *Solifluktion* von Lockermaterial hervorruft (WASHBURN 1979, BLÜMEL 1990). Auf schwach geneigten Flächen wird dabei die Frostmusterbildung durch die gravitative Hangabwärtsbewegung überlagert, wodurch die Polygonringe zu halbmondartigen Girlanden verzerrt werden und schließlich in Steinstreifen übergehen (Bild 1), die von Feinerdebereichen getrennt sind. Daneben kann die Solifluktion auf steileren Hängen zu mehrere Meter mächtigen Lagen aus Wanderschuttdecken und Fließerdezungen führen, in denen alle Korngrößen bis hin zu gröbstem Blockwerk bewegt werden. Arbeitet die Solifluktion auf –

meist von Moostundra – bewachsenen Flächen, so spricht man von gebunde-ner im Gegensatz zu freier Solifluktion. Sie kann nicht nur die Vegetation, sondern auch präexistente humose Oberböden erfassen und besonders an der Front der Solifluktionsloben einrollen.

Inzwischen wurde die Bedeutung der *Abluation* (LIEDTKE 1981, 1990) für die Bodenbildung in den Polargebieten erkannt. Darunter versteht man die oberflächige Abspülung von Feinsediment durch aus Schneeflecken austre-tendes Schmelzwasser oder sommerlich auftretende Regenfälle. Dabei wird – zum Teil auch als Filter- und Dränagespülung durch grobe Steinstreifen – das meist schluffige Feinmaterial in Senken oder Hangfußbereichen abgelagert, wo es aufgrund der großen Kornoberfläche die Grundlage für eine rasche initiale oder weitergehende Bodenbildung darstellen kann (Bild 4).

Da sich ab –25 °C Eis nicht mehr weiter ausdehnt, sondern wieder zusam-menzieht (*Tieffrostkontraktion*), wird die Verwitterungs- und Bodendecke in hochpolaren Bereichen oft von tiefreichenden, eisgefüllten Rissen gequert, die ein weitmaschiges polygones Eiskeilnetz bilden. Sie sind pedogenetisch kaum von Bedeutung, belegen jedoch erneut die große Rolle der Frostdyna-mik (Bild 5).

In einigen kontinental geprägten hochpolaren Landschaften spielt die äoli-sche Dynamik eine zusätzliche Rolle. Die geringe Luftfeuchte kalter Polar-luft hat nach dem Abfließen der sommerlichen Schmelzwässer große Boden-trockenheit zur Folge, welche die Ausblasung vor allem schluffiger Sedi-mente aus Abflußrinnen, Kiesbänken oder Moränen erlaubt. Diese Prozesse entsprechen – wenngleich nicht in der gleichen Effizienz wie während der pleistozänen Kaltzeiten in den Mittelbreiten – einer rezenten Lößbildung. Das Feinmaterial wird durch kryoturbate Prozesse in die Verwitterungs-decken eingearbeitet oder durch abluale Prozesse zusammengespült. So wurde beispielsweise aus Alaska eine rezente Lößbildung von mehreren Dezimetern beschrieben (s. Zusammenstellung in SMALLEY 1975).

Wegen der Kryoturbation und der frostwechselbedingten Abtragungsvor-gänge, die nahezu die gesamte hochpolare Landoberfläche erfassen (*Denuda-tion*), sind nur wenige Flächen geomorphodynamisch einigermaßen stabil. In den polaren Wüsten und der Fleckentundra als Übergangsbereich zur Tund-renzone dominieren deshalb in gut dränierter Position humusarme bis humusfreie, flachgründige, meist nicht weitergehend horizontierte (Roh-) Böden: In steinreicheren Gebieten mit viel grobem Frostschutt herrschen *Gelic Leptosols* vor (Bild 2). In feinkörnigeren Substraten und größeren Feinerdebeeten können sich *Gelic Regosols* entwickelt haben (vgl. Kap. 4.5.3). Beide, vor allem aber die Leptosols, bilden unter zonalen Gesichtspunkten die bedeutendsten Hauptbodengruppen der polaren Wüsten (Kap. 4.1.3). Nur auf längerfristig geomorphodynamisch stabilen Flächen, die gut dräniert sind, können tiefer reichende Transformations- oder Translokationsprozesse komplexere Bodentypen entstehen lassen. Eine differenzierte bodengeographische Betrachtung der Pedosphäre der polaren und subpolaren Zone muß daher die *Geomorphodynamik* an den Standorten sowie die *Permeabilität und Dränage* der auftauenden Substrate vermehrt berücksichtigen.

4.1.2   Böden und Bodengesellschaften in der waldfreien Tundra

Vor allem in kontinentalen Bereichen mit langen, warmen Sommern und in Gebieten nahe der Baumgrenze ist die Tundra artenreicher und dichter, doch kann die anfallende *Streu* oft nur schwer zersetzt werden: Im Winter verhindern niedrige Temperaturen mit dauernder Gefrornis die Humifizierung und Remineralisierung, im Sommer hemmt die Bodennässe den Stoffabbau. Die niedrigen Abbauraten von 100–1 000 Jahren führen speziell in der sogenannten *feuchten Tundra* zur Anreicherung organischer Substanz in den Oberböden. Damit ist ein großer Teil von Pflanzennährstoffen – besonders von Stickstoff – festgelegt und nicht verfügbar. *Vergleyung* und *Humusanreicherung* haben z. B. Umbri-Gelic Gleysols (Gleye mit humusreichen Oberböden beziehungsweise Tundrenanmoore) zur Folge. Bei weitergehender Anreicherung organischen Materials können Gelic Histosols (Tundrenmoore) entstehen.

Histosols sind durch ihren organischen H-Horizont gekennzeichnet. Dieser (Torf-)Horizont ist mindestens 40 cm mächtig (bzw. >60 cm bei dominantem Moosanteil oder sehr geringer Lagerungsdichte von <0,1 g/cm^3, v. a. Hochmoore). Die typische Horizontfolge ist meist H-Cr, bei Gelic Histosols beispielsweise H-Cr-Cf oder H-Cf. Der H-Horizont ist in der Regel wassergesättigt (wenn aufgetaut). Direkt auf anstehendem Fels (Horizontfolge: H-R) kann der Torfhorizont auch dünner ausfallen (näheres s. FAO 1997). Die Histosols speichern in der Regel zwischen 300 t/ha und 700 t/ha organische Substanz (SCHULTZ 1995). Viele Moore der waldfreien Tundra besitzen damit schon eine enge Verwandtschaft zu den Palsenmooren der Waldtundra (Kap. 4.2.2).

Fast alle Böden in der Tundrenzone haben sich auf Decksedimenten gebildet, die entweder subrezent durch Verwitterungs- und Abtragungsprozesse oder während der glazialen Überprägung durch die kaltzeitlichen Gletscher und ihrem Abschmelzen entstanden sind. Dennoch weisen nur etwa 1 % bis 10 % der Tundra der nördlichen Hemisphere gut dränierte Standorte auf (UGOLINI 1986). Auf ihnen entwickeln sich verbreitet Gelic Cambisols (polare Braunerden; Horizontfolge z. B.: Ah-Bw-Cf; näheres zu Cambisols s. Kap. 4.3.1). Die rasche Dränage des Tauwassers in Lockersedimenten oder flachen Hanglagen macht die Standorte geomorphodynamisch vergleichsweise stabil, und pedogene Transformationsprozesse und Stoffverlagerungen erhalten die Möglichkeit und die Zeit, bodengenetisch zu wirken. Dabei erfolgt vor allem eine schwache Verbraunung durch die Bildung pedogener Eisenhydroxide und/oder – falls Carbonate im Ausgangsmaterial enthalten – eine partielle Entkalkung und Verlagerung von $CaCO_3$ in tiefere Profilbereiche. Die chemischen Umbauprozesse lassen sich auch an Tonmineralen nachweisen, wenngleich in der Regel allochthone oder lithogene Schichtsilikate in der Fraktion kleiner als 0,002 mm Partikeldurchmesser dominieren.

Unterscheidet man die Tundra in eine feuchte und in eine trockene (Abb. 7), so ist daher den (Gelic) Gleysols der (Gelic) Cambisol an die Seite zu stellen (UGOLINI 1986). Wenn diese Standorte über eine dichtere Vegetation verfügen, die schwer zersetzbare, saure Streu liefert, und basenarme Sedimente (Gesteine) vorliegen, können trotz vergleichsweise geringer Jahresniederschlagsmengen sehr saure Oberböden entstehen und sich die Böden flachgründig zu Dystric Cambisols oder zu Gelic Podzols (sogenannte Zwerg- oder Nanopodsole; näheres zu Podzols s. Kap. 4.2.1) entwickeln.

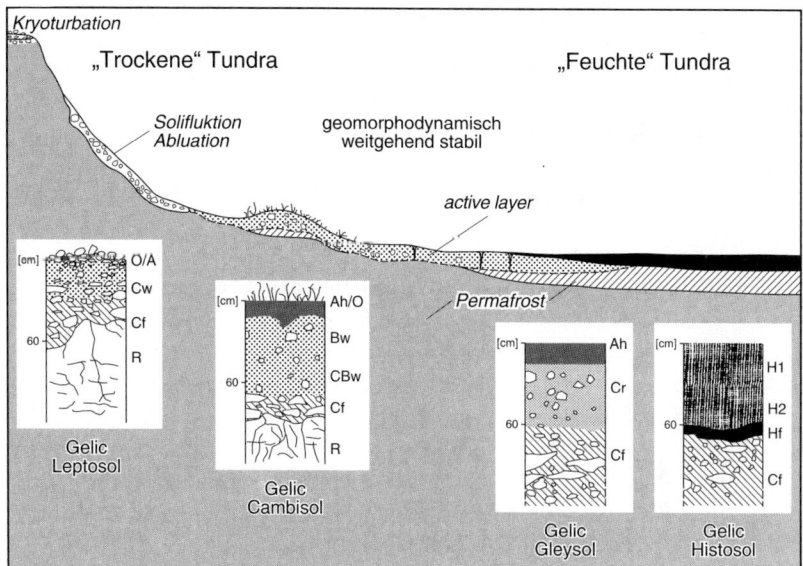

Abb. 7: Schematische Toposequenz mit den wichtigsten Bodentypen in der waldfreien Tundra.

Während sich in höheren Reliefpositionen und auf gut durchlässigen Substraten (*Trockene Tundra*) v. a. Gelic Leptosols und Gelic Cambisols entwickelten, sind in Senken und flachen Bereichen (*Feuchte Tundra*) hydromorphe Böden (v. a. Gelic Gleysols) bis hin zum Moor (Gelic Histosol) entsanden. Zu beachten ist das Ansteigen der Permafrosttafel unter mächtigeren organischen Lagen, die eine gute Isolierung gegen sommerliche Wärme darstellen.

4.1.3   Böden und Bodengesellschaften in der Fleckentundra (subpolare Wüste) und der polaren Wüste

Die polwärts kürzere Vegetationsperiode, die durch Kaltlufteinbrüche auch noch mehrfach unterbrochen werden kann, führt zu einer fleckenhaften Vegetationsdecke, die von Moosen und Flechten dominiert wird. Dies bewirkt in der sogenannten *Fleckentundra* (auch: (ant-)arktische Tundra) – einer Übergangszone zu den polaren Wüsten – geringen Humusanfall. Humose Oberböden sind daher nur sehr geringmächtig. Allerdings hält sich der Humus lange in den Böden, da er aufgrund der geringen Populationsdichte der polaren Bodenfauna nur schlecht abgebaut werden kann (WÜTHRICH 1989).

Die allgegenwärtige Gefrier-Tau-Dynamik sorgt einerseits für oft sehr grobe Sedimentdecken, die auf die große Effizienz der Frostsprengung – besonders in ozeanisch geprägten, küstennahen Gebieten – zurückzuführen sind, und andererseits für starke Kryoturbation. Dadurch dominieren die schwach entwickelten Gelic Leptosols und Gelic Regosols, während andere, komplexere Bodentypen (überwiegend Cambisols) auf wenige Gunststandorte beschränkt sind.

Die lokale Gunst kann sedimentologisch (z. B. gut sortierte und dränierte gehobene Strand- oder ehemalige Flußterrassensedimente, Abb. 8), petrographisch (z. B. vulkanische Lockersedimente), reliefbestimmt (z. B. flachgründige Grundmoränenschleier auf Festgestein wie Rundhöckern) beziehungsweise mikroklimatisch (z. B. thermisch begünstigt) oder durch eine Kombi-

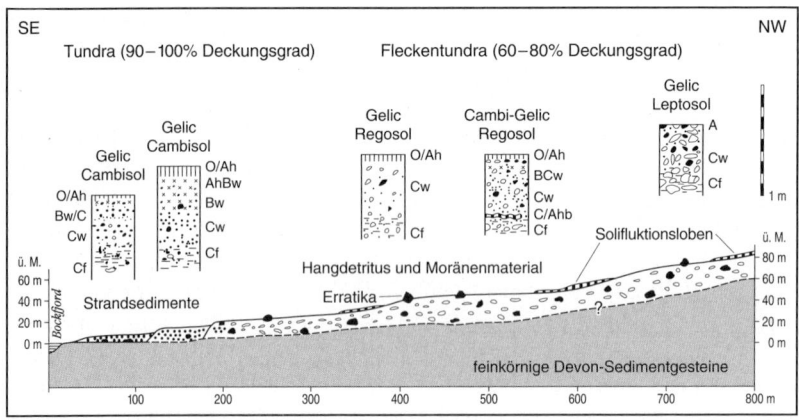

Abb. 8: Bodentoposequenz in der subpolaren Wüste in Nordspitzbergen (Bockfjord-Woodfjordgebiet nach EBERLE 1994).

Die Folge belegt einerseits die gering entwickelten Böden auf geomorphodynamisch aktiven Flächen (Leptosols und Regosols) und andererseits die tiefergreifende Bodenbildung auf den stabilen, gut durchlässigen Strandterrassen (Gelic Cambisols).

nation derartiger Bedingungen begründet sein. Entscheidend für eine differenzierte und tiefergreifende chemische Verwitterung und Bodenbildung ist auch hier wie in der vegetationsdichteren Tundra die gute Wasserdurchlässigkeit der Substrate. Noch größeres Gewicht hat die geomorphodynamische Stabilität, die meist an besondere Standorte geomorphologisch, sedimentologisch und petrographisch differenzierter, kleingekammerter Landschaften gebunden ist. Dann sind Verbraunungs- und sogar Podsolierungsprozesse selbst in hocharktischen und antarktischen Polarwüsten möglich (BÖLTER et al. 1994, EBERLE 1994).

Eine Folge der guten Durchlässigkeit der Substrate ist der geringe Eisgehalt der Böden während der Wintermonate bis hin zum sogenannten *trockenen Permafrost* (MULLER 1947). Die überwiegend luftgefüllten Bodenbereiche sind in den Strahlungsmonaten thermisch begünstigt, weil nur wenig Energie zum Tauen von Eis gebraucht wird. Dieser pedogenetische Vorteil wird allerdings durch die schnelle Austrocknung teilweise wieder kompensiert. Die standortbedingte Trockenheit kann ihrerseits jedoch durch lateralen Wasserzug auf der Permafrosttafel in den Unterböden wieder ausgeglichen werden. Die Beachtung raumzeitlicher Wechselwirkungen zwischen den Standorten ist daher von großer Wichtigkeit für die bodenbildenden Prozesse und der daraus abgeleiteten geoökologischen Stellung der Böden (vgl. auch LESER und SEILER 1986).

Die lückenhafte Vegetationsdecke erleichtert äolische Umlagerungen polwärts. Die Einwehung schluffiger Komponenten – oft carbonatreich – verhindert tiefgreifende pedogene Umwandlungsprozesse durch Erhöhung des pH. Gelic Cambisols besitzen dadurch immer weniger deutlich ausgebildete Unterböden und zeigen in den Oberböden mehr und mehr alkalische Verhältnisse (UGOLINI und SLETTEN 1988).

Diese Merkmale leiten zu den *polaren Wüsten* über. Hier sind die eisfreien Festlandsflächen durch die geringen Niederschläge im Bereich der polaren Hochdruckgebiete (ca. 100–200 mm/J), das weitgehende Fehlen einer Vegetationsdecke (meist nur eine Pioniervegetation aus Flechten), die ganztägige Bestrahlung sowie durch den Wind nach Abtauen der Schneedecke oberflächig sehr trocken. Ozeanische Einflüsse bleiben nicht zuletzt wegen der Meereisbedeckung sogar in küstennahen Bereichen des Nordpolargebiets klein. Die nur schwach entwickelten Böden weisen große Ähnlichkeiten mit jenen der heißen Wüsten der Erde auf (Kap. 4.5.2). Zu diesen Konvergenzerscheinungen gehört auch das *Steinpflaster* (auch Wüstenpflaster, engl.: *desert pavement*), das im Gegensatz zu den heißen Wüsten neben der Deflation feinerer Komponenten und residualer Anreicherung besonders durch Auffrierprozesse, aber wegen des Feuchtemangels ohne nennenswerte Frostmusterbildung entstanden ist. Die Folge des Auffrierens ist eine vertikale Entmischung, so daß sich unter dem groben Wüstenpflaster eine Lage feinmaterialreicheren Lockersubstrats bildet (Abb. 9). Derartige Böden – meist Leptosols – treten in den Polarwüsten in einigermaßen ebenen Reliefeinheiten großflächig auf. Das *desert pavement* ersetzt häufig den Oberboden, zumal diese Böden fast völlig humusfrei sind.

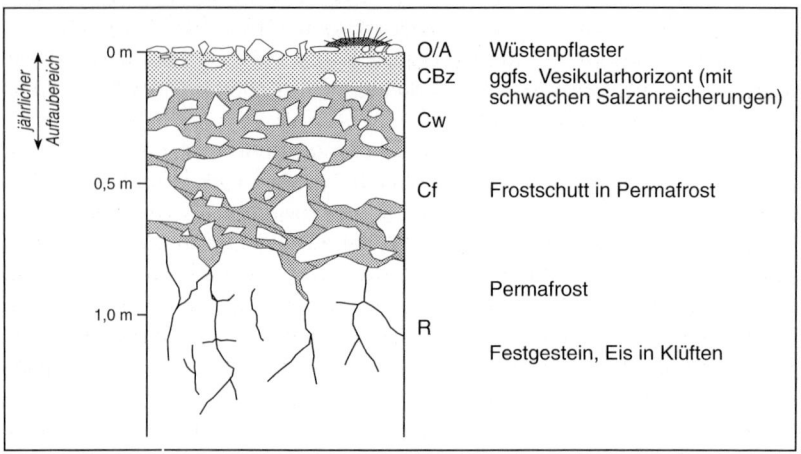

Abb. 9: Schematischer Gelic Leptosol der Polarwüste in gut entwässerter Reliefposition und mit einem Wüstenpflaster.
Unter den aufgefrorenen Steinen kann sich im entmischten feinmaterialreichen Substrat ein Vesikularhorizont entwickeln. Gegebenenfalls führen aufsteigende Salzlösungen oder allochthone Einträge (z. B. in Meernähe) zu Anreicherungen (dann: salic phase, s. Kap. 4.5.3).

Die Konvergenzerscheinungen zu den nicht-polaren ariden Gebieten (Kap. 4.5) gehen sowohl im Nord- (TEDROW 1977) wie im Südpolargebiet (CAMPBELL und CLARIDGE 1987) aber noch weiter: Neben *Spaltenbildungen* (BLUME 1987) können selbst *Vesikularhorizonte* in feinsedimentreichen Oberböden festgestellt werden. Sie entstehen im Gegensatz zu den heißen Wüsten (Kap. 4.5.2) in den Polargebieten durch Ablation kleiner Eiskristalle in den Oberböden, wodurch grobe, nadelstichartige Poren zurückbleiben. Die Verdunstung in der trockenen Luft kann sogar zu aszendierendem Kapillarwasser mit Ausfällung mitgeführter gelöster Stoffe und *Alkalisierung* oberflächennaher Bereiche führen, wie sie sonst besonders für die heißen Trockengebiete der Erde typisch ist. In vielen Gebieten ist in diesem Zusammenhang auch eine *Salzanreicherung* in den Oberböden dokumentiert (TEDROW 1968, 1977, EVERETT 1968, UGOLINI 1986). In meernahen Gebieten sind die Salze aber oft auf äolische Einträge vom Meer her zurückzuführen.

4.1.4   Die Böden im Südpolargebiet: Parallelen und Unterschiede

In der Regel treten im Nord- wie im Südpolargebiet ähnliche Grundtendenzen der Pedogenese in Erscheinung. Und doch verursachen die besondere kontinentale Lage Antarktikas und die Land-Meer-Verteilung in der Antarktis einige Besonderheiten. Eine bodengeographische Zonierung des Südpolargebiets legten BOCKHEIM und UGOLINI (1990) vor: Die Bodengesellschaften der *Tundra* sind im wesentlichen auf wenige subantarktische Inseln beschränkt. Dem besonderen maritimen und beleuchtungsklimatischen Charakter v. a. der nördlicheren Gebiete der Westantarktischen Halbinsel (keine Polarnacht) sowie der Süd-Shetland-Inseln (BARSCH et al. 1985, BLÜMEL und EITEL 1989) trägt die spezielle Abgrenzung als *antarktische subpolare Wüste* Rechnung. Die *antarktische Polarwüste* ist auf die ostantarktischen Küsten und den inneren und südlichen Bereich der Westantarktischen Halbinsel beschränkt. Zusätzlich schlagen CAMPBELL und CLARIDGE (1987) sowie BOCKHEIM und UGOLINI (1990) vor, die eisfreien, extrem kalttrockenen kontinental-antarktischen Gebiete (v. a. die eisfreien Gebirgsregionen) als eigenständige *Kältewüsten* auszugliedern.

Die klimagesteuerten Veränderungen in der Zusammensetzung der bodenbildenden Prozesse an gut dränierten Standorten sind ähnlich denen im Nordpolargebiet (Abb. 10): Mit zunehmender Polnähe und Kontinentalität nehmen die chemischen Verwitterungsprozesse (BLÜMEL et al. 1985) und deszendent gerichteten Stoffverlagerungsprozesse zugunsten von Carbonatisierung, Versalzung und Wüstenpflasterbildung in den obersten Bodenbereichen ab (BLUME et al. 1997). Selbst Rubefizierung wird beschrieben (BOCKHEIM und UGOLINI 1990).

*4.1.5   Der Faktor Zeit: Landschaftsgeschichte, Klimawandel
          und Bodenentwicklung*

Die pleistozänen Vereisungen spielen eine wichtige Rolle bei der Beurteilung der (sub-)polaren Böden. Dort, wo die Landoberfläche eisbedeckt war, stellt v. a. Moränenmaterial das Ausgangssubstrat. Die Pedogenese wird dadurch großflächig von den anstehenden Gesteinen getrennt und von allochthonen Komponenten geprägt. Von größter Bedeutung ist daher die Frage, welche Gebiete seit wann eisfrei sind, oder ob sie womöglich aufgrund zu trockener Bedingungen während des Pleistozäns gar nicht eisbedeckt gewesen waren. Die pedogenetischen Prozesse hätten auf diesen Flächen einen entsprechenden Entwicklungsvorsprung gegenüber den holozänen Böden.

Jede Bodenbildung und weiterführende Bodenentwicklung benötigt Zeit. Es ist schwer, die Bodenbildungsraten auch in den Polar- und Subpolargebie-

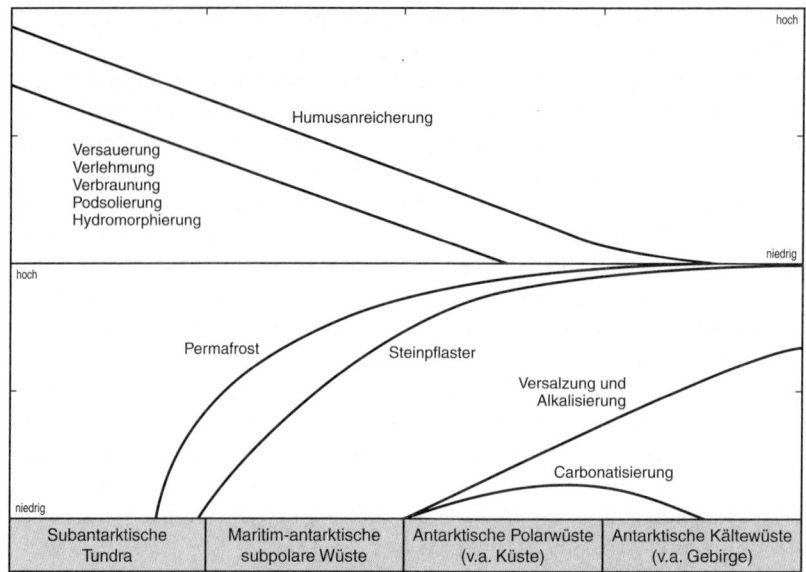

Abb.10: Zusammenstellung der pedogenetischen Prozesse in den antarktischen Naturräumen (nach BOCKHEIM & UGOLINI 1990 sowie BLUME et al. 1997, verändert).
Zunahme der kaltariden Bedingungen von links nach rechts.

ten abzuschätzen. Zu sehr variieren die örtlichen Standortbedingungen. Zudem ist der Einfluß der quartären Klimaschwankungen zu berücksichtigen, auf welche die Ökosysteme besonders dann sehr schnell reagieren, wenn die Temperaturveränderungen die Gefrier-Tau-Zyklen beeinflussen: Die Polar- und Subpolargebiete sind äußerst empfindlich reagierende Standorte für die Pedogenese. Hinzu kommt, daß klimatische Veränderungen meist schnell erfolgen, während die Reaktion der Bodenbildungsprozesse oft erst verzögert sichtbar wird. Böden sind zwar Zeugnisse des Klima- und Landschaftswandels, doch sind ererbte Merkmale nur schwer von jenen zu unterscheiden, die mit jetzt herrschenden Standortfaktoren zu verbinden sind.

Gehobene Strandterrassen gelten als besonders gute Versuchsanordnungen der Natur, da sie bei unterschiedlichem Alter jeweils vergleichbare Standortbedingungen für die Bodenbildung bieten. Im maritim geprägten Westen Spitzbergens (Brøggerhalbinsel) äußern sich derartige Chronosequenzen am offensichtlichsten in den verschieden entwickelten Unterböden von Gelic Cambisols: Auf den höchsten Terrassen (80–55 m ü. M./ 130–290 ka) sind sie 70–105 cm mächtig, auf dem mittleren Komplex (55–40 m ü. M./60–160 ka) nur noch 40–75 cm und auf den jüngsten Strandterrassen (<44 m ü. M./max. 12 ka) umfassen sie nur noch 15–35 cm. In den älteren Böden sind mehrere Warmphasen mit intensiver Bodenbildung dokumentiert, die sich in der zunehmenden Entwicklungstiefe widerspiegeln (FORMAN und MILLER 1984). Doch dient der Reifegrad des holozänen Cambisols nur als Anhaltspunkt der Entwicklungsgeschwindigkeit, und es ist nicht sicher, wieviele Warmphasen an der Entstehung der mächtigeren Bodenbildungen beteiligt gewesen sind. Wie beispielsweise auch BIRKELAND (1978) auf Baffin Island/Kanada gezeigt hat, kann umgekehrt der Grad der Bodenentwicklung auf vergleichbaren Substraten durchaus als Instrument zur relativen Altersstellung quartärer Sedimente herangezogen werden – nicht für sich allein, sondern als ergänzender Bestandteil methodisch differenzierter Untersuchungen. Auf diese Weise können Bodenchronosequenzen in der geomorphologischen Forschung eingesetzt werden. Von Grönland liegen Hinweise darauf vor, daß bei günstigen Voraussetzungen Chronosequenzen junger, noch schwach entwickelter Böden erstaunlich hoch auflösende Differenzierungen – bis zu einigen Dekaden von Jahren – ermöglichen (JAKOBSEN 1990).

Beobachtungen aus vielen nordpolaren Regionen lassen daran zweifeln, daß weiterentwickelte holozäne Bodenbildungen wie Gelic Cambisols überall als rezente Klimaxbodenbildung aufzufassen sind, da in geomorphologisch stabilen Substraten unter polaren Bedingungen Bodenmerkmale sehr lange erhalten bleiben können (TEDROW 1977, S. 345, TARNOCAI und VALENTINE 1989). In diesen Fällen dokumentieren sich holozäne Klimaschwankungen – vor allem das Klimaoptimum im Atlantikum (etwa 8 000–5 000 J. v. h.) – in den Pedogenesen (für NW-Spitzbergen s. FURRER 1992, BLÜMEL und EBERLE 1994).

Von besonderem Interesse ist die Frage, welche Auswirkungen die subrezenten, möglicherweise anthropogen ausgelösten Klimaveränderungen in der Arktis (WALLÉN 1986, LACHENBRUCH und MARSHALL 1986) auf die (sub-) polare Pedosphäre haben. Da der Dauerfrost eine wichtige Steuerungsgröße des Wasserhaushalts hocharktischer Böden darstellt, reagieren die Böden sehr empfindlich auf thermische Veränderungen. Hinweise auf höhere Temperaturen im *active layer* wurden bereits vielerorts beobachtet (STONER et al. 1983). Zu den Folgeerscheinungen zählen auch schnell aufgefrorene erratische Blöcke (*Kryostasieblöcke*; STÄBLEIN 1992), die nun vom mächtigeren Auftaubereich ganz erfaßt werden und zuvor noch im Permafrost festgefroren waren. Hieraus sowie aus scharfen Grenzen zwischen B- und C-Horizonten innerhalb der *active layers* läßt sich auf eine rasche Zunahme der Auftautiefen schließen, denen das Tiefergreifen der Bodenbildungsprozesse noch nicht folgen konnte.

Größere Auftautiefen auf gut dränierten Standorten mit durchlässigen Substraten verursachen besonders trockene Verhältnisse, die sich auf die Bodenentwicklung, aber auch auf die Standortbedingungen für die isolierende Vegetation negativ auswirken. Eine geringere Vegetationsdichte verstärkt – durch die verminderte Isolation des Bodens gegenüber den klimatischen Einflüssen – zusätzlich die Permafrostdegradierung und die sommerliche Austrocknung. Eine thermische Veränderung hat damit vor allem hygrische Auswirkungen für den Standort. An den Hängen führt die schnellere Austrocknung der flachgründigen Leptosols und Regosols zur Stabilisierung vormals periglazial aktiver Flächen. Hieraus resultieren dann zunehmend tiefgreifendere bodenchemische Prozesse mit günstigeren Bedingungen für die Tundrenvegetation (EBERLE und THANNHEISER 1995).

Mit der Diskussion um die jüngsten Klimaveränderungen geht die Frage einher, inwieweit sich eine Erwärmung der Polargebiete auf das globale Klimageschehen auswirken würde: Die arktischen Tundren – besonders die großen Histosol-Gebiete, die bis weit in die borealen Nadelwaldgebiete hineinreichen – sind aufgrund des langsamen Abbaus organischer Substanz wichtige Speichergebiete für Kohlenstoff. Bis zu mehrere 1 000 t/ha organischen Materials sind hier festgelegt (SCHULTZ 1995, S. 139). Im Permafrost (inkl. der borealen Waldgebiete) der nördlichen Hemisphäre sind etwa 22–29 % (entspricht 350–455 Mrd. t) des globalen, pedogen gebundenen organischen Kohlenstoffs (1 500 Mrd. t) gespeichert. Allein die Böden der arktischen Tundren binden 12,4 % (192 Mrd. t) C_{org}. Ein Temperaturanstieg könnte eine Verstärkung der Bodenaktivität, unter vermehrtem Abbau der im Permafrost und *active layer* gespeicherten organischen Substanz, und damit eine gesteigerte CO_2-Freisetzung und möglicherweise einen verstärkten Treibhauseffekt verursachen (OECHEL et al. 1993, SMITH und SHUGART 1993). Dies unterstreicht die enge Wechselwirkung, in der auch die polare und die boreale Pedosphäre (Kap. 4.2.6) mit der globalen Klimaentwicklung stehen. Allerdings ist bei diesen Überlegungen auch zu berücksichtigen, daß wärmere Luft die Niederschlagsmengen in den Polargebieten eher erhöht – besonders in den Wintermonaten. Dabei sind die Auswirkungen eines neuerlichen Gletscherwachstums (KOHLMEYER 1990, SCHOLZ 1991, BOECKH 1992, WINKLER et al. 1997) sowie möglicherweise kürzerer schneefreier Perioden (größere Schneemengen) mittel- und langfristig nur schwer abzusehen (DOWDESWELL et al. 1997).

4.1.6   Aspekte anthropogener Einflüsse

Alle Stoffe, die durch den Menschen direkt oder indirekt in polare Landschaften gebracht werden, haben dort eine lange Verweildauer. Die insgesamt geringe Effizienz chemisch-biologischer Prozesse in den Böden verhindert den schnellen Um- beziehungsweise Abbau pedosystemfremder Komponenten. Diese gelangen in die Böden der Polargebiete zum Beispiel durch bergbauliche Tätigkeit: Der Abbau von Bodenschätzen in der Arktis (z. B. Erdöl in Nordalaska, Kohle in Spitzbergen und Nordrußland) hat dabei vielfache Folgewirkungen durch die permanenten menschlichen Siedlungen: Abfall wird nur sehr verzögert abgebaut, Immissionen (auch über die Luft) reichern sich in den obersten Bodenhorizonten an, da vertikale Verlagerungsprozesse kaum auftreten. Die Merkmale polarer Böden sind über Jahrhunderte und Jahrtausende ohne den menschlichen Einfluß entstanden, und die menschlichen Freizeitaktivitäten (Tritt, Straßenbau und off-road-Fahren) stellen eine systemexterne Komponente dar. Der Mensch zerstört mit seiner Aktivität nicht nur die Vegetation, sondern auch den natürlichen Aufbau besonders der Oberböden (Vesikularhorizonte, initiale Krusten, Verdichtung humoser Horizonte etc.).

Durch den Antarktisvertrag sind derartige Aktivitäten im Südpolargebiet auf wissenschaftliche Unternehmungen beschränkt. Aber selbst hier sind um die Forschungsstationen herum die Böden bereits stark verändert worden (CAMPBELL und CLARIDGE 1987). Zu nennen sind auch die Folgen des zunehmenden Polartourismus, vor allem im Zusammenhang mit Kreuzfahrten und Landgängen (CHEN und BLUME 1995).

Neben direkten anthropogenen Einflüssen erfolgt eine großflächige Kontamination durch den aerischen Eintrag toxischer Substanzen aus den Industriegebieten vor allem der Nordhemisphäre (*Arctic Haze*, SHAW und KHALIL 1989, HEINTZENBERG 1989). In der Arktis spielen dabei polyzyklische aromatische Kohlenwasserstoffe eine große Rolle. Neben der Anreicherung ökosystemfremder Chemikalien in Moosen ist eine besonders intensive Deposition und Anreicherung im Bereich von Vogelkliffs festzustellen: Diese Standorte gelten zum Teil – selbst im Vergleich mit belasteten Flächen in den Industrieländern – als extrem kontaminiert (z. B. bis zu 1,64 µg Polychlorbenzol (PCB)/10 g Trockengewicht; PECHER 1992). Die Stoffe gelangen über die Nahrung der Seevögel vor allem in die küstennahen Böden. Angesichts der geringen und langsam ablaufenden Stoffumsätze in den polaren Ökosystemen gibt es kaum eine Möglichkeit zur Selbstreinigung.

4.2   Böden und Bodengesellschaften in den borealen Waldgebieten

Die boreale Zone (gr.: boreas = Norden) ist auf die Nordhalbkugel beschränkt. Kennzeichnend für diese Zone ist der boreale Nadelwald, der sich südlich an die Tundren anschließt. In dem in Sibirien und Nordkanada bis über 100 km breiten Grenzbereich der Waldtundra geht die baumfreie Tundra allmählich in die borealen Waldgebiete (in Sibirien = Taiga) über. Die polare Baumgrenze kommt dem Verlauf der 10°-Juli-Isotherme sehr nahe. Die Vegetation ist entgegen dem ersten Eindruck keineswegs eintönig, sondern aufgrund wechselnder natürlicher Standortbedingungen und anthropogener Einflüsse vielfältig (THANNHEISER 1994). Vorherrschend sind Nadelbäume (Fichten, Kiefern, Lärchen und Tannen), nur vereinzelt treten Pappeln, Erlen, Weiden und Birken hinzu (TRETER 1989). Die Nadelwaldgebiete sind vor allem auf die herrschenden thermischen Bedingungen zurückzuführen: Von mindestens 10 humiden Monaten des Jahres haben wenigstens drei und höchstens sechs Monate eine Mitteltemperatur von mindestens 5 °C, davon einen Monat (Juli) mit einer Durchschnittstemperatur über 10 °C. Sobald vier Monate mit Mitteltemperaturen über 10°C auftreten, geht der Nadelwald an seiner Südgrenze in sommergrüne Laubwälder beziehungsweise – im Inneren der Kontinente – in die Steppen der Mittelbreiten über. Im kontinentalen borealen Nadelwaldgebiet ist Permafrost noch weit verbreitet, während er in ozeanisch beeinflußten Regionen Kanadas oder Skandinaviens nur noch diskontinuierlich oder sporadisch vorkommt (KARTE 1979).

4.2.1   Charakteristische Böden an gut dränierten Standorten

Die Nadelstreu der Koniferen und die Blätter vieler Sträucher besitzen einen hohen Gehalt an schwer abbaubarer Zellulose und Gerbsäuren. Die niedrigen Temperaturen bei – besonders in maritim beeinflußten Gebieten – hohen Niederschlagsmengen und niedrigen Verdunstungsraten führen in den Sommermonaten zu intensiver Durchfeuchtung der Böden. Die Armut an leicht abzubauender organischer Substanz verknüpft mit den Klimabedingungen sind der Grund für einen langsamen, meist chemischen und weniger biologischen Abbau (besonders durch Pilze) der Streu. Mächtige, meist sehr saure *Rohhumus- und Moderauflagen* auf den Mineralböden sind die Folge.

Auf gut durchlässigem, meist sandigem Sediment – beispielsweise basenarmem Moränenmaterial der pleistozänen Inlandeisschilde Nordeurasiens oder Kanadas – führt die hohe Bodenfeuchte zum Transport niedermolekularer Huminstoffe (v. a. Fulvosäuren) in den Mineralboden. Diese bilden mit den aus der Silikatverwitterung frei werdenden Al- und Fe-Ionen Chelate. Deren Verlagerung in den Unterboden ist der entscheidende Schritt zur *Podsolierung* (s. Kap. 2.2.7.2). Die Folge sind auf den gut dränierten und nicht zu stark geneigten Hängen weit verbreitete saure und nährstoffarme *Podzols* (von russ.: pod = darunter u. zola = Asche; dt.: Podsole) mit aschfahlem Eluvialhorizont. Diagnostisch im Sinne der FAO-Systematik ist aber der Bhs-Horizont, in dem die Zerfallsprodukte der Chelate, nämlich Sesquioxide und Huminstoffe, angereichert sind (Abb. 11). Eine typische Horizontfolge ist O-Ah-E-Bhs-C (Bild 6). In der Vergangenheit wurde der Podzol immer wieder als der kennzeichnende zonale Bodentyp verstanden (GANSSEN und HÄDRICH 1965, SEMMEL 1983, WALTER und BRECKLE 1991; zur Kritik s. Kap. 4.2.4).

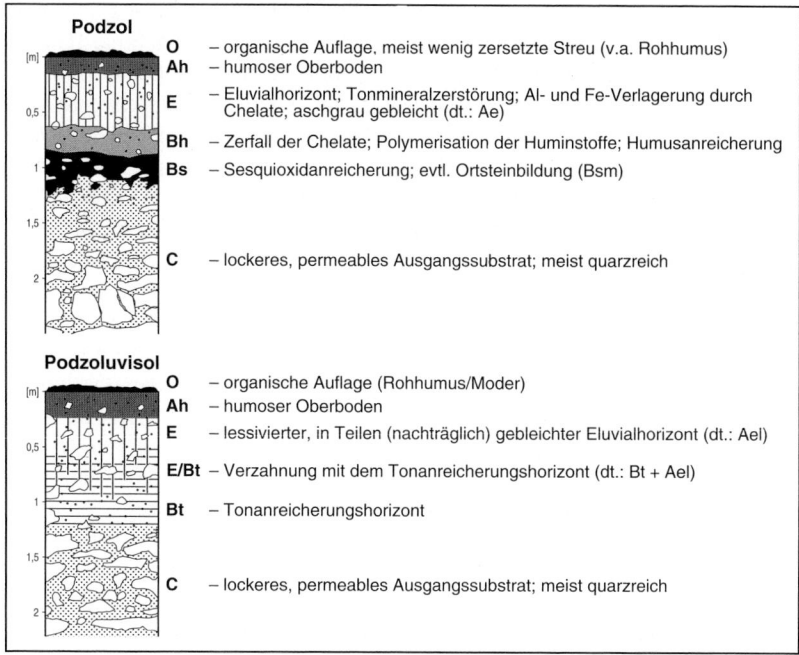

Abb. 11: Schematische Darstellung eines Podzols sowie eines Podzoluvisols.

In den kontinentaleren und damit trockeneren Gebieten, aber auch in den Übergangsbereichen zu den feuchten Mittelbreiten werden die Podzols zunehmend von *Podzoluvisols* (russ.: Dernopodsol; dt.: früher auch Rasen-podsol, entspricht meist der Fahlerde in der deutschen Systematik) abgelöst. Die Nadelwälder werden hier lichter, Laubbäume mischen sich zwischen die Koniferen, und eine gras- und krautreiche Bodenvegetation kann sich ent-wickeln. Die Humifizierung der Streu ist hier intensiver und die humosen Oberböden werden tiefgründiger, während der gebleichte Eluvialhorizont immer geringmächtiger wird. Zugleich besitzen sie einen tonreichen Unter-boden. Dies kann so interpretiert werden, daß in diesen Böden zunächst keine Podsolierung mit Tonzerstörung stattgefunden hat, sondern während eines Lessivierungsprozesses unzerstörte Tonkolloide in den Unterboden transpor-tiert und dort angereichert worden sind (Kap. 2.2.4). Durch starke Versaue-rung – mitverursacht durch die basenarmen Substrate im Bereich der prä-kambrischen und paläozoischen Gesteine – hat die Tonverlagerung aufgehört und sich dann als Folge der einsetzenden Podsolierung ein Bleichhorizont gebildet, der über helle Flecken oft zungenförmig in den tonigen Unterboden hineinreicht (*Glossisol*, WRB 1994). Der diffuse Übergang kann auch durch oxidische Konkretionen bis über zwei Zentimeter Durchmesser geprägt sein (FAO 1997). Vor allem diese Verzahnung (Abb. 11) ist ein wichtiges Unterscheidungsmerkmal gegenüber den ähnlich gebleichten Albic Luvisols (s. u.). Viele der Podzoluvisols neigen wegen ihres dichten, stauenden Unterbodens zur Vernässung. Hydromorphe Merkmale sind in diesen Böden daher häufig.

In den Übergangsgebieten zu den sommergrünen Laubwaldgebieten der Mittelbreiten tritt die Podsolierung weiter zurück und Luvisols (Kap. 4.3.1) stehen besonders auf durchlässigen Substraten wie Geschiebemergel oder Lössen im Vordergrund. In Nordamerika nehmen *Albic Luvisols* mit gebleichtem Lessivierungshorizont – ebenfalls den Fahlerden in der deutschen Systematik verwandt – die Stellung der Podzoluvisols Eurasiens ein. Von den Podzoluvisols unterscheiden sie sich besonders durch einen nährstoffreicheren Tonanreicherungshorizont im Unterboden (hohe Basensättigung, hohe Kationenaustauschkapazität; s. Kap. 3.3.2), der schärfer vom gebleichten Oberboden abgesetzt ist.

In Gebirgsräumen herrschen dagegen *Cambisols* (dt.: Braunerden, vgl. Kap. 4.3.1) vor. Sie sind flachgründiger und in der Regel einerseits von nährstoffreicherem Ausgangssubstrat begünstigt, das die Säuren aus der organischen Auflage besser abpuffert und die Podsolierung verhindert. Andererseits ziehen die Cambisols gerade in den gebirgigeren Gebieten aus günstigen Reliefpositionen ihre Vorteile: Sonnenexponierte Hänge und grobkörnige, skelettreiche Böden enthalten keinen Permafrost und sind schnell wieder trocken, so daß vertikale Stoffverlagerungen zugunsten pedogener Stofftransformation zurücktreten. Selbst auf saurem Ausgangssubstrat entstehen dann eher Dystric Cambisols. Gelic Cambisols leiten zur permafrostgeprägten Tundra über.

4.2.2   Gleysols und Histosols in Senken und Tiefenlinien

Das Bodenmuster in den borealen Waldgebieten wird nach Norden zunehmend komplexer. Die Ursache ist der wachsende Einfluß hohen Grundwasserspiegels, der besonders im Grenzsaum zur Tundra, der hochkontinentalen Taiga Sibiriens und Teilen Zentralkanadas vom Permafrost beeinflußt wird. In flachen Landschaftseinheiten kann das sommerliche Schmelzwasser aus dem Auftaubereich nicht abfließen und führt zur Vernässung. Hydromorphe Böden ähnlich denen in der waldfreien Tundra – besonders *Gelic Gleysols* und *Gelic Histosols* (Tundren- bzw. Palsenmoore, s. u.) – sind die Folge. Außerhalb des Permafrostbereichs sind vor allem *Dystric Gleysols* und mesobeziehungsweise oligotrophe (Torf-)Moore (*Fibric Histosols*) verbreitet.

Das kalthumide Klima sorgt für einen perennierenden Feuchteüberschuß, da die Verdunstung stets kleiner als der Niederschlag ist. Doch stammt nur ein geringer Teil des Wassers direkt aus dem Niederschlag: Bei dichterem Baumbestand geht über die Hälfte des Niederschlags durch die Benetzung der Baumkronen verloren und noch einmal etwa 14 % werden von der Moos- und Streuschicht zurückgehalten, so daß nur ein Teil den Boden erreicht. Das Wasser stammt aus den Schneerücklagen des Winters und aus dem Auftaubereich des tiefgründig gefrorenen Bodens, wo sich während des Winters Segregationseis (Kap. 4.1.1) bildete. Der Sauerstoffmangel als Folge der Wassersättigung des Bodens hemmt den Abbau der Streu, so daß sich große Mengen von organischer Substanz anreicherten. Die Nährstoffarmut vieler Substrate sowie die Azidität der Gewässer fördern die Bildung nährstoffarmer, meso- und oligotropher Moore mit meist sehr saurem Milieu (pH bis < 3).

Das vorherrschende Relief ist für die großflächige Moorbildung günstig: In glazialerosiv überformten Bereichen tritt eine Fülle von Exarationswannen, Toteislöchern und anderen Hohlformen auf, die – nach dem Abschmelzen der Eisschilde – von Seen gefüllt wurden und mehr oder weniger verlandet und vermoort sind. Hinzu treten oft kilometergroße Senken durch das Austauen des Permafrosts (Alasse). Dies kann substratbedingt sein (z. B. gut dränierte Sande) oder auf reduzierte Vegetationsbedeckung (Rodung, Feuer, s. Kap. 4.2.5) zurückzuführen sein, wodurch die Lichtreflexion reduziert wird (LARCHER 1984) und die sommerliche Wärme – unterstützt durch stärkere Verdunstung und Abtrocknung der Flächen – tiefer in die oberflächennahen Substrate eindringt. Sackungen sind die Folge, die sich mit Wasser füllen (Thermokarstseen) und anschließend allmählich unter Vermoorung verlanden.

Ausgedehnte Flachlandschaften mit hohem Grundwasserspiegel, teilweise noch unterstützt durch Permafrost, wie in Westsibirien und dem Hudson-Bay-Tiefland, weisen besonders großflächige Moore auf: Die Bodenporen sind an vielen Standorten fast bis zur Erdoberfläche mit Wasser gefüllt und verhindern damit einen dichten Baumbestand.

Alle Moore treten zirkumpolar auf. In den zentralen und nördlichen Teilen der borealen Zone finden die Moore ihre größte Verbreitung. Hier beeinflussen die Permafrosttafel und die Gefrier-Tau-Zyklen sehr stark die Bodenentwicklung. Die Moore der borealen Waldländer haben aufgrund ihres weitflächigen Vorkommens verschiedene Lokalnamen erhalten, die sich nach Genese und Ausprägung richten. Diese genetischen Unterscheidungen haben allerdings nur geringe bodentypologische Bedeutung.

Palsenmoore sind typisch für die nördliche Waldtundra mit geringmächtigerer Auftauschicht und starker Kryoturbation. Palsen sind kleine Hügel und Kuppen im Moor mit einem Durchmesser bis zu mehreren Metern und einer Höhe von meist unter einem Meter. Sie besitzen einen gefrorenen Kern, der wegen der guten Isolierung durch den Humus im Sommer nicht auftaut. *Strangmoore* (Aapamoore) treten besonders in der nördlichen Taiga auf. Es handelt sich hierbei um weitgehend isohypsenparallele, etwa 50 cm bis 100 cm mächtige wallartige Stränge an flachen Hängen, die auf die Schubwirkung der winterlichen Eisdecke und/oder die Solifluktion zurückgeführt werden, welche die Oberfläche der Moore terrassenähnlich stufen. Während die Flächen eher Niedermoorcharakter besitzen, sind die Stränge selbst ombrogen, das heißt vom Niederschlag gespeist und überwiegend von Torfmoosen (Sphagnum) und Ericaceen aufgebaut. *Waldhochmoore* dagegen ernähren sich gänzlich aus dem Niederschlagswasser und auch mineralische Nährstoffe werden überwiegend aerisch eingetragen. Sie treten besonders in den ozeanisch geprägten, feuchteren Gebieten und in den mittleren und südlicheren Bereichen der Taiga auf (Tab. 9).

Tab. 9: *Zonale Gliederung der Moore (Histosols) in Eurasien (nach einer Zusammenstellung bei TRETER 1993).*

Vegetations-zonen	Moorzonen			
	Eurasien		Nordamerika	
	Nordeuropa	Osteuropa/ Westsibirien	kontinentaler Westen	humider Osten
Waldtundra	Zone der Palsamoore im Wechsel mit seggenreichen Niedermooren			
nördliche Taiga	Zone der Aapamoore	diskontinuierliche Zone der Aapamoore	Zone der Aapamoore und bewaldeten Niedermoore	
mittlere Taiga	Zone der echten Hochmoore		Zone der Becken- und flachen Hochmoore im Wechsel mit Niedermooren	Zone der echten Hochmoore
südliche Taiga		Zone der Waldhochmoore und Niedermoore		Zone der Waldhochmoore und Seggenniedermoore

Die *Mächtigkeit der Torfhorizonte* in den Histosols ist sehr unterschiedlich. In den flächenhaft und weitgehend reliefunabhängig auftretenden *Deckenmooren* (Hochmoortyp) der ozeanisch feuchten Gebiete zum Beispiel Westnorwegens oder Kamtschatkas und in den Palsenmooren sind die H-Horizonte oft weniger als einen Meter mächtig, während in Osteuropa und Sibirien die Torfe durchschnittlich bis zwei Meter, in Einzelfällen bis über 12 m mächtig werden können (NEUSTADT 1984).

4.2.3   Differenzierung nach Maritimität und Kontinentalität

Die großräumige Differenzierung, trägt der Tatsache Rechnung, daß die borealen Waldländer, die fast 20 Mio. km² bzw. 13 % der Festlandsfläche der Erde einnehmen (SCHULTZ 1995), regional verschiedene Bedingungen für die Bodenbildung aufweisen. Von Gebirgsregionen abgesehen, können drei verschiedene Großlandschaftsräume differenziert werden, deren unterschiedliche naturräumliche Ausstattung sich auch in den bodengeographischen Merkmalen zeigt: die *ozeanisch* geprägten, die *kontinentalen* und die *hochkontinental-trockenkalten* Biome.

Die *atlantisch-borealen Bereiche* in Nordeuropa (Fennoskandien einschließlich Kareliens und der Kola-Halbinsel; s. Abb. 12 im Farbteil S. XI) und im Bereich des Kanadischen Schilds (Abb. 13 im Farbteil S. XI) haben das kühlfeuchte Klima gemeinsam. Permafrost ist in Skandinavien bestenfalls sporadisch anzutreffen, in Nordwestamerika nur diskontinuierlich. Beide Gebiete waren während des Pleistozäns größtenteils von Inlandgletschern bedeckt. Saure Plutonite und Metamorphite im Bereich des Kaledonischen Gebirges und des Fennoskandischen Schilds führten zu unterschiedlich mächtigen, meist sandigen und nährstoffarmen glazialen und fluvioglazialen Decksedimenten. In Verbindung mit der sauren Streu der borealen Vegetationsgesellschaften und dem feuchtkalten Klima überwiegt die Tendenz zur Podsolierung, die in kleingekammerten Glaziallandschaften und Gebirgszügen Norwegens und Labradors neben den Podzols zu flachgründigen Dystric Cambisols und Dystric Leptosols führte. Eng verzahnt sind diese gut dränierten Böden vor allem mit Fibric Histosols, die in den Tiefländern südlich der Hudson Bay und in Finnland sowie auf der Halbinsel Kola größere Regionen prägen (FAO 1981).

Westlich der Hudson Bay geht die Podsolierung zugunsten von Gelic beziehungsweise Dystric Cambisols zurück. Dies ist bereits eine Folge der trockeneren Bedingungen im Überschneidungsbereich zu den *kontinentalborealen* Waldgebieten. Die Abschwächung der Podsolierung in Zentralalaska und den nördlichen Talzügen der Rocky Mountains ist zudem von nährstoffreicheren Decksedimenten (teilweise mit eingemischtem Löß) und von den im kontinental-borealen Nordamerika häufigen Waldbränden verursacht: Deren Bedeutung für den Abbau der Humusauflage und die Nährstoffversorgung ist hier besonders groß. Im Süden der Großen Ebenen – im Übergangsgebiet zu den Steppen – treten Albic Luvisols an die Stelle der Cambisols. Ihnen entsprechen die Podzoluvisols in den kontinentalen Bereichen Eurasiens (Abb. 12 und Abb. 14 im Farbteil S. XI und XII). In Nordosteuropa und Westsibirien spiegeln die gut dränierten Böden eine klimatisch verursachte Zonierung wider: Von den Gelic Gleysols der Tundra leiten die Podzols und Podzoluvisols der borealen Waldgebiete zu den Luvisols der feuchtgemäßigten Mittelbreiten beziehungsweise den Greyzems der Waldsteppe (Kap. 4.4) über. Besonders im Westsibirischen Tiefland ist dabei eine enge Nachbarschaft zu Histosols und Gleysols typisch. Zuweilen dominieren diese hydromorph geprägten Böden die Bodengesellschaften dieses Großraums.

Die Bodenregionen in den *hochkontinental-borealen* Naturräumen Zentral- und Ostsibiriens liegen im Bereich des kontinuierlichen Permafrosts. Dies und die geringen Niederschläge verhindern tiefergreifende Verlagerungsprozesse. Das Gebiet war jungpleistozän, von einigen Gebirgslagen abgesehen, unvergletschert, so daß keine (fluvio-)glazialen Substrate für die Bodenbildung zur Verfügung stehen. Gelic Cambisols im Norden – vergesellschaftet mit Gelic Gleysols – werden nach Süden immer mehr von Dystric Cambisols abgelöst. Die Cambisols – und nicht die Podzols, mit denen sie allerdings auch vergesellschaftet sind, – dominieren in den Bodengesellschaften Zentral- und Ostsibiriens. Dies liegt nicht nur am trocken-hochkontinentalen Klima, sondern auch an den Substraten und Gesteinen. So sind beispielsweise im mittelsibirischen Bergland ultrabasische Vulkanite verbreitet, deren Abtragungsmaterialien auch in den umgebenden Tiefländern zumindest dazu beitragen, eine tiefergreifende Versauerung und Podsolierung der Böden zu verhindern. In den ostsibirischen Bergländern dominieren Gelic Leptosols. Bei guter Sonnenexposition und großen Auftautiefen sowie guter Dränage entstehen auch Dystric Podzoluvisols. In allen Gebirgen steuert das Relief ganz entscheidend die Wirkung der anderen bodenbildenden Faktoren auf die Pedogenese. Ein kleinräumiger Wechsel der Bodentypen ist charakteristisch. Besonders deutlich wird dies im südsibirischen Transbaikalischen Gebirge, wo Leptosols, Regosols und Dystric Podzoluvisols in den Gebirgslagen (900 bis 1 300 m ü. M.) sowie in zunehmendem Maß Chernozems (Kap. 4.4.1) in den Becken dominieren (HAASE 1978, GLAZOVSKAYA 1984).

Einen Sonderfall stellen die Böden des Jakutischen Tieflands dar (Abb. 15). Die extreme Kontinentalität, das heißt mit Durchschnittstemperaturen im Januar bis –40 °C und im Juli bis +18 °C bei nur 300 mm Jahresniederschlag, führen hier zu starker Austrocknung der Oberböden. Die Böden tauen im Sommer bis über 2 m tief auf und durch die starke Verdunstung steigt Bodenwasser kapillar auf. Dieses verdunstet an der Oberfläche und die gelösten Salze reichern sich in den Oberböden an. Dieser Prozeß ist für Trockengebiete typisch (Kap. 4.5). Auf diese Art sind basenreiche Eutric

Abb. 15: Idealisiertes Profil durch die Terrassenlandschaft Zentral-Jakutiens mit typischen ▶
Pflanzengesellschaften und Böden (nach VENZKE 1994, verändert).

Der Querschnitt soll dem Eindruck einer einförmigen Cambisol-Verbreitung entgegenwirken, der aus der Betrachtung kleinmaßstäbiger Bodenkarten entstehen kann. In Alassen sind auch hier Gleysols bzw. Histosols entstanden. Die große Trockenheit verhindert in Jakutien eine tiefgreifende Podsolierung. Statt dessen sind zusätzlich Solonchaks (Salzböden) – bei Aufstieg von Bodenlösungen mit Salzanreicherung im Oberboden – sowie steppentypische Böden entstanden.

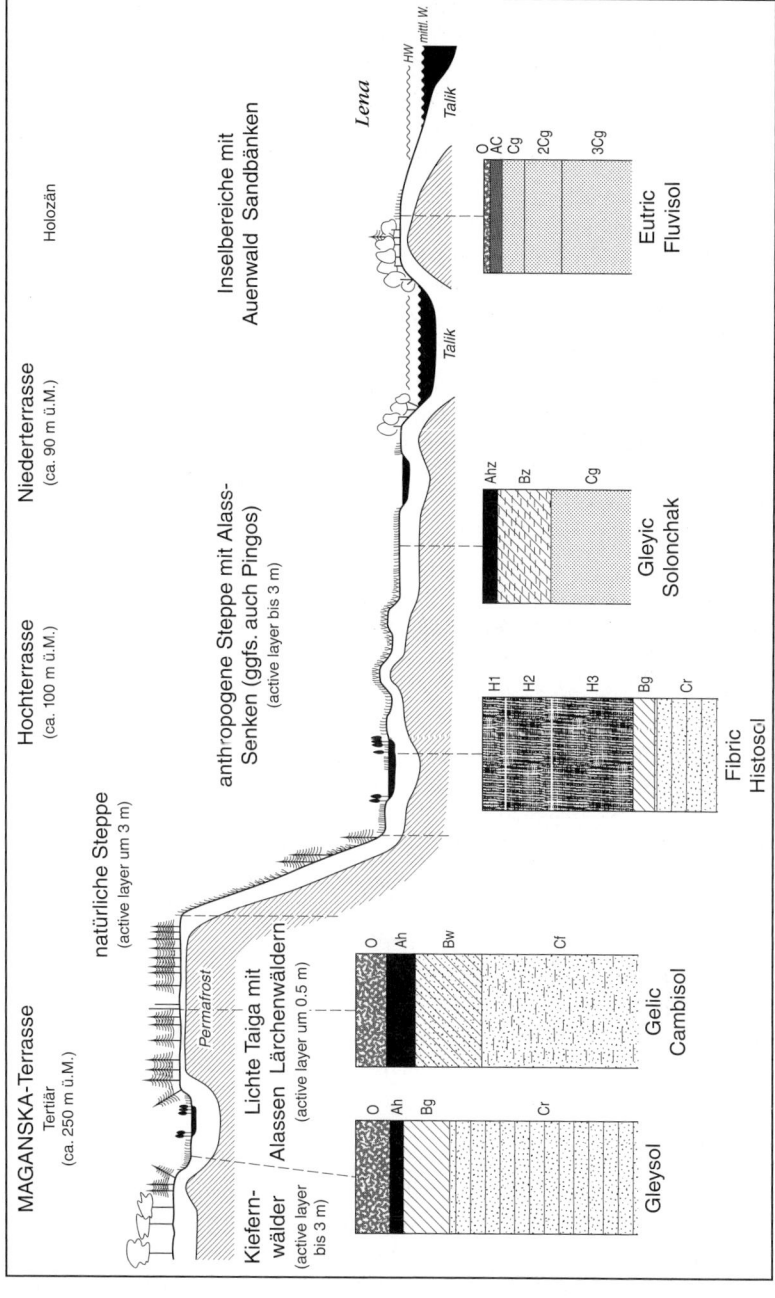

Cambisols (vgl. Kap. 4.3.1), natriumreiche Planosols (sodic phase; vgl. Kap. 4.7.1) oder sogar Gleyic Solonetz (vgl. Kap. 4.4.3) entstanden (GLAZOVSKAYA 1984, FAO-UNESCO 1978). Auf einigen Terrassen der Lena treten sogar permafrostgeprägte Chernozems (Kap. 4.4.1) auf (SCHINDLER 1997).

Der klimatischen und bodengeographischen Ausnahmestellung des Jakutischen Beckens in Sibirien entspricht in Kanada das Peace River-Gebiet im Norden der innerkontinentalen Großen Ebenen (Abb. 13 im Farbteil S. XI). Es liegt bereits im Einflußbereich der Steppen, die sich hier mit der borealen Zone überlappen, wodurch sich ein Wechsel zwischen Graslandschaften und aufgelockerten Waldgebieten mit starkem Graswuchs einstellt (Waldsteppe). Die Böden sind durch die große Trockenheit gekennzeichnet und werden – im Gegensatz zu Jakutien – nicht von Permafrost beeinflußt. Gering entwickelte Eutric Regosols dominieren in einem schmalen Streifen beiderseits des Flusses. Durch die große Trockenheit sind hier ausgedehnte Mollic Solonetz-Regionen entstanden. Die gute Humifizierung führt zu humusreichem und lockerem Oberboden (_mollic A-horizon_, FAO 1997) und ist ein steppentypisches Merkmal. Die hohe Na-Sorption spiegelt zusätzlich den Aufstieg alkalischer Lösungen während starker Verdunstung im Sommer wider. Kleinere Flächen mit Greyzems (Kap. 4.4.2) neben Albic Luvisols ergänzen die hochkontinentalen Charakteristika der Bodengesellschaften des Peace River-Gebiets.

Die _pazifisch-borealen_ Gebiete Nordostasiens und Nordwestamerikas sind auf die Küsten und ihr Hinterland beschränkt und weisen nur wenige Gemeinsamkeiten auf. Die Bodenregionen an der pazifischen Küste des Fernen Ostens sind vergleichsweise trocken (oft unter 1 000 mm Jahresniederschlag) und gekennzeichnet von Wiesen-Waldformationen mit gras- und krautreichem Unterwuchs. Die leichter abbaubare Streu und das feuchtere Klima erlauben einen vergleichsweise guten Humusabbau. Hinzu tritt, daß die überwiegend präkambrischen und paläozoischen Gesteinskomplexe hier in vielen Gebieten zurücktreten und känozoischen, nährstoffreicheren (Locker-)Gesteinen Platz machen. Im Magadan-Küstentiefland westlich des Ochotskischen Meers verhindern diese eine tiefgreifende Podsolierung. Hier haben sich großflächig Dystric Podzoluvisols entwickelt, die küstennah und in Flußmündungen mit Mooren oder mit Dystric Gleysols in Senken die Bodengesellschaften bilden (Abb. 14 im Farbteil S. XII). Im Gegensatz zum Südteil Kamtschatkas ist hier Permafrost überall präsent. Nach Süden hin, am nördlichen Amur und auf Sachalin mischen sich zunehmend Gleyic und Dystric Cambisols (podsolige Braunerde), im Gebirge auf Graniten und Gneisen auch Podzols dazu (FAO-UNESCO 1978). Von großer Bedeutung ist der Vulkanismus Kamtschatkas: 150 Vulkane, davon 30 aktiv, haben weitflächige leicht verwitterbaren, basenreichen Aschedeckschichten gebildet, auf denen sich Vitric Andosols entwickelt haben. Im Winter gefrieren sie zwar bis zu 80 cm tief, sind aber in der Regel nicht durch Permafrost beeinflußt (GLAZOVSKAYA 1984). Besonders an der Küste zum Ochotskischen Meer sind sie mit Mooren vergesellschaftet, während sie im Gebirge mit zunehmender Höhe von flachgründigeren Regosols und Leptosols abgelöst werden, die mehr oder weniger hydromorphe Merkmale aufweisen (Abb. 14 im Farbteil S. XII).

Der pazifisch-boreale Teil Kanadas ist im Vergleich dazu erheblich feuchter (bis über 2 000 mm Jahresniederschlag) und durch einen kleinräumigen Wechsel der Bodengesellschaften im Bereich des Küstengebirges gekennzeichnet. Küstennah, im Gebirgsvorland und vor allem außerhalb des Bereichs mit diskontinuierlich auftretendem Permafrost überwiegen die Podzols. Hohe Niederschläge und starkes Relief führen ansonsten zur Dominanz von Leptosols und Lithic Cambisols. Sie gehören im südlichen Teil bereits zu den feuchten Mittelbreiten. Obwohl die borealen Nadelwaldgebiete nur noch in wenigen Gebieten die Küste erreichen und trotz ökozonaler Zuordnung zu den feuchten Mittelbreiten, wird in bodenzonalen Darstellungen dieser Bereich (etwa bis Vancouver) noch zur Podzol-Cambisol-Histosol-Zone gerechnet (SCHULTZ 1995). Das Beispiel zeigt, daß Boden- und Ökozone nicht kongruent sind.

4.2.4 *Die starke Streuakkumulation als gemeinsames Kennzeichen*

Podzols einschließlich der Podzoluvisols in feuchteren sowie Cambisols in hochkontinentalen Gebieten einerseits und besonders Histosols zusammen mit verschiedenen Gleysols andererseits dominieren in den Bodengesellschaften der borealen Waldländer. Die Vorstellung einer *Podsolzone* (z. B. GANSSEN und HÄDRICH 1965, SEMMEL 1993) täuscht eine Einheitlichkeit vor, die in der Realität nicht besteht, weshalb der Begriff *Podzol-Cambisol-Histosol-Zone* zu bevorzugen ist (SCHULTZ 1995). Die boreale Zone ist aber nicht kongruent mit der Podzol-Cambisol-Histosol-Zone: Die Waldtundra stockt auf großen Gleysol-Flächen, die besonders wegen des starken Einflusses, den die (Perma-)Frostdynamik ausübt, weitaus mehr pedogenetische Verwandtschaft mit den Böden der waldfreien polaren Tundra besitzen. Im südlichen Grenzsaum wächst der Wald oft bereits auf Cambisols und Luvisols sowie vor allem im kontinentalen Eurasien auf Bodentypen, die schon Merkmale der verwandten steppentypischen Pedogenesen aufweisen. Nicht einmal im zentralen Bereich der Waldgebiete trifft man auf eine homogene Bodenzone. Dennoch gibt es einen Charakterzug, der die Böden der borealen Waldgebiete miteinander verbindet: die starke Akkumulation toter organischer Substanz in den Auflagehorizonten. Dies berechtigt, die verschiedenen Böden und

Bodengesellschaften in den borealen Nadelwaldgebieten zusammenfassend zu betrachten.

Die harz- und gerbsäurereiche und daher schwer zersetzbare zellulosereiche Streu der Nadelbäume und des Unterwuchses sind sauer, nährstoffarm und schwer abbaubar. Mit zunehmender Länge der winterlichen Bodengefrornis und ansteigender Feuchte beziehungsweise Vernässung der Oberböden wird die Zeitspanne, die der Humifizierung und Remineralisierung im Jahr zur Verfügung steht, weiter eingeschränkt. Das kalte Klima und die nährstoffarme Streu verhindern zudem zu ein artenreiches Edaphon. Der Stoffab- und -umbau erfolgt überwiegend durch Pilze, untergeordnet auch durch Bakterien. Alles zusammen führt zu sehr langsamem Abbau der anfallenden toten organischen Substanz. Dies erklärt, daß die Vorräte an toter organischer Substanz in der Bodenauflage und im Mineralboden die gleiche Größenordnung wie die der lebenden Biomasse erreichen. Generell dominieren daher in den nördlicheren Gebieten die Rohhumusauflagen, während gegen Süden zu immer besser humifizierte Humuskörper (vor allem Moder) vorliegen (Kap. 2.2.7.1). Feuchtere Standorte haben eine mächtigere Humusauflage als trockenere, und unter Fichten ist sie mächtiger als unter Kiefern (TRETER 1994). In der Waldtundra sinkt die Biomasseproduktion und damit auch die Mächtigkeit der O-Horizonte.

Die mittlere Zeitspanne zwischen Bildung und Zersetzung der Streu kann mit über 350 Jahren bis zu 20 mal so lang sein wie in den sommergrünen Laubwäldern der Mittelbreiten (COLE und RAPP 1981). Damit fällt jedes Jahr mehr Streu an, als abgebaut werden kann. Die Akkumulationsraten betragen durchschnittlich 23–35 g/m^2 im Jahr (TARNOCAI 1988). Anreicherung und Abbau erreichen erst nach etwa 200 Jahren ein Gleichgewicht (WALTER und BRECKLE 1986). Die Akkumulation der organischen Substanz (bis zu mehrere 100 t/ha; SCHULTZ 1995) kann bis zu einen halben Meter erreichen. So werden den Böden mit wachsendem Bestandsalter zusätzlich Nährstoffe, vor allem Stickstoff und Calcium, aber auch Magnesium und Phosphor entzogen. Während Kalium vergleichsweise schnell wieder freigesetzt und pflanzenverfügbar wird, gilt besonders Stickstoff als limitierender Faktor für die Biomasseproduktion borealer Wälder und hat besondere Vegetationsanpassungen hervorgerufen (COLE und RAPP 1981, MOORE 1980, TRETER 1993).

4.2.5   *Die Bedeutung von Bränden für die Pedosphäre*
        in borealen Waldgebieten

Natürliche Feuer treten in den borealen Waldgebieten sehr häufig auf. Meist entstehen sie durch Blitzschlag oder Selbstentzündung. Die Brände, in Nordamerika beträgt ein natürlicher Feuerzyklus 50–200 Jahre (TRETER 1993), haben vielfältige Auswirkung auf die Pedosphäre: Neben Kronenfeuern sind es die Bodenfeuer und besonders die Grundfeuer, die als Schwelbrände durch mehrere Dezimeter dicke organische Mineralbodenauflagen hindurchbrennen. Sie setzen schnell besonders große Mengen in der Streu gebundener Nährstoffe frei und machen sie pflanzenverfügbar. Nährstoffumlagerungen durch Verwehung und Abspülung führen zwar an den Brandstellen zu Nährstoffverlusten, an Depositionsorten jedoch zur Düngung.

Fast alle Baumarten der borealen Waldgebiete Kanadas benötigen für ihre generative Vermehrung entweder junge mineralische Böden oder durch Asche gedüngte Böden, denn die Keimlinge entwickeln sich nicht in den mächtigen organischen Auflagen älterer Waldböden. Eine Ausnahme bilden Tannen (THANNHEISER 1994). Zugleich puffern die Aschen einen Teil der Säuren der verbleibenden Humusauflage beziehungsweise des Oberbodens, wodurch der Stoffumsatz zusätzlich verstärkt wird. Nach einem Waldbrand wird der urprünglich niedrige pH-Wert der Rohhumusauflage erst wieder nach einigen Jahrzehnten erreicht (TRETER 1993). Es ist jedoch zu beachten, daß vor allem auf nur mäßig abgebrannten Arealen der Stickstoffgehalt stark ansteigt, während er bei schweren Bränden mit Temperaturen über 300 °C überwiegend in gasförmiger Phase freigesetzt und weggeführt wird (KIMMINS 1987).

Die mächtige Humusauflage schützt den Permafrost gegen die sommerliche Insolation und die Wärme. Nach brandbedingter Abnahme der organischen Auflagehorizonte wird ein tieferes Auftauen des Bodens möglich. Dadurch steht vermehrt Wurzelraum zur Verfügung und tiefgreifendere Stofftransformationen und -verlagerungen werden möglich. Zugleich liegen immer größere Teile der oberen Bodenhorizonte oberhalb der permafrostbedingten Nässe. Diese Vorgänge sind in den borealen Waldgebieten reversibel: Das bedeutet, daß das Feuer ein integrativer Bestandteil des borealen ökologischen Gefüges und der zyklischen Sukzession der Vegetation ist (THANNHEISER 1994).

4.2.6   Anthropogene Einflüsse und die Bedeutung klimatischer Veränderungen

Der Mensch greift immer stärker in das Zusammenwirken der landschaftsökologischen Faktoren ein. So sind viele Brände die Folge von Unachtsamkeiten oder geplantem Abbrennen. Dies kann zu Veränderungen im Geoökosystem führen: Die Vegetation und mächtige Humusauflagen schützen dann den Permafrost nicht mehr, so daß es aufgrund erhöhter Einstrahlung (LARCHER 1980) und erhöhter Strahlungsabsorption an der Bodenoberfläche zu Thermokarst mit Sackungen kommen kann. In den Hohlformen sammelt sich

Wasser, das den Wärmefluß in den Boden weiter erhöht und die Alass-Senke vertieft. Dieser Prozeß kann auch noch durch beschleunigten Humusabbau beim partiellen Auftauen des Permafrosts verstärkt werden (HEAL et al. 1981). Erst die Verlandung und Vermoorung der Thermokarstseen erlaubt wieder den Aufbau des Permafrostes.

Das Abbrennen der Vegetation wie auch der in manchen Gebieten starke Holzeinschlag haben aber nicht nur im Sommer, sondern auch während der Wintermonate bodenklimatische Veränderungen zur Folge. Die Schneedecke isoliert vor den extrem tiefen Temperaturen. In den Waldgebieten bleibt viel Schnee auf den Baumkronen liegen und rutscht von dort auf den Boden. Durch die Degradation der Vegetation greift der Wind stärker in die Schnee-verteilung ein und verursacht dort, wo der Schnee weggeweht wurde, beson-ders kalte und trockene Bedingungen für den Boden und die Vegetation (Frosttrocknis). Andererseits apern jene Standorte, an denen der Schnee angehäuft wurde, später aus. Das verschlechtert die lokalen Bedingungen und den Stoffumsatz in und auf den Mineralböden angesichts der kurzen Sommer zusätzlich.

Große Regionen der heutigen borealen Waldgebiete sind durch glaziale und fluvioglaziale Sedimente der letzten Kaltzeit geprägt. Die Inlandeismas-sen besonders in Nordeuropa sowie in Nordamerika bedeckten weite Teile der heutigen Waldlandschaften. (Eisfreie Gebiete waren polare Wüsten oder trockenkalte Tundren, besonders große Teile Sibiriens sowie Nordwestkana-das und Alaskas.) Daher sind die heutigen Bodengesellschaften meist ver-gleichsweise junge Bildungen. Ihre Genese ist mit der spätglazialen und holozänen Klimaentwicklung eng verbunden. Moorböden entstanden bei-spielsweise erst langsam mit dem Einzug einer dichteren Vegetation, oft in den verlandenden Toteislöchern und Exarationswannen. Besonders nach dem holozänen Wärmeoptimum im feuchteren Atlantikum (etwa 8 000–5 000 vor heute) hat sich die Moorentwicklung in den borealen Gebieten verstärkt. Die höchsten Moorwachstumsraten in Rußland sind allerdings in dem kühl-feuchteren und bis heute anhaltenden Subatlantikum (seit 2 500 Jahren) zu verzeichnen: Hochmoore besitzen eine jährliche Zuwachsrate in der Höhe von 0,8–3 mm gegenüber durchschnittlich 0,2 mm während des vorangegan-genen Subboreals (5 000–2 500 vor heute) (BOTCH und MASING 1983). Die Hochmoore beispielsweise in Westsibirien vergrößern auch heute noch ihr Areal auf Kosten der angrenzenden Wälder (NEUSTADT 1984), indem sie durch ihre konvexe Oberfläche randlich dafür sorgen, daß die Bodenporen gerade dort mit Wasser gefüllt sind. Wenn der Grundwasserspiegel in der Vegetationsperiode in weniger als 50 cm Tiefe liegt, wird der Baumbestand lichter und größere Moorareale (waldfrei) treten auf (BREBURDA 1987). Aus bodengeographischer Sicht haben die Fibric Histosols ihr maximales Ver-breitungsgebiet also noch nicht überall erreicht.

Daß die Waldgrenze vor allem während der postglazialen Wärmezeit (8 000–5 000 Jahre vor heute) wesentlich weiter nördlich lag als heute, belegen Baumreste in Tundrenmooren (WALTER und BRECKLE 1986). Am Südrand der borealen Zone stehen ausgedehnte Wald-Gras-Gesellschaften bereits auf degradierten Steppenböden (v. a. Greyzems, s. Kap. 4.4.2). Ihre Bildung scheint auf einstige Steppenklimate zurückzuführen sein. Die damals entstandenen Böden wurden nachfolgend durch höhere Niederschläge lessiviert und nach dem Einzug der Koniferen mit ihrer sauren, schwer abbaubaren Streu meist podsoliert.

Rezent dringt die thermische Waldgrenze in Osteuropa wieder nach Norden vor (ca. 1 km pro 60 Jahre, WALTER und BRECKLE 1986), worin sich die jüngste Erwärmungstendenz widerspiegeln könnte. Dagegen liegt die Baumgrenze in Nordwestkanada jenseits der derzeitigen klimatischen Verbreitungsgrenze. Dort handelt es sich offensichtlich um eine Reliktgrenze, die auf früher günstigeres Klima zurückzuführen ist. Offen bleibt trotzdem, ob im Übergangssaum zur Tundra die Podsolierungstendenzen verstärkt oder zugunsten von Kryoturbation und Permafrosteinfluß mit Hydromorphierung der Auftaubereiche abgeschwächt werden. Hierbei dürfte künftig mitentscheidend sein, wie sich die Erwärmung der Erdatmosphäre – gerade in den ozeanisch geprägten borealen und polaren Gebieten der Erde – durch höhere Niederschläge (die wärmere Luft ist feuchter) und damit mehr Schneefall und Gletscherwachstum (WINKLER et al. 1997) auswirkt.

Starker Holzeinschlag beeinflußt die Waldgrenze zusätzlich stark. So war das ozeanisch geprägte Island bis zur Besiedelung durch den Menschen im Mittelalter noch mit Birken bewaldet (GLAWION 1985, SCHWAAR in WALTER und BRECKLE 1986). Die Rodungen haben erhebliche Konsequenzen für die Bodendecke mit sich gebracht. Vor allem die Deflation – in Kombination mit häufig auftretendem Bodeneis – hat starke Solumverluste zur Folge.

In der anhaltenden Debatte über die Ursachen, Wechselwirkungen und Folgen einer globalen Erwärmung spielen die humusreichen Mineralbodenauflagen und die großflächig vorhandenen Moore eine besondere Rolle. In Kanada beispielsweise wurde daher eine Inventur des pedogenen organischen Kohlenstoffs (C_{org}) durchgeführt (*Soil Organic Carbon Database*). Danach speichern die Böden in den borealen Waldgebieten Kanadas rund 112 Mrd. t C_{org} (TARNOCAI 1998).

Etwa 60 % der jährlichen globalen Methanbildung entfallen auf die Feuchtgebiete zwischen 50° und 70° N (WHALEN und REEBURGH 1990). Bei höheren Temperaturen ist mit verstärkter Methanfreisetzung zu rechnen, da bei tieferem Auftauen sowie längerer Auftauperiode unter Schmelzwasserbedeckung die anaerob-bakteriellen Stoffumsätze stark steigen. Die Emissionen ihrerseits tragen zum Treibhauseffekt bei, wodurch eine positive Rückkoppelung zu erwarten ist (vgl. Kap. 4.8.5). Bei besserer Dränage muß auch eine erhöhte Kohlendioxidemission beachtet werden. Bereits im Zusammenhang mit den Tundrenböden (Kap. 4.1.5) wurde die Degradation des Permafrosts (s. o.) und die dadurch erhöhte Humusremineralisierung (HEAL et al. 1981) erwähnt. Dabei spielt die Trockenlegung großer Moorflächen eine Rolle: In Finnland beispielsweise wurden von ursprünglich 10,4 Mio. ha Moorfläche mittlerweile etwa 5,5 Mio. ha überwiegend für land- und forstwirtschaftliche Zwecke dräniert. Besonders die Torfe werden vom Menschen auch direkt abgebaut – in der ehemaligen Sowjetunion allein 22 Mio. Tonnen jährlich (BOTCH und MASING 1983) – und vor allem zur Energiegewinnung und zur Bodenmelioration eingesetzt.

Die landwirtschaftliche Nutzung der borealen Gebiete ist durch die tiefen Temperaturen und die kurze Vegetationsperiode stark eingeschränkt und deshalb in der Regel sowohl in Nordamerika als auch in Eurasien auf die südliche Übergangszone des borealen Waldgürtels konzentriert. Die polare Ackerbaugrenze liegt etwa 5 bis 10 Breitengrade südlich der Waldgrenze. Zu der Klimaungunst kommt auf dränierten Standorten die Nährstoffarmut der meist mehr oder weniger podsolierten Böden. Verstärkt wird die Benachteiligung noch durch starken Humusabbau im Zuge der Bewirtschaftung. Die inselartig in die Nadelwaldgebiete eingestreute Landwirtschaft arbeitet deshalb meist mit hohen Düngemittelgaben (STADELBAUER 1996).

Vor allem für Skandinavien ist das enge Miteinander von Land- und Forstwirtschaft typisch. Das ozeanisch beeinflußte Klima macht größere landwirtschaftlich genutzte Bereiche möglich. Hinzu treten einzelne Sonderstandorte wie in den Fjordoasen Norwegens (BORCHERT 1958) (Klimagunst und marin bzw. kolluvial überprägte, nährstoffreichere Substrate). Generell wird der Getreide- und Hackfruchtanbau nach Norden zu durch den Futterpflanzenanbau und die Grünlandwirtschaft abgelöst. Im europäischen Teil Rußlands werden die Böden etwa bis zum 60. Breitengrad großflächig landwirtschaftlich genutzt. Östlich des Ural befinden sich die bedeutendsten landwirtschaftlichen Nutzflächen der inneren borealen Zone im Jakutischen Becken. Dort werden bis zu 10 % der Landfläche ackerbaulich genutzt (BREBURDA 1987), weil die Podsolierung zugunsten der Cambisol-Bildung zurücktritt. Auch die warmen Sommer machen sich positiv bemerkbar. Doch kann die Rodung größerer Flächen schnell zur Versteppung und zu tieferem Auftauen des Permafrosts mit Rutschungen in steilen Lagen führen. In Kanada ist das Peace-River-Gebiet dem Jakutischen Becken ähnlich: In beiden Räumen wirken – allerdings ohne Permafrosteinfluß – trocken-kontinentale Klimabedingungen und nährstoffreichere Böden auf postglazialen Seesedimenten als Gunstfaktoren zusammen.

Bild 1: Steinstreifen (Nordspitzbergen).

Auf aktiven Solifluktionsdecken ist keine tiefgreifende
Bodenbildung möglich.

Bild 2: Gelic Leptosol (Nordspitzbergen).

Horizontfolge: A-Cw-Cf.
Der Permafrost beginnt
in etwa 70 cm Tiefe.

Bild 3: Frostmuster (Nordspitzbergen).

Die geomorphodynamisch aktiven Feinerdebeete verhindern das Aufkommen der Tundrenvegetation. Die Steinringe dagegen sind stabil und bewachsen.

Bild 4: (links): Ablual überprägter Gelic Cambisol (Nordspitzbergen).

Initiale humose Oberböden wurden wiederholt von abgespültem Feinmaterial überdeckt.

Bild 5: (rechts): Gelic Andosol mit Eiskeilpseudomorphose (Nordspitzbergen).

Das Profil belegt thermische Schwankungen im Polargebiet: Die scharfe Untergrenze in den vulkanogenen Lockersedimenten deutet auf einen vorzeitlich höheren Permafrosthorizont. Derzeitig beginnt der Permafrost an der Untergrenze des Maßstabs (Photo: J. EBERLE).

Bild 6 (links): Podzol auf pliozänen Quarzschottern (Neuburger Wald).

Horizontfolge: Ah-E-Bh-Bsc-Cw. Der Bsc-Horizont neigt zur Ortsteinbildung.

Bild 7 (rechts): Luvisol (Südlicher Kraichgau) auf Löß.

Horizontfolge: Ah-E-Bt-Bw1-Bw2-Ck-C. Typisch die scharfe Untergrenze des Bodens zum kalkangereicherten Löß. Der Farbwechsel wird durch den dünnen, dunkleren Bw2 verstärkt.

Bild 8 (links): Cambisol auf Niederterrassenschotter (Mining/Inn).

Horizontfolge: Ap-Ah-Bw1-Bw2-C. Bis in den Unterboden ist der Cambisol feinmaterialreicher als die liegenden Kiese. Die Ursache ist eine Vermischung mit spätglazialem Lößlehm. Ab etwa 120 cm C.

Bild 9 (rechts): Cambisol (Bayerischer Wald) auf dreigliedrigem Decksedimentkomplex:

Grobe Basislage, steinreiche Mittellage, lockere, feinerdereiche Hauptlage. Pedogenetische Prozesse konzentrieren sich auf die Hauptlage und greifen in die Mittellage über.

IV

Bild 10: Dystric Planosol (Nordschwarzwald).

Horizontfolge: Ah-Eg-2Btg. Wasserstauend sind die Röttone des Buntsandsteins (unter dem Stauwasser).

Bild 11 (links): Calcic Kastanozem (Namibia)

Horizontfolge: Ah-Ahk-Ack-Ckc. Der mollic A-Horizont ist etwas brauner (Chroma, feucht > 2) als beim Chernozem (Chroma, freucht ≤ 2).

Bild 12 (rechts) Chernozem (Hildesheimer Börde).

Horizontfolge: Ap-Ah-Cw. Bodenwühltiere führten zu Krotowinen unter dem Ah-Horizont.

Bild 13 (links): Chromic Cambisol (Südfrankreich) auf silikatischen altpleistozänen Sedimenten.

Bild 14 (rechts): Chromic Luvisol (Andalusien) aus Kalkresiduallehm mit allochthonen Komponenten. Die Bodendecke ist stark erodiert und auf Karsttaschen beschränkt.

Bild 15 (links): Mollic Gleysol (Hildesheimer Börde). Deutlich erkennbar ist der hell gebleichte Reduktionshorizont Cr.

Bild 16 (rechts): Überdeckter Vertisol (Namibia). Die Trockenrisse des Vertisols sind mit dem darüber abgelagerten sandigen Sediment gefüllt. Deutlich auch das große Prismagefüge (> 30 % Ton).

VI

Bild 17 (links): Regosol mit Wüstenpflaster (Skelettküste/Nordwestnamibia).

Bild 18: Vesikularhorizont (Schaumboden).
Deutlich die Bläschenstruktur, die bei plötzlich entweichender Luft nach heftigen Niederschlägen entstehen.

Bild 19: Gypsisol mit Wüstenpflaster (Skelettküste/Nordwestnamibia).
Horizontfolge: A-Cyc-Cy-C. Der Gips (bis in 20 cm Tiefe) führt in den obersten 5 cm zu Verfestigungen, die auch Vesikel zeigen (Schaumboden, Photo 18).

Bild 20: Calcisol (Damaraland/ Nordnamibia).

Horizontfolge: Ak-Ckc1-Ckc2-Ck. Im Ckc1 sind die nodulären Kalkkonkretionen erkennbar, im Ckc2 neigen sie zu weiterer Verfestigung. Dadurch entsteht die deutliche Grenze zum lockereren Ck (kleine Hohlkehle in etwa 120 cm Tiefe).

Bild 21: Lithic Leptosol auf massiver Kalkkruste (Koichab/Südwestnamibia).

Der untere Teil der Kalkkruste zeigt die typische Zapfenform und geht dann in noduläre Konkretionen über.

Bild 22: Über 2 m mächtige Kalkkruste auf Dünensanden (Gaub/Westnamibia).

Die Sande sind völlig kalkfrei. Das Carbonat ist eingeweht worden und mit Sickerwässern in die Sedimente infiltriert. Die Verfestigungen nehmen mit zunehmender Profiltiefe ab: Massive Oberkruste, Bienenwabenkruste, noduläre Unterkruste, schließlich nur noch Kalkanreicherungen).

Bild 23: Palygorskit-Kristalle unter dem Rasterelektronenmikroskop (nach Lösung der Kalkkruste).

Deutlich die Stengel und Fasern. Das Tonmineral entstand im alkalischen Milieu von Calcisols und wurde mit dem Sediment in den Kalkkrusten zementiert (Damaraland/Nordwestnamibia).

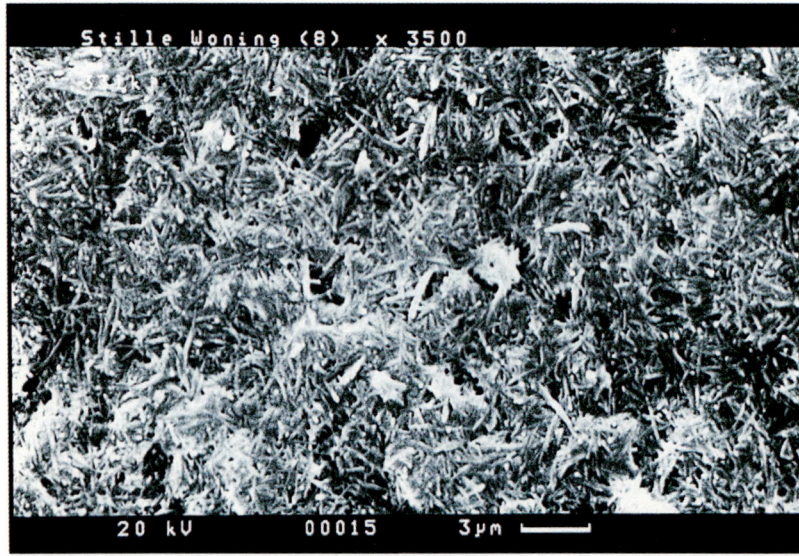

Bild 24:
Arenosol-Landschaft
(Westliche Kalahari/
Regenzeit).

Die Beweidung führt groß-
flächig zur Verwehung der
obersten Sandlagen. Im Vordergrund kleine Bioturba-
tionshügel.

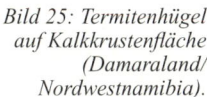

Bild 25: Termitenhügel
auf Kalkkrustenfläche
(Damaraland/
Nordwestnamibia).

Die Termiten transportieren
Feinmaterial aus tieferen
Horizonten entlang von
Lösungsbahnen und Klüften
durch die massiven Krusten
hindurch und akkumulieren es
an der Oberfläche. Durch
Abspülung und Verwehung
wird es verteilt. Die Böden in
der Umgebung werden che-
misch und physikalisch verändert.

Abb. 12 und 13: Stark vereinfachte ▶
Übersicht über die Verbreitung
der vorherrschenden Hauptbodengruppen
bzw. Bodeneinheiten
in den borealen Waldgebieten
Nordeuropas (oben)
und im borealen Waldgürtel
Nordamerikas (unten)
(generalisiert nach FAO-UNESCO 1979).
Erläuterungen im Text Seite 71.

*Bild 26 (links): Acrisol auf alten Deck-
sedimenten (Südspanien).*

Horizontfolge: Ah-E-Bt-Cw.

Bild 27 (rechts): Xanthic Ferralsol (La Digue/Innere Seychellen).

Horizontfolge: Ah-Bo1-Bo2-Bt-Cw. Profilhöhe ca. 230 cm. Deutlich der gelbgefärbte ferralic B-Horizont. Unter dem folgenden roten ferralic B-Horizont kennzeichnen weiße Kaolinitüberzüge den Bt.
Er geht an der Basis fließend in einen tonigen Gesteinszersatz über.

Bild 28: Rhodic Nitisol auf Vulkaniten (La Réunion) mit > 2 m mächtigem Bt.

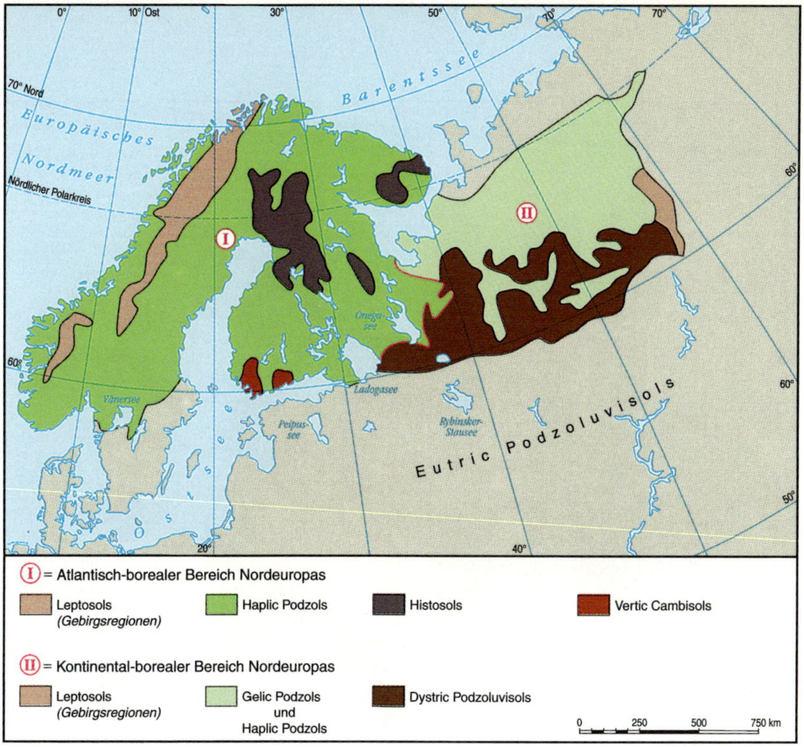

0°
10° Ost
30°
50°
70°
70° Nord
Barentssee
Europäisches Nordmeer
Nördlicher Polarkreis
I
II
Onega-see
Ladogasee
Vänersee
Peipus-see
Rybinsker-Stausee
Eutric Podzoluvisols
60°
50°
20°
40°
I = Atlantisch-borealer Bereich Nordeuropas
Leptosols (Gebirgsregionen)
Haplic Podzols
Histosols
Vertic Cambisols
II = Kontinental-borealer Bereich Nordeuropas
Leptosols (Gebirgsregionen)
Gelic Podzols und Haplic Podzols
Dystric Podzoluvisols
0
250
500
750 km

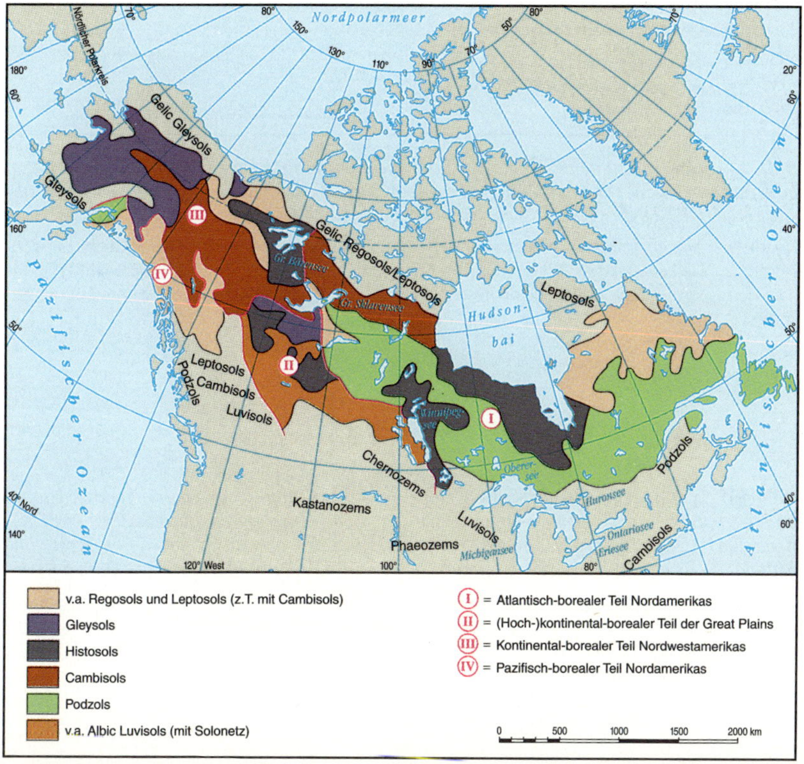

Nordpolarmeer
Nördlicher Polarkreis
70°
80°
150°
130°
110°
90°
70°
50°
180°
160°
140°
Gelic Gleysols
Gleysols
III
IV
II
I
Gr. Bärensee
Gr. Sklavensee
Gelic Regosols/Leptosols
Hudson-bai
Leptosols
Leptosols
Podzols
Cambisols
Luvisols
Winnipeg-see
Oberer-see
Chernozems
Kastanozems
Luvisols
Phaeozems
Podzols
Cambisols
Huronsee
Ontariosee
Eriesee
Michigansee
Pazifischer Ozean
Atlantischer Ozean
40° Nord
120° West
100°
80°
v.a. Regosols und Leptosols (z.T. mit Cambisols)
Gleysols
Histosols
Cambisols
Podzols
v.a. Albic Luvisols (mit Solonetz)
I = Atlantisch-borealer Teil Nordamerikas
II = (Hoch-)kontinental-borealer Teil der Great Plains
III = Kontinental-borealer Teil Nordwestamerikas
IV = Pazifisch-borealer Teil Nordamerikas
0
500
1000
1500
2000 km

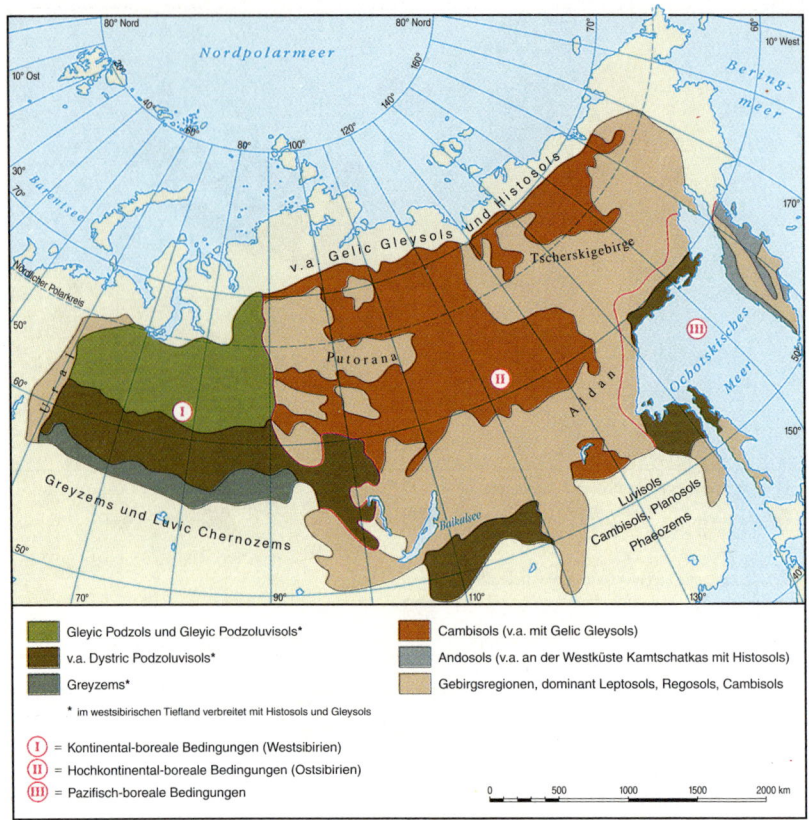

Abb. 14: Stark vereinfachte Übersicht über die Verbreitung der vorherrschenden Hauptbodengruppen bzw. Bodeneinheiten in den borealen Waldgebieten in Nordasien (generalisiert nach FAO-UNESCO 1978). Erläuterungen im Text Seite 74.

Deutlich die zonale Anordnung der eng mit Gleysols und Histosols vergesellschafteten Böden im Westsibirischen Tiefland (I), das Vorherrschen der Cambisols im hochkontinentalen Ostsibirien (II) sowie
der ozeanische Einfluß an der Pazifikküste (III), der sich in der Bildung der Podzoluvisols widerspiegelt.

Abb. 16: Stark vereinfachte Übersicht über die Verbreitung der vorherrschenden Hauptbodengruppen bzw. Bodeneinheiten in den feuchten Mittelbreiten Europas (generalisiert
nach FAO-UNESCO 1981) unter Berücksichtigung des ozeanisch geprägten West- und
Mitteleuropas sowie des kontinentaleren Osteuropas. Erläuterungen im Text Seite 83.

Deutlich wird die Bindung der Cambisols an die kristallinen Mittelgebirge und Teile der Schichtstufenlandschaften. Tatsächlich liegt ein kleinräumiger Wechsel der Bodengesellschaften in den eng
gekammerten Landschaften West- und Mitteleuropas vor. In Osteuropa setzt sich eine zonale Anordnung der Bodenregionen durch.

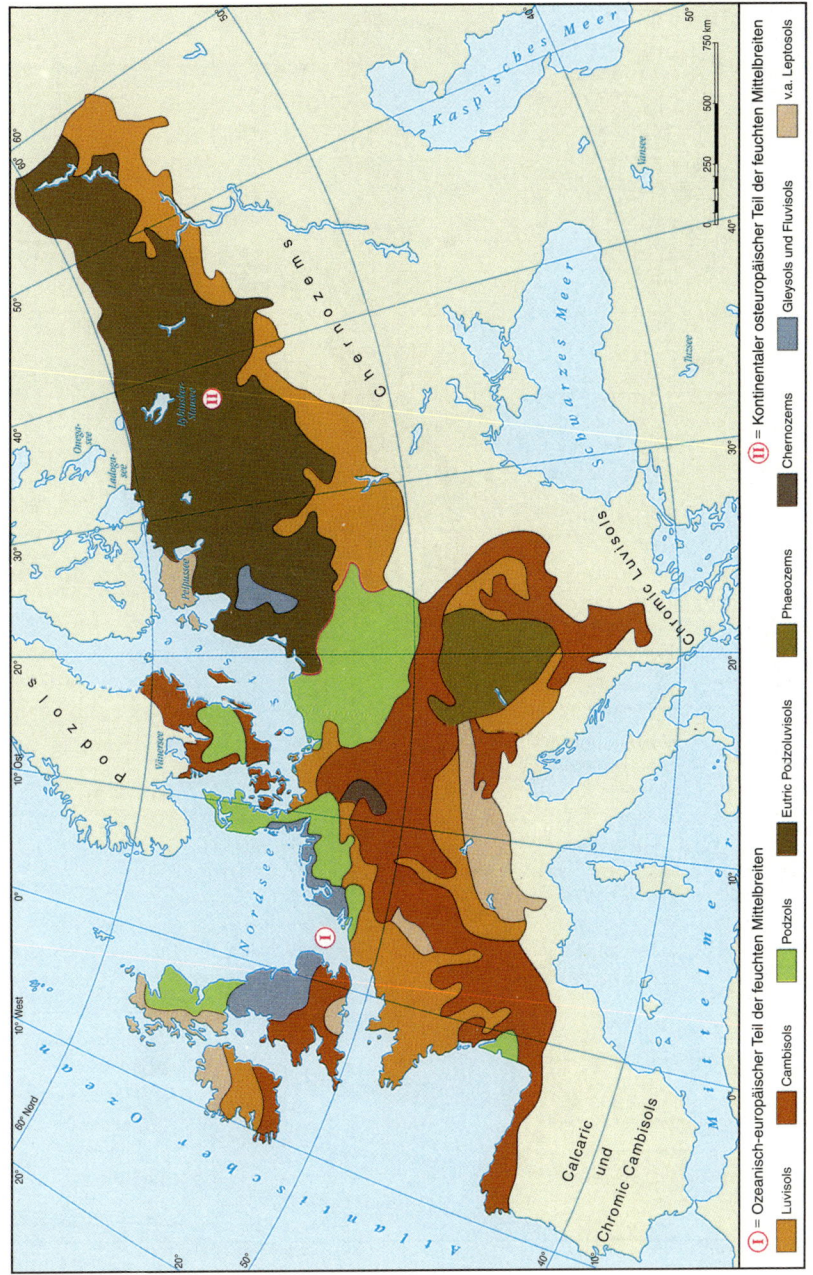

Ⓘ = Ozeanisch-europäischer Teil der feuchten Mittelbreiten

	Luvisols
	Cambisols
	Podzols
	Eutric Podzoluvisols
	Phaeozems

Ⓘ = Kontinentaler osteuropäischer Teil der feuchten Mittelbreiten

	Chernozems
	Gleysols und Fluvisols
	v.a. Leptosols

XIV

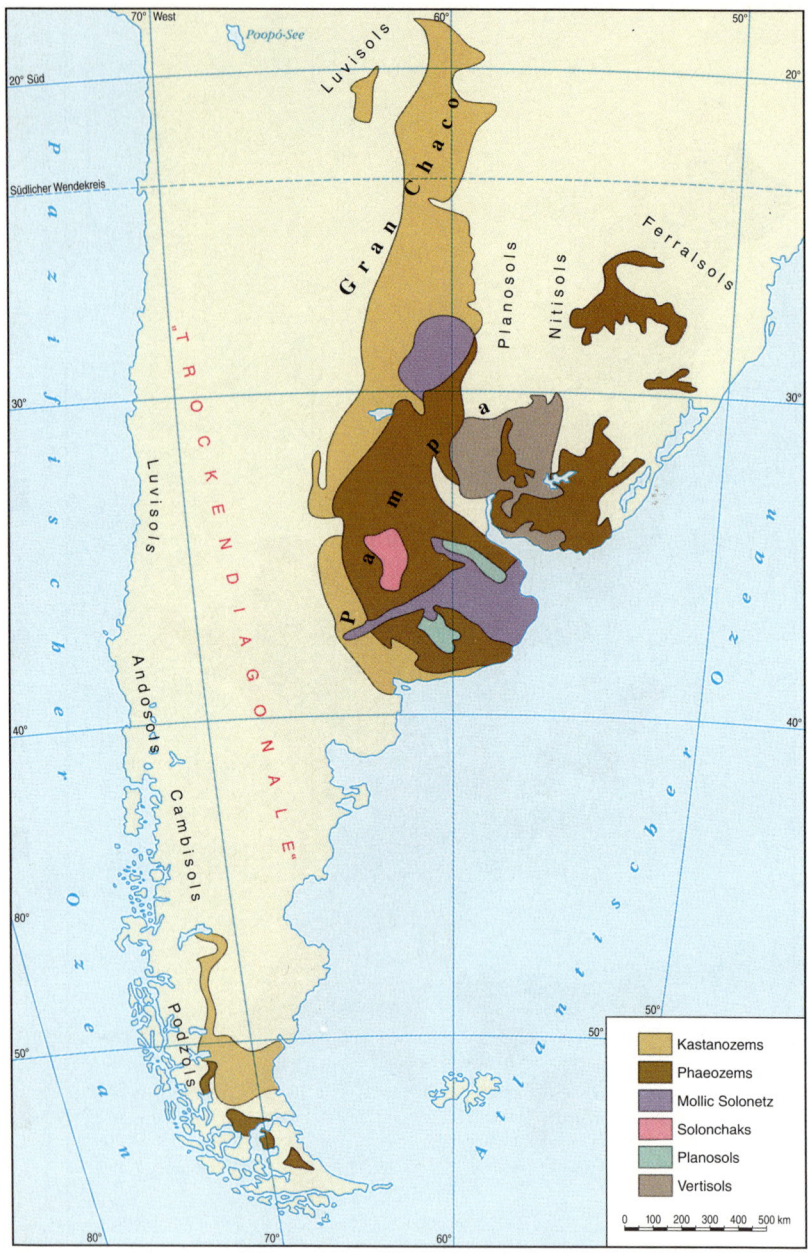

Poopó-See

70° West   60°   50°

20° Süd   20°

Südlicher Wendekreis

30°   30°

40°   40°

80°   50°

50°   50°

80°   70°   60°

Luvisols

Gran Chaco

Ferralsols

Planosols

Nitisols

"TROCKENDIAGONALE"

Pampa

Luvisols

Andosols

Cambisols

Podzols

Pazifischer Ozean

Atlantischer Ozean

	Kastanozems
	Phaeozems
	Mollic Solonetz
	Solonchaks
	Planosols
	Vertisols

0   100   200   300   400   500 km

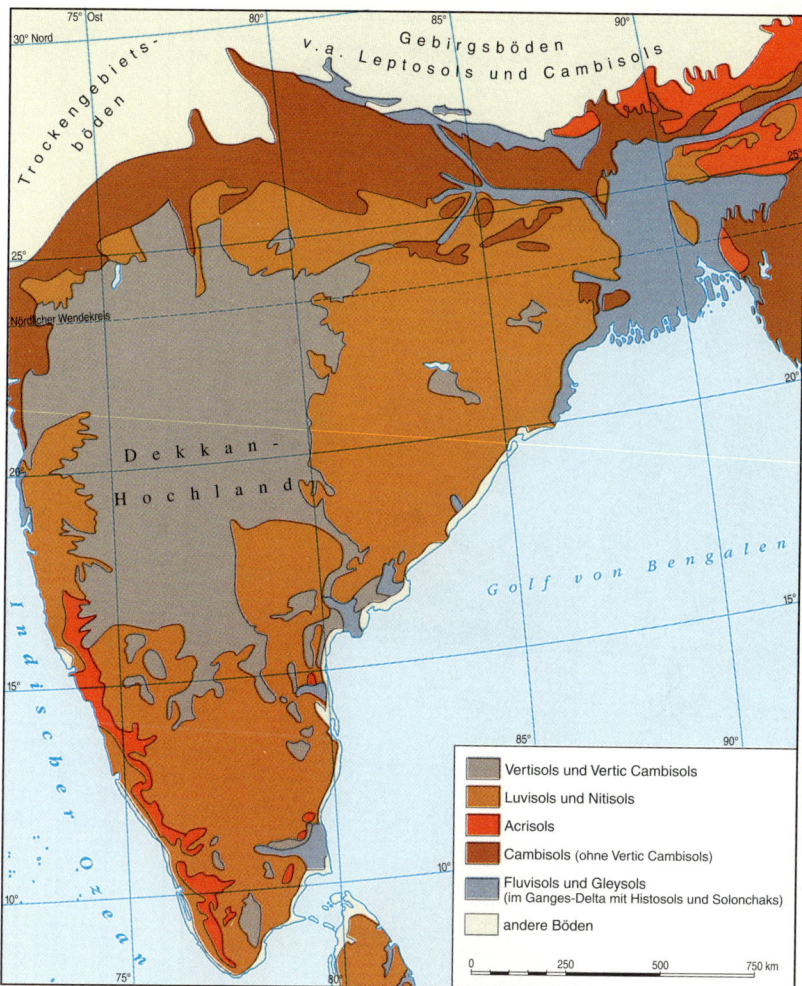

Abb. 49: Stark vereinfachte Übersicht über die Verbreitung der vorherrschenden Haupt-bodengruppen und Bodeneinheiten in Indien und Bangladesch (generalisiert nach FAO-UNESCO 1979b). Erläuterungen im Text Seite 204.

Die Vertisols sind eng an die Trappbasalte des Dekkan-Hochlands gebunden, während sonst Luvisols und Nitisols dominieren. Wie die Tieflandsböden (Schwebstoffzufuhr aus dem Himalaya) bieten sie unter den tropisch-subtropisch monsunalen Klimabedingungen sehr gute Voraussetzungen für einen intensiven Reisanbau. Dies unterscheidet Südasien von den Ferralsol-Regionen alter Schilde.

◀ Abb. 28: Stark vereinfachte Übersicht über die vorherrschenden Hauptbodengruppen beziehungsweise Bodeneinheiten in den Grasländern Südamerikas (generalisiert nach FAO 1971). Erläuterungen im Text Seite 116.

Deutlich die Zweiteilung in das ostpatagonische (trockene Mittelbreiten) und das subtropisch-rand-tropische Steppenbodengebiet (Pampa, Gran Chaco). Besonders in Uruguay und Südbrasilien sind die Grasländer stark anthropogen beeinflußt und mit Wäldern durchsetzt.

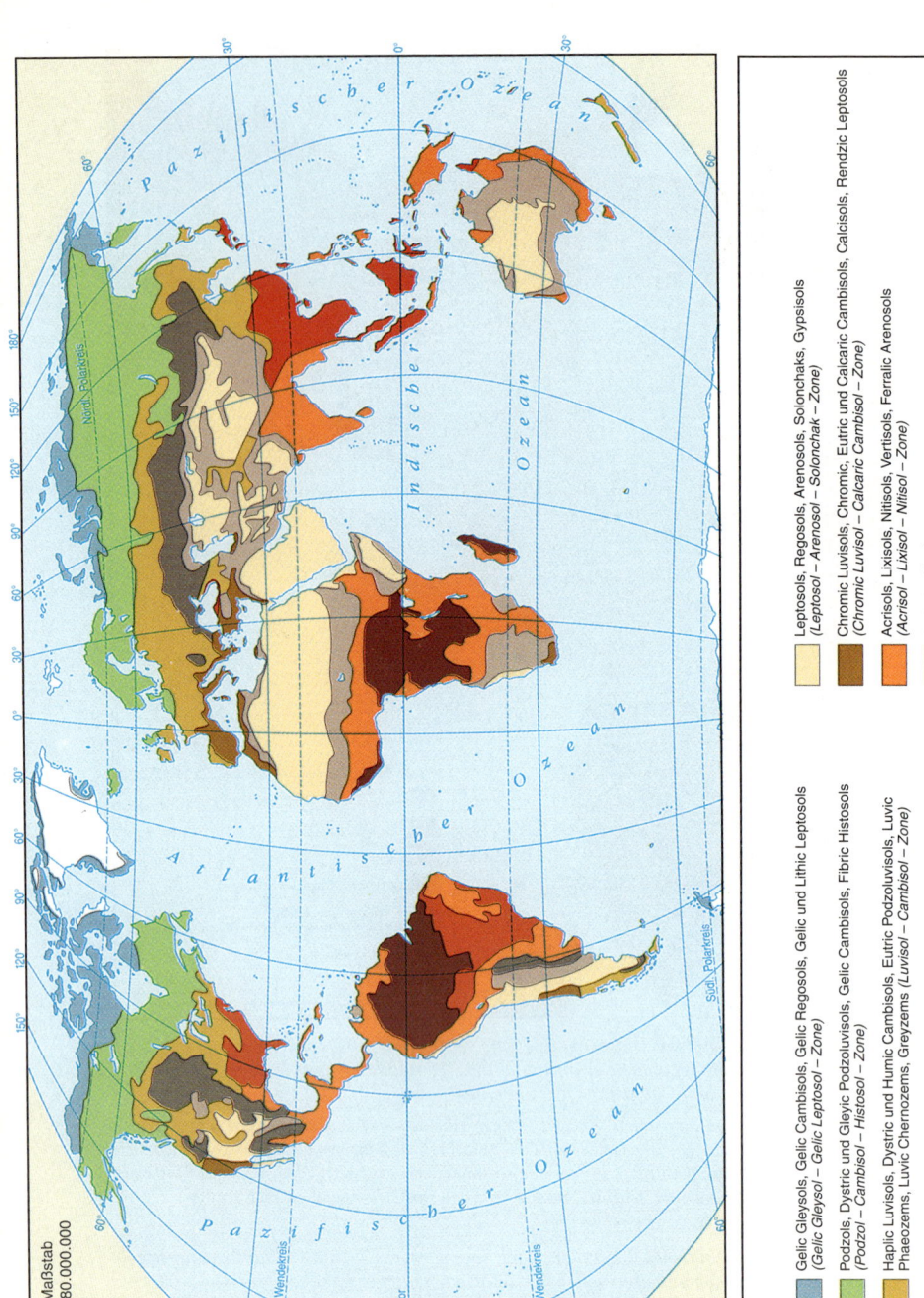

Legend (right side, upper block):

- Leptosols, Regosols, Arenosols, Solonchaks, Gypsisols (*Leptosol – Arenosol – Solonchak – Zone*)
- Chromic Luvisols, Chromic, Eutric und Calcaric Cambisols, Calcisols, Rendzic Leptosols (*Chromic Luvisol – Calcaric Cambisol – Zone*)
- Acrisols, Lixisols, Nitisols, Vertisols, Ferralic Arenosols (*Acrisol – Lixisol – Nitisol – Zone*)
- Acrisols, Alisols (*Acrisol – Zone*)
- Ferralsols, Plinthosols, Acrisols (*Ferralsol – Zone*)

Legend (right side, lower block):

- Gelic Gleysols, Gelic Cambisols, Gelic Regosols, Gelic und Lithic Leptosols (*Gelic Gleysol – Gelic Leptosol – Zone*)
- Podzols, Dystric und Gleyic Podzoluvisols, Gelic Cambisols, Fibric Histosols (*Podzol – Cambisol – Histosol – Zone*)
- Haplic Luvisols, Dystric und Humic Cambisols, Eutric Podzoluvisols, Luvic Phaeozems, Luvic Chernozems, Greyzems (*Luvisol – Luvisol – Zone*)
- Kastanozems, Haplic Phaeozems, Chernozems (ohne Luvic Chernozems) (*Kastanozem – Haplic Phaeozem – Chernozem – Zone*)
- Calcisols, Cambic Arenosols, Vertisols, Calcic Luvisols, Solonetz (*Calcisol – Cambic Arenosol – Solonetz – Zone*)

Maßstab
1 : 180.000.000

Abb. 53: Bodenzonen der Erde Verbreitungskarte auf der Grundlage der FAO-UNESCO-Weltbodenkarte (nach SCHULTZ 1995). Erläuterungen im Text Seite 215.

4.3 Böden und Bodengesellschaften in den feuchten Mittelbreiten

Die feuchten Mittelbreiten sind geprägt durch ihre Lage innerhalb der nord- und südhemisphärischen Westwindzonen. Sie bilden – mehr oder weniger ozeanisch geprägt – keine erdumspannende Zone, sondern grenzen im Inneren der Kontinente an die trockenen Mittelbreiten (Steppen, Halbwüsten und Binnenwüsten). Dadurch werden sie räumlich geteilt. Polwärts stoßen die feuchten Mittelbreiten an die boreale Zone. Mit zunehmender Kontinentalität in Eurasien und Nordamerika werden sie zu einem immer schmaleren Übergangsraum zwischen den Steppen und den borealen Waldgebieten. Äquatorwärts folgen an den Westseiten der Kontinente die winterfeuchten, an den Ostseiten die immerfeuchten Subtropen. Die feuchten Mittelbreiten sind ökologisch begünstigt, weil sie strahlungsklimatisch eine Mittelstellung zwischen den Tageszeitenklimaten der Tropen und den Jahreszeitenklimaten der Polgebiete einnehmen und ganzjährig ausreichend mit Niederschlägen versorgt werden. Sie liegen an den Westseiten der Kontinente etwa zwischen 40° und 60°, an den Ostseiten etwas äquatornäher etwa zwischen 35° und 50°.

Die Substrate, die der Bodenbildung zur Verfügung stehen, sind meist jung und vergleichsweise nährstoffreich: Große Teile der feuchten Mittelbreiten waren während der pleistozänen Kaltphasen vergletschert oder Periglazialgebiete. So entwickelten sich die Böden während des Holozäns überwiegend in großflächig auftretenden jungen Decksedimenten, die mehr oder weniger nährstoffreich sind.

Gegenüber der nördlich sich anschließenden borealen Zone hat die längere Vegetationsperiode in den feuchten Mittelbreiten im Laufe des Holozäns eine vielfältige Baumvegetation, vor allem sommergrüne Laubmischwälder, entstehen lassen, die besonders in lichteren Bereichen einen artenreichen Unterwuchs aufkommen läßt. Abgesehen von den Wintermonaten (etwa November bis März) erlauben die gemäßigten Temperaturen und die ganzjährige Durchfeuchtung der Böden ein intensives Bodenleben, das die nährstoffreiche Streu der laubabwerfenden Bäume sowie die tote Biomasse des Unterwuchses vergleichsweise rasch humifiziert oder remineralisiert. Die organische Auflage auf den Mineralböden ist daher wesentlich geringer als in der borealen Zone und die Ausbildung humusreicher Oberböden typisch. Die Mächtigkeit der Ah-Horizonte nimmt dabei mit wachsender Kontinentalität zu. Die Entwicklungstiefe von Mineralböden vergleichbarer Bodenart steigt mit wachsender Durchfeuchtung (Meernähe). In Beckenlagen auf Lockersedimenten werden Bodenmächtigkeiten von etwa 90 cm bis über 200 cm angetroffen.

4.3.1   Die typischen Böden an gut dränierten Standorten in den feuchten Mittelbreiten: Luvisols und Cambisols

Weit verbreitet in den feuchten Mittelbreiten sind die *Cambisols* (dt.: Braunerden) und die *Luvisols* (dt.: Parabraunerden). Luvisols sind an gut durchlässige Lockersedimente gebunden, wie sie häufig in Becken vorliegen. Demgegenüber treten Cambisols oft in flachgründigeren Substraten auf, zum Beispiel in Hanglagen oder allgemein an kühleren, trockeneren oder nährstoffärmeren Standorten. Cambisols sind deshalb auch in allen Gebirgen der Erde anzutreffen. Die Luvisols eignen sich daher besser dazu, die feuchten Mittelbreiten bodenzonal zu kennzeichnen. Dazu kommt, daß die Podzoluvisols beziehungsweise lessivierte Varianten anderer Böden (Luvic) die charakteristischen Hauptbodengruppen der Übergangsgebiete zu angrenzenden Ökozonen sind. In weiträumigen Flußniederungen (z. B. Hwang-Ho-Delta in Ostchina), Senken oder anderen tiefliegenden Gebieten sind jedoch auch großflächige Gleysol-Regionen entstanden. Die feuchten Mittelbreiten sind infolgedessen nicht der Kernraum der *Zone der Braunerden* (SEMMEL 1993) beziehungsweise der *Haplic Luvisol-Zone* (SCHULTZ 1995). Treffender wäre die Benennung *Luvisol-Eutric Gleysol-Zone.*

Die *Cambisols* (Horizontfolge z. B. Ah-Bw-C oder Ah-Bw-R) werden durch einen mindestens 15 cm mächtigen Unterbodenhorizont gekennzeichnet, in dem die Bodenbildungsprozesse zu autochthonen Veränderungen in Farbe, Textur und Zusammensetzung geführt haben. Dieser *cambic B-horizon* (Bw) ist in den feuchten Mittelbreiten besonders durch Entkalkung, Braunfärbung (vor allem durch Freisetzung von Eisenhydroxiden wie α-FeOOH, *Goethit*) sowie durch Verlehmung (mindestens 8 % Ton) und Gefügebildung charakterisiert (genaue Definition s. FAO 1997). Wenn junge Substrate den Standort der Cambisols bilden, dann dominieren in der Regel die Illite, die in erster Linie aus der Glimmerverwitterung (unter Kalium-Freisetzung, Kap. 2.2.3.1) hervorgehen. Die Untergrenze des Bw-Horizonts befindet sich mindestens 25 cm unter der Bodenoberfläche. Der Bw-Horizont wird von einem Oberboden (Ah) überlagert, der durch unterschiedlich intensive Humusanreicherung dunkelbraun bis schwarz gefärbt ist (Bilder 8 und 9).

Lessivierung ist der Prozeß (Kap. 2.2.4), der die *Luvisols* (Horizontfolge z. B. Ah-E-Bt-C oder Ah-E-Bt-Bv-C) kennzeichnet. Sie sind an gut durchlässige Substrate geknüpft. Unter dem humosen Oberboden befindet sich ein Lessivierungshorizont (E, dt.: Al), aus dem mit dem Sickerwasser eine Verlagerung von Ton nach unten in den *argic B-horizon* (Bt) stattgefunden hat. Dieser ist kennzeichnend (diagnostisch, FAO 1997). In Bodenporen und auf Aggregaten des Bt-Horizonts bilden sich Toncutane. Dadurch hat der Unterboden (mit mindestens 8 % Ton) einen höheren Tongehalt als der darüber entwickelte Lessivierungshorizont. In Luvisols aus letztglazialem Löß wurden beispielsweise in Süddeutschland bis zu 98 kg/m^2 Ton gebildet und bis zu 51 kg/m^2 verlagert (KUßMAUL und NIEDERBUDDE 1979). Häufig unterliegen reifere Luvisols einer Hydromorphierung bei Sickerwasserstau durch den verdichteten Unterboden (dann: *Stagnic Luvisols*). Besonders in sandigeren Substraten kann der Bt-Horizont in Bänder aufgelöst sein (dt.: Bänderparabraunerde, Kap. 4.3.2.2). Die Luvisols unterscheiden sich von anderen – meist (sub-)tropischen Varianten (s. Abb. 42) – durch eine hohe Kationenaustauschkapazität (>24 cmol(+)/kg Ton) und eine hohe Basensättigung ($>50\%$) – Merkmale, die auf ihre vergleichsweise große Fruchtbarkeit hinweisen.

4.3.2 Die feuchten Mittelbreiten in Europa: Bodengeographischer Überblick

In vielen Bodengesellschaften West- und Mitteleuropas dominieren die Luvisols und Cambisols. Nach Norden werden die Luvisols von den Podzols der borealen Nadelwaldgebiete abgelöst: Schon im nördlichen Mitteleuropa, Dänemark und Südschweden treten bereits große Podzol-Regionen auf. Sie sind aber an nährstoffarme Substrate gebunden und stark durch den Menschen geprägt. Die räumliche Verflechtung der Podzols mit Cambisols und Luvisols macht die Ausnahmestellung der Podzols innerhalb der feuchtgemäßigten Mittelbreiten deutlich.

Im kontinentalen Nordosten der feuchten Mittelbreiten Europas dominieren die Eutric Podzoluvisols (Abb. 16 im Farbteil S. XIII), die sowohl Lessivierungs- als auch Podsolierungsmerkmale besitzen. Letztere sind eine Folge der nährstoffarmen glazigenen und fluvioglazialen Substrate der Weichsel-Kaltzeit. Vor allem die geringmächtigere Streuauflage unterscheidet sie von verwandten Bodengesellschaften der borealen Zone weiter nördlich. Östlich des Urals keilen die feuchten Mittelbreiten und mit ihnen die Luvisol-Regionen aus. Mit verstärkter Kontinentalität in Westsibirien treten boreale nadelwaldtypische Podsolierung und steppentypische Humifizierungsprozesse an die Stelle der Lessivierung. Im Südosten, im Übergangsgebiet zu den Steppen, herrschen in warm-trockenen Gebieten mit mächtigen Lockersedimentdecken – beispielsweise dem Pannonischen Becken – Phaeozems vor.

Diese Differenzierungen dürfen aber nicht darüber hinweg täuschen, daß das tatsächliche Mosaik der Bodengesellschaften in den auf engem Raum wechselnden Landschaften besonders West- und Mitteleuropas stark variiert. Unterschiedliche geomorphologische, sedimentologisch-petrographische, landschaftsgeschichtliche und anthropogene Einflüsse haben darüber hinaus zu komplexen pedogenetischen Abhängigkeiten geführt. Verbunden mit dem ozeanisch geprägten Klimacharakter, verhindert dies eine subzonale Gliederung der Bodenregionen in West- und Mitteleuropa. Mit zunehmender Kontinentalität und außerhalb des Bereichs der starken tektonischen Zerstückelung Mitteleuropas wird die klimazonale Anordnung der Böden jedoch deutlicher. In die subzonale, strahlungsklimatisch geprägte Abfolge von der borealen Zone Nordosteuropas (Podzols und Dystric Podzoluvisols) bis in die Steppen (Chernozems) nördlich des Schwarzen Meers ordnen sich auch die Eutric Podzoluvisols und Haplic Luvisols des osteuropäischen Teils der feuchten Mittelbreiten ein (Abb. 16 im Farbteil S. XIII).

4.3.2.1 Deckschichten und Böden in den kristallinen Mittelgebirgen und Schichtstufenlandschaften in Deutschland

Die geologische und geomorphologische Differenziertheit und damit auch die bodengeographische Vielfalt ist das Typische in den ozeanisch geprägten Mittelbreiten Europas. Dies beruht darauf, daß weder der Klimawandel (maritim zu kontinental sowie hypsometrisch) noch der Vegetationseinfluß (Streu) großflächig alle anderen Bodenbildungsfaktoren dominieren, sondern nur überlagern und modifizieren. Dies führte auch dazu – im Unterschied zu der (russischen) Tradition klimazonaler Bodensystematik –, in der Bodensystematik Deutschlands die Profilmerkmale zu betonen, was dem starken Einfluß des Ausgangsgesteins, der Textur und dem Relief Rechnung trägt (KUBIENA 1953, MÜCKENHAUSEN 1977, AG Boden 1994). Daß die Bodengesellschaften Mitteleuropas überwiegend recht junge, holozäne Bildungen sind, ist eine Folge der jungquartären Klimaschwankungen. Die Küstenlinie war noch während des letzten Hochglazials (etwa vor 18 000 Jahren) durch eine eustatische Meeresregression bis fast an den europäischen Kontinentalsockel verlegt. Große Teile Norddeutschlands waren zur Weichsel-Kaltzeit eisbedeckt, ebenso die Alpen und ihr Vorland. Zwischen dem Nordischen Inlandeis und der alpinen Vorlandvergletscherung war in den Beckenlagen der Mittelgebirge und der Schichtstufenländer eine mehr oder weniger trockene Tundra (*Lößtundra*; FRENZEL 1960) entwickelt, die von der Frostschuttstufe der Höhen über etwa 400 m ü. M. umrahmt wurde. Nur die höchsten Mittelgebirge waren teilweise vergletschert. Wegen der glazialerosiven oder solifluidal-abualen Prozesse kam es zu einem nahezu vollständigen Verlust beziehungsweise zur Aufarbeitung älterer Böden. Teilweise waren davon auch die Böden in den abtragungsgeschützten Becken betroffen, doch sorgte besonders der großflächige Lößaufbau für die oft vollständige Fossilierung präholozäner Bodenrelikte. Wie hier entwickelten sich die holozänen Böden fast überall in den Mittelbreiten (KLEBER 1997) auf jungpleistozänen Deckschichten – in den Hanglagen der kristallinen Mittelgebirge und Schichtstufenlandschaften vor allem auf Solifluktionsdecken (Bild 9), in den

Becken und Tiefländern auf glazialen, fluvioglazialen oder äolischen Sedimenten. Davon ausgenommen sind die holozänen Landoberflächen sowie die fluvial geprägten Flußauen.

Ausgehend von Gesteinsausbissen, Stufen, Felsklippen oder Graten bedecken zum Teil mehrere Meter mächtige Deckschichten die Hänge der Mittelgebirge. Der *Wanderschutt* wurde bereits seit Beginn dieses Jahrhunderts vor allem im Kontext geomorphologisch-paläoklimatischer Fragestellungen erforscht. Spätestens seit BÜDEL (1937) wird die überwiegend periglaziale Entstehung der Deckschichten nicht mehr in Frage gestellt. In den letzten Jahrzehnten stehen Probleme der Deckschichtengliederung, ihrer chronostratigraphischen Zuordnung sowie ihrer standortökologischen Bewertung im Mittelpunkt des Interesses (zusammenfassend siehe VÖLKEL 1995).

Die pleistozänen Deckschichten bestehen aus lokalem Verwitterungsmaterial, das überwiegend durch physikalische Verwitterungsprozesse aufbereitet und durch denudative Abtragungsprozesse – besonders durch die Solifluktion – hangabwärts bewegt wurde. Diese Verlagerung erfolgte nicht kontinuierlich: Die Decksedimente weisen meist mehrere Schichten auf. Sie belegen einerseits Phasen intensiverer Abtragung andererseits Abschnitte größerer morphodynamischer Stabilität und solche des Eintrags allochthoner Stoffe (vor allem Löß). Decksedimentkomplexe können mehrere Meter mächtig werden.

Ab Ende der 80er Jahre gliedert man diese Deckschichten in Lagen. Danach werden sie in *Basislage, Mittellage, Hauptlage* und *Oberlage* unterschieden (AG Boden 1994). Dies heißt allerdings nicht, daß diese Folge überall komplett auftritt. Vielmehr können einzelne Lagen abgetragen worden oder nie entstanden sein. Außerdem nehmen sie lokal und regional unterschiedliche Erscheinungsformen an, was die Zuordnung zum schematisierten vierlagigen Sammelprofil (Abb. 17) oft sehr erschwert. Eine genaue Kenntnis der Entstehung und der Gliederung ist aber von großer bodengeographischer Bedeutung: Der Aufbau und die petrographisch-sedimentologische Zusammensetzung der Decksedimente sowie der Grad und der Charakter der äolischen Beimengungen prägen die bodenchemischen und bodenphysikalischen Merkmale sowie die Pedogenese der Standorte.

Eine komplette, idealisierte Deckschichtenfolge beginnt mit der Basislage (früher auch *Basisschutt, Basisfolge*). Sie liegt oft dem autochthonen Zersatz des lokalen Gesteins auf, das gegebenenfalls die Bewegung der Basislage durch das sogenannte *Hakenschlagen* nachzeichnet. Geringmächtige Feinsedimente (VÖLKEL 1995, S. 31, vgl. auch SEMMEL 1968) können unter wie auch auf der Basislage auftreten. Sie sind die Folge der Abluation über gefrorenem Untergrund. Weitgehend frei von Lößbeimengungen, sind in der Basislage oft ältere Bodensedimente beziehungsweise Verwitterungsdecken aufgearbeitet und mit frischem Verwitterungsmaterial des Hangs vermengt. Die Mittellage zeigt in der Regel starke Lößbeimengungen, die mehr oder

	Lage	Altersstellung	dominante Kennzeichen
[m]	Oberlage	Holozän	blockiger Schutt, v.a. unterhalb von Gesteinsausbissen
	Hauptlage	Spätglazial	blockig, mit hohem Schluffgehalt (Löß), locker gelagert, gut durchwurzelt (z.T. mit Laacher-See-Tephra, dann jungtundrenzeitliche Entstehung)
1	Mittellage	Spätglazial	viel Grus, kleine Steine, Schutt, dichte Lagerung, grob-polyedrisches Gefüge u.a., wechselnder Lößgehalt, z.T. mehrgliedrig, v.a. in erosionsgeschützten Positionen
	Basislage	Spätglazial und älter	dicht gelagert, z.T. wie zementiert, weitgehend lößfrei, z.T. mehrgliedrig, eingeregelte Steine
2	Zersatzzone	vorwiegend Tertiär	im Grundgebirgsbereich: grusig, z.T. aus Saprolith hervorgegangen, an der Grenze zur Basislage mit „Hakenschlagen"
	Saprolith bzw. Kristallin		

Abb. 17: Schematisches Sammelprofil zur Deckschichtengliederung im Mittelgebirgsraum am Beispiel kristalliner Massengesteine im Liegenden. Erläuterungen im Text.

weniger verwittert sind (Lößlehm). Hieraus ergibt sich eine dichte Lagerung. Mit zunehmender Distanz zu Lößgebieten nehmen die äolischen Anteile ab. Besonders schwer ist die Trennung von Mittel- und Hauptlage (früher auch *Deckschutt*). Im Gegensatz zur Mittellage, die nur in abtragungsgeschützten Reliefpositionen erhalten ist, tritt die Hauptlage großflächig und oft mit gleichbleibender Mächtigkeit auf. Sie ist ebenfalls lößreich, aber in der Regel wesentlich lockerer als die Mittellage. Ein charakteristisches Merkmal sind vor allem eingearbeitete Schwerminerale der allerödzeitlichen Bimseruption des Laacher-See-Vulkanismus in der Eifel (ca. 11 000 Jahre vor heute). Allerdings kann dieses Kriterium nur im Ablagerungsgebiet der einst ausgeschleuderten Aschen angewandt werden.

Die Deckschichten der Mittelgebirge sind sehr jung und werden überwiegend auf die letzten spätglazialen Kälterückschläge zurückgeführt. Vor allem in der Basislage können ältere pleistozäne Verwitterungsrelikte eingearbeitet sein. Oft werden diese noch von mehr oder weniger mächtigen Saprolithen unterlagert, die eine tertiäre Tiefenverwitterung auf den Flächen belegen (z. B. FELIX-HENNINGSEN 1990). Diese sind ebenso wie die mächtigen Grusdecken grobkristalliner Massengesteine – deren Bildung nicht nur auf tertiäre Verwitterung zurückzuführen ist – in den Aufbau der Basislage mit einbezogen worden (FELIX-HENNINGSEN et al. 1991).

Die Mittellage ist prä-allerödzeitlich, das heißt im Spätglazial, in Teilen wahrscheinlich während der Älteren Dryas (vor ca. 12 500 J.) gebildet worden. Die Minerale der Laacher See-Eruptionen lassen die Hauptlage in den

Kälterückfall während der Jüngeren Dryas am Ende des Pleistozäns datieren (ca. 11 000–10 000 J. v. h.). Die Hauptlage entspricht dem Auftaubereich der jungdryaszeitlichen Landoberfläche (SEMMEL 1964), die durch die schnelle Bewaldung im Frühholozän konserviert wurde. Allerdings zeichnen sich regionale Unterschiede ab, was besonders die letzte solifluidale Aktivitätsphase betrifft. So scheint die Hauptlage der Decksedimente im Vorderen Bayerischen Wald im Gegensatz zu jenen im westdeutschen Mittelgebirgsraum nicht aus der Jüngeren, sondern aus der Ältesten Tundrenzeit zu stammen (VÖLKEL und MAHR 1997). Das oberste Glied der Lockermaterialdecken, die Oberlage, ist die jüngste, (sub-)rezente Bildung. Sie besteht überwiegend aus grobem blockigem Frostschutt an Felsausbissen, der der Hauptlage lokal (z. B. unter Felswänden) aufliegt.

Die Deckschichten sind von großer geoökologischer Bedeutung: So beeinflußt ihre Zusammensetzung und ihr Aufbau die Infiltration des Niederschlags sowie die Bewegung des Hangwassers (interflow). Meist bildet die Basislage, seltener bereits die Mittellage den Wasserstauer. Die lockere Lagerung der Hauptlage – bei Nährstoffanreicherung durch die Lößbeimengungen und hoher Feldkapazität – ermöglicht eine gute Durchwurzelung (vgl. BIBUS 1986). Cambisols unterschiedlicher Ausprägung herrschen gegenüber Luvisols vor, während in den steilen Oberhangbereichen mit ausbeißenden Grundgebirgsgesteinen vorwiegend Leptosols (Ranker) entwickelt sind. Mehrlagige Solifluktionsdecken können besonders bei der Beobachtung von tonreichen Horizonten zu Fehldeutungen führen: So vermag eine tonreichere, lehmige Mittel- oder Basislage einen pedogenetischen Tonanreicherungshorizont vortäuschen (dt. sog. *Phäno-Parabraunerde*). Dieser kann weitgehend dieselben standortökologischen Eigenschaften besitzen, wie der eines an Ort und Stelle aus dem lokalen Substrat gebildeten (*authigenen*) Luvisols.

Bildet das Deckgebirge die Landoberfläche, so gestalten der petrographische Einfluß und die wechselvolle Landschaftsgeschichte den Charakter der Decksedimente und die Verbreitung der Bodengesellschaften oft sehr vielfältig (z. B. in Mittel- und Oberfranken, siehe SCHILLING und SPIES 1991). Im Bereich toniger Gesteine sind Vertic Cambisol-dominierte Bodengesellschaften (Pelosole) verbreitet, auf Kalkgesteinen herrschen auch Rendzic Leptosols (Rendzinen) vor. Daneben können auf Verebnungen und am Unterhang hydromorphe Böden entstehen, wenn dichtere, lößlehmdominierte Solifluktionslagen oder Tonsteine das Hang- oder Sickerwasser stauen.

Großflächig auftretende Podzols sind in Grundgebirgsbereichen relativ selten. Dies liegt einerseits an dem Silikatreichtum der Plutonite und Metamorphite, aber auch an der Lößbeimengung in den Solifluktionsdecken. So sind natürliche großflächigere Podzol-Gesellschaften auf die höchstgelegenen, niederschlagsreichen und sehr nährstoffarmen Sandsteinflächen im Süddeutschen Schichtstufenland (Buntsandstein-Schwarzwald, Keupersandstein-

Bergland Frankens) begrenzt, auf denen eine lößangereicherte Haupt- oder Mittellage nur geringmächtig entwickelt beziehungsweise stark verwittert ist oder völlig fehlt. An vielen Stellen ist sie aber auch infolge von Rodungen abgetragen worden. Auf Sandsteinen können sich dann sehr schnell Podzols auch dort entwickeln, wo die Bodenbildung auf periglazialen Sedimenten ursprünglich zu Cambisols führte (BIBUS 1985). Umgekehrt bilden Bereiche in den Mittelgebirgen mit der Akkumulation von Kolluvien oft besondere Gunststandorte (STEPHAN 1996).

Im Gegensatz zu den stark reliefierten Mittelgebirgsbereichen und den Stufenhängen der Deckgebirgslandschaften sind die Böden der ausgedehnten Hochflächen der Schwäbischen und der Fränkischen Alb häufig mit Terrae fuscae (meist Chromic Cambisols oder Chromic Luvisols) aus Kalkresidual-lehm und allochthonen Feinsedimenten (Kap. 4.6) vergesellschaftet. Es sind überwiegend pleistozäne Bildungen mit holozäner Weiterentwicklung (WER-NER 1958). Auch sie sind durch Äolianite beeinflußt worden. Auf den Kreide-sanden der Fränkischen Alb wird noch deutlicher, daß in die Böden der Hochflächen ebenfalls äolische Komponenten eingearbeitet wurden. Die geringe Reliefierung der Alb hat die Abtragung alter Böden, Bodenrelikte und -sedimente (z. B. Terra rossa, meist Chromic Luvisol; s. Kap. 4.6.2) stark verzögert. Deren Weiterentwicklung beziehungsweise Überprägung bewirkte – zusammen mit jüngeren Bodenbildungen – sehr differenzierte Bodenge-sellschaften, die als landschaftsgeschichtliche Archive hohe Aussagekraft besitzen (TEICHMANN 1990, BLEICH 1989, 1993).

4.3.2.2 *Bodengeographische Aspekte von Becken und Tiefländern in Deutschland*

Lößlandschaften in Mitteleuropa entstanden zwischen dem Nordischen Inlandeis und der Alpenvorlandvergletscherung in den großen Beckenland-schaften des Mittelgebirgsraums beziehungsweise an seinen Randgebieten. In den weitgehend vegetationsfreien Mittelgebirgen, die zur Frostschutzzone gehörten (meist Lagen über 400 m ü. M.), wurde der Schluff schnell wieder abgetragen beziehungsweise in die Solifluktionsdecken eingearbeitet. In den tiefer liegenden, trockeneren Landschaften mit geringer Reliefenergie dage-gen wurden sie dauerhaft sedimentiert. Auf abtragungsgeschützen Flächen

Abb. 18: Sammelprofil der Paläoböden im Löß West- beziehungsweise Südwestdeutsch-lands (nach SEMMEL 1989 und ZÖLLER 1995). ▶

Die Humuszonen sind schwarzerdeähnliche Bodenrelikte, der Lohner Boden entstand während der Mittelwürm-Warmphase (Verbraunungshorizont, meist als Bodensediment), die Naßböden sind tund-renbodenähnlich und oft von hydromorphen Merkmalen gekennzeichnet. Die fossilen Bt-Horizonte (Btb nach FAO 1997) sind die Reste gekappter Interglazialböden. Der erste gehört zur Eem-Warmzeit.

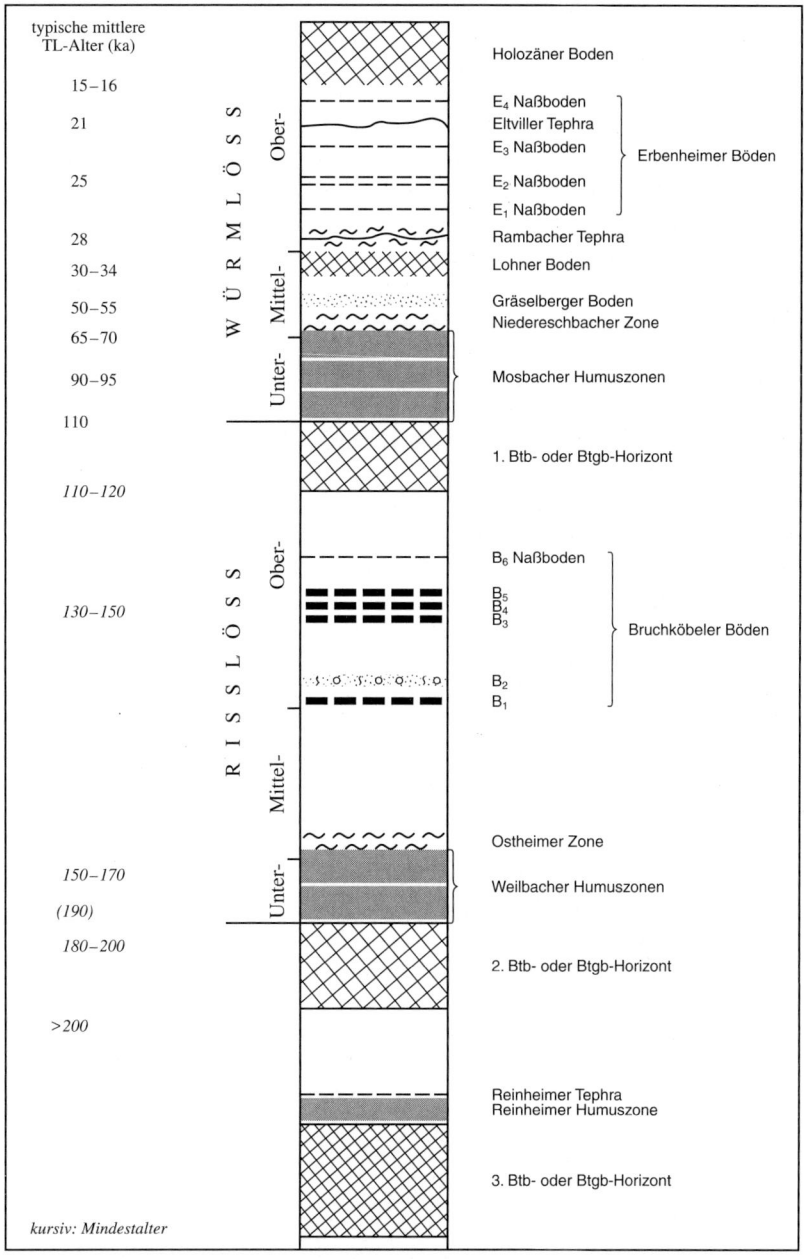

typische mittlere TL-Alter (ka)

15–16 Holozäner Boden

21 W Ü R M L Ö S S · Ober- · E_4 Naßboden · Eltviller Tephra · E_3 Naßboden

25 E_2 Naßboden · E_1 Naßboden · Erbenheimer Böden

28 Rambacher Tephra

30–34 Mittel- · Lohner Boden

50–55 Gräselberger Boden

65–70 Niedereschbacher Zone

90–95 Unter- · Mosbacher Humuszonen

110

110–120 1. Btb- oder Btgb-Horizont

130–150 R I S S L Ö S S · Ober- · B_6 Naßboden · B_5 · B_4 · B_3 · Bruchköbeler Böden · B_2 · B_1

Mittel-

Ostheimer Zone

150–170

(190) Unter- · Weilbacher Humuszonen

180–200 2. Btb- oder Btgb-Horizont

>200

Reinheimer Tephra
Reinheimer Humuszone

3. Btb- oder Btgb-Horizont

kursiv: Mindestalter

entstanden mehrere Meter mächtige Lößdeckschichten (in Südwestdeutschland teilweise über 10 m Löß des Jungpleistozäns). Der Lößgürtel erstreckt sich von der Atlantikküste (Normandie) über Mitteleuropa bis in die Steppengebiete Eurasiens (Kap. 4.4).

Der großflächige Sedimentaufbau fossilierte ältere Böden, was die Lößlandschaften zu paläopedologischen und landschaftsgeschichtlichen Archiven macht (Abb. 18). Die Zusammensetzung des feinen Gesteinsmehls zeigt die Herkunft. So sind die Lösse Südwestdeutschlands durch den kalkalpinen Einfluß im fluvioglazialen Sedimentspektrum wesentlich carbonatreicher (bis über 30 %) als jene nördlich der Mittelgebirgsschwelle (meist 5–10 %), die zugleich sandiger sind. Carbonatreichtum, geringere Sandkomponente und trockene Verhältnisse bewirken in den Beckenlagen Süddeutschlands mit etwa 80–120 cm eine geringere Entkalkungstiefe als nördlich der Mittelgebirgsschwelle (bis über 200 cm).

Aufgrund der guten Permeabilität der Lösse sind auf dem basenreichen Substrat vorwiegend *Luvisols* zu finden. Im kalk- und silikatreichen Rohlöß Süddeutschlands besitzen sie unter dem Tonanreicherungshorizont oft noch einen bis über 10 cm mächtigen Verbraunungshorizont (Bw), der das fortgesetzte Tiefergreifen der Bodenbildung belegt (Bild 7). Dieser wird häufig von Feinwurzeln erschlossen, mit denen die Bäume den hohen Gehalt an Basen in leicht verfügbarer Form nutzen, ohne daß die Verdichtung durch Toneinschlämmung hinderlich wäre (REHFUESS 1981, WEBER 1990). Möglicherweise geht auf diese Durchwurzelung an der Bodenuntergrenze ein immer wieder beobachtbarer dunklerer Streifen (initiale Humusbildung) an der meist scharfen Grenze zum Carbonatanreicherungshorizont (Ck) zurück. Der Ck-Horizont ging aus der Entkalkung der darüber liegenden Profilabschnitte hervor und leitet in den Rohlöß über. In den Lößlandschaften haben sich aber keineswegs nur Haplic Luvisols gebildet. Der Tonanreicherungshorizont ist pedogen verdichtet und kann wasserstauend wirken, wodurch die Böden auf Verebnungen oft hydromorph überprägt sind (z. B. Stagnic Luvisols, dt.: Pseudogley-Parabraunerden).

In den trockensten Lößlandschaften (vor allem südöstlich des Harzes mit bis unter 500 mm Jahresniederschlag) wie beispielsweise in den Bördenlandschaften von Hildesheim bis ins Thüringer Becken aber auch im nördlichen Oberrheingraben und in der Wetterau, treten bis über 50 cm mächtige, mehr oder weniger degradierte *Schwarzerden* (meist Luvic Chernozems und Phaeozems) mit zahlreichen Subtypen beziehungsweise Varietäten neben die Luvisols (ZAKOSEK 1989, 1991, SCHÖNHALS 1996). Besonders südlich Mainz ähneln sie auch den Kastanozems (STREMME 1953). Diese Böden sind die westlichsten Ausläufer der eurasiatischen Steppenböden (HAASE 1978). Die Schwarzerden und mit ihnen verwandte Böden sind überwiegend frühholozäne Bildungen (GEHRT et al. 1995, ALTERMANN 1996, RAU 1996) und gehen auf warm-trockene Bedingungen im Präboreal und Boreal (10 000–8 000 J. v. h.) zurück (mehr oder weniger dichte Waldsteppe). In diesem Zusammenhang wird auch diskutiert, welches Alter die mitteleuropäischen Parabraunerden besitzen. Nach unterschiedlichen Vorverwitterungen während des Spätglazials haben sich Luvisols möglicherweise bereits sehr früh oder aber verzögert aus den zuvor gebildeten Schwarzerden der Beckenlandschaften entwickelt. Die Luvisol-Bildung dürfte jedoch bereits zu Beginn des Subatlantikums (vor ca. 2 000 J.) weitgehend abgeschlossen gewesen sein und sich nur noch unwesentlich weiterentwickelt haben (zur Diskussion s. Semmel 1993).

Die Luvisols, vor allem aber die Steppenböden der Lößlandschaften, sind sehr fruchtbar. Die große Ertragsfähigkeit der Schwarzerden der Magdeburger Börde führte zu der höchsten Bewertung mit 100 Punkten. Die Güte aller Böden im Gebiet des ehemaligen Deutschen Reichs wurde an diesen Schwarzerden bemessen (*Reichsbodenschätzung* 1934; zum Konzept s. Rau 1992). In der alten Bundesrepublik dienten hierfür ersatzweise Schwarzerden der Hildesheimer Börde (ab 1965; Rother 1997). Bodenfruchtbarkeit und leichte Bearbeitbarkeit – zusammen mit der Klimagunst und der geringen Reliefenergie – machen die Lößlandschaften zu agrarökologischen Gunsträumen, die schon früh besiedelt wurden. Spätestens seit dem Neolithikum werden diese Böden landwirtschaftlich genutzt. Die Rodung der natürlichen Eichen-Buchen-Mischwälder rief bereits in prähistorischer Zeit – möglicherweise unterstützt durch klimatische Veränderungen – großflächige Bodenabspülung hervor: Es bildeten sich Auelehme (Mensching 1957, Barsch et al. 1993). Eine frühe Intensivierung der Landwirtschaft erfuhren die altbesiedelten süd- und westdeutschen Lößlandschaften während der Römerzeit.

Den Höhepunkt erreichte die Bodenerosion allerdings im Mittelalter: Günstiges Klima verbunden mit starkem Bevölkerungswachstum in Europa und technischen Innovationen, die es erlaubten, größere Flächen zu bewirtschaften und bei Neurodungen vor allem die Wurzeln schnell zu entfernen Eitel 1997), verminderten die Oberflächenrauhigkeit mit der Folge zunehmenden Bodenverlusts. Gerade in den Lößlandschaften bildete sich dadurch eine catenare Abfolge bodenphysikalisch günstiger, aber nährstoffverarmter Standorte am Oberhang (z. B. Calcaric Regosol; dt.: Pararendzina bzw. Lockersyrosem), zu eutrophen, aber schweren, zur Vernässung neigenden feinmaterial- und humusreichen Böden am Unterhang (z. B. Stagni-Eutric Cambisols; dt.: Braunerde-Pseudogleye; daneben auch Kolluvisole, Abb. 19). Tiefenlinien (z. B. mit Eutric Fluvisols; dt.: Vega) können weit über 5 m mächtig verfüllt sein. Bei weiter fortschreitendem Verlust auch der Decksedimente ist mit der Freilegung der Festgesteine zu rechnen, was sowohl die Geschwindigkeit der Bodenneubildung reduziert als auch die Bearbeitbarkeit der Flächen stark einschränkt. *Finaler Bodenabtrag* (Stephan 1996) droht.

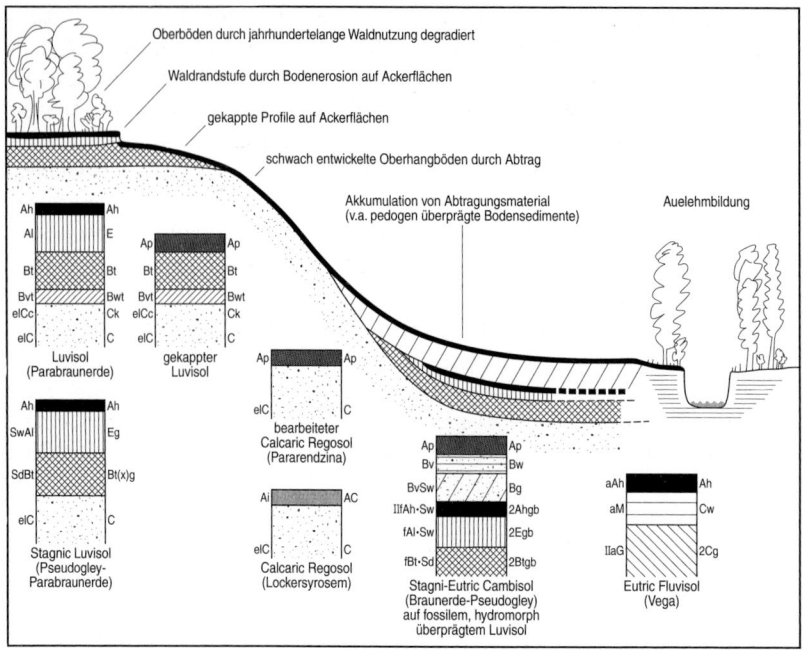

Abb. 19: Schematische Catena in einer von fortgeschrittener Erosion betroffenen Lößland-schaft Südwestdeutschlands.

Am Oberhang fehlen die ursprünglichen Luvisols (z. T. mit wasserstauendem Btx) und Calcaric Rego-sols haben sich entwickelt. Die Böden am Unterhang sind durch die Akkumulation des Solums mehr oder weniger humusreich, nährstoffreich und/oder dicht und zur Staunässe neigend (z. B. Stagni-Eutric Cambisols). Horizontbezeichnung links nach AG Boden (1994), rechts nach FAO (1997).

Angesichts des großflächigen Bodenverlusts (z. B. Kraichgau-Lößland-schaft/Ackerflächen bis zu 2–3 mm oder ca. 30–50 t/ha jährlich; QUIST 1984) interessieren Schätzungen der Bodenneubildungsraten. Diese Überlegungen gehen von sogenannten *tolerierbaren Bodenerosionsbeträgen* aus. Während die Bodenneubildungsrate auf Substraten mit undeutlichem Übergang ins Anstehende kaum abzuschätzen ist (z. B. auf Tongesteinen; SCHWER 1994), wird sie auf Rohlöß auf etwa 0,01–0,1 mm jährlich geschätzt (SCHEFFER/ SCHACHTSCHABEL 1998). Angesichts unterschiedlicher Substrate und Posi-tionen sowie des kaum zu kalkulierenden Einflusses holozäner Klima-schwankungen lassen sich jedoch kaum allgemeingültige Aussagen machen (SEMMEL 1995).

Neben den gerodeten Flächen wurden aber auch viele Waldböden in den Lößlandschaften anthropogen überprägt. Forste werden heute holzwirtschaft-lich (Baustoff, Energie) genutzt, haben jedoch meist eine lange Nutzungsge-schichte. Der Wald stockt beispielsweise oft auf einstigen Ackerflächen.

Hinzu kommt: Seit dem Spätmittelalter bis in die jüngere Vergangenheit machten der steigende Viehbestand und die anhaltende Futterknappheit eine immer stärkerer Beweidung der Waldflächen seit dem Spätmittelalter notwendig, denn die Brachflächen der Dreifelderwirtschaft reichten als Weidegebiete nicht mehr aus. Die mit Einführung des Futteranbaus zunehmende Stallhaltung setzte zwar den Weidedruck in den Wäldern herab, machte aber die Nutzung der Laubstreu als Stalleinstreu notwendig, da zugleich der Anbau von Getreide zugunsten von Hackfrüchten zurückging und immer weniger Stroh zur Verfügung stand (WEBER 1990). Eine Folge der Streuentnahme war die Degradation der Humusformen und der Ah-Horizonte, die viele Luvisol-Standorte in den Restwäldern der Lößlandschaften kennzeichnet (Bild 7).

Moränenlandschaften und fluvioglaziale Sedimente der pleistozänen Vereisungen verfügen im Gegensatz zu den Mittelgebirgen und Lößsedimentationsräumen über meist sandigere Substrate. Moränen sind mit unterschiedlichen Mengen groben blockigen Geschiebes (u. a. erratischen Blöcken) und tonig-schluffigen Komponenten durchsetzt. Derartige Geschiebemergel sind wie die Lösse in den norddeutschen Moränenlandschaften ebenfalls kalkärmer als im Alpenvorland. Anstelle der Sanderflächen haben sich im Pleistozän Schotterstränge und Schotterebenen entwickelt. Dies reduziert im Süden Deutschlands die Bedeutung der Flugsanddecken und Dünenbildung auf kleinere Flächen als im Norden.

In der *Jungmoränenlandschaft Süddeutschlands* haben sich auf gut durchlässigen Substraten neben Cambisols vor allem Luvisols entwickelt, deren Entwicklungstiefe in Gebirgsnähe mit steigenden Jahresniederschlagsmengen bis auf über 1,5 m ansteigen kann. Sie sind in Gebieten, die sich sowohl durch kleinräumige Wechsel der Reliefbedingungen als auch durch unterschiedliche Permeabilität des Ausgangssubstrats auszeichnen, eng mit hydromorphen Böden vergesellschaftet (v. a. Stagnic Luvisols). Auf genutzten und stark erodierten Flächen dominieren Rohböden. Die Grundmoränenlandschaft ist reich an abflußlosen Hohlformen (Zungenbeckenseen, Toteislöchern, Exarationswannen etc.), die teilweise mit Grundwasser gefüllt sind und unterschiedliche Verlandungsgrade aufweisen. Gleysols und Niedermoore (Histosols) sind daher in den Senken – ebenso wie Hochmoore im Nordstau der Alpen bei Jahresniederschlägen über 1 000 mm – anzutreffen. Die Altmoränengebiete erstrecken sich als schmaler Kranz nördlich des letztkaltzeitlichen Glazialgebiets. Hier sind in die glazigenen Decksedimente oft Lösse eingearbeitet. Die Substrate sind meist deutlich tiefer entkalkt, noch stärker hydromorph überprägt und verdichtet.

Da am Rand der Alpenvorlandgletscher kein Urstromtal entwickelt war, sondern die Schmelzwässer mit natürlichem Gefälle zur Donau – im Westen des Rheingletschers über den Hochrhein auch in den Oberrheingraben – flossen, durchqueren jungpleistozäne fluvioglaziale Schotterstränge und ältere pleistozäne *Terrassensysteme* das *Tertiärhügelland des Alpenvorlands*. Die oft sehr fest kalkverbackenen Deck- und Deckenschotter der älteren Kaltzeiten weisen tiefgründige, heute oft gekappte Haplic Luvisols auf, die auf Verebnungen der Molasse eng mit Stagnic Luvisols vergesellschaftet sind. Die mächtigsten Lößdecken sind fast immer auf der Hochterrasse (Jüngere Rißkaltzeit, ca. 130 000 J. v. h.) zu finden, die hierdurch flach gewellt wird und deren Bodengesellschaft jener der Löß-Beckenlandschaften gleicht. Die Niederterrasse (Jüngeres Würm, ca. 18 000 J. v. h.) ist dagegen – wenn überhaupt – nur gering von Lössen bedeckt, die aus spätglazialen Schotterfluren ausgeweht wurden (Abb. 20). Dagegen sind hier Flugsanddecken, vor allem im Oberrheingraben auch Dünenfelder verbreitet, die mit dem Trockenfallen der Niederterrasse am Ende des Pleistozäns entstanden. Die gute Permeabilität der Sande führte zu Luvisols, bei denen in tieferen Horizonten tonangereicherte Bänder mit braunen, tonärmeren Bereichen abwechseln (*Bänderparabraunerden*; s. LÖSCHER und HAAG 1989). Vielfach sind im Alpenvorland die Bt-Horizonte leicht rötlich gefärbt (*Blutlehm*, KRAUS 1922), das heißt schwach rubefiziert (Kap. 4.6.1). Dies ist eine Folge der guten Dränage und kalkreichen Schotter und/oder ein paläoklimatisches Erbe (ausführliche Diskussion bei DIEZ 1968). Bemerkenswert sind bei vielen dieser Böden auch taschenförmige Ausbuchtungen der Solumuntergrenze. Dies ist wahrscheinlich auf Heterogenitäten im Substrat, möglicherweise auch auf spätglaziale Kryoturbationserscheinungen (BRUNNACKER 1957), oder auf unterschiedliche Durchwurzelungstiefe früherer Bäume zurückzuführen (HINTERMEIER und ZECH 1997, S. 333).

Große geomorphologische Einheiten bilden auch die spät- und postglazialen Terrassenkomplexe, die zur rezenten Aue überleiten beziehungsweise diese geomorphologisch und bodengeographisch differenzieren. Auf den postglazialen Flächen haben sich – wegen der kalkreichen alpinen Sedimente einerseits und der kurzen Bodenentwicklungszeit andererseits – Calcaric Regosols bis hin zu anmoorigen Böden entwickelt (FELDMANN und SCHELLMANN 1994). Diese Böden bieten zusammen mit den geomorphologischen Erkenntnissen wertvolle Informationen zur Rekonstruktion der Klimageschichte im Holozän sowie zum Einfluß des Ackerbau treibenden Menschen seit dem Neolithikum (BUCH 1988, SCHELLMANN 1994).

Im benachbarten Tertiärhügelland sind die Bodengesellschaften sehr stark von dem Grad und der Mächtigkeit der Lößbedeckung abhängig. Meist sind

Abb. 20: Schematische Toposequenz durch die Terrassenlandschaft am unteren Inn. ▶

Auf der Hochterrasse ist die Luvisol-Gesellschaft der Lößgebiete entstanden. Auf die Niederterrassenschotter wurden im Spätglazial nur geringe Mengen Löß geweht. Luvisols (auch Cambisols) in lehmigen Kiesen dominieren. Auf den jüngeren Terrassen bildeten sich Cambisols, in der Aue Regosols und Gleysols.

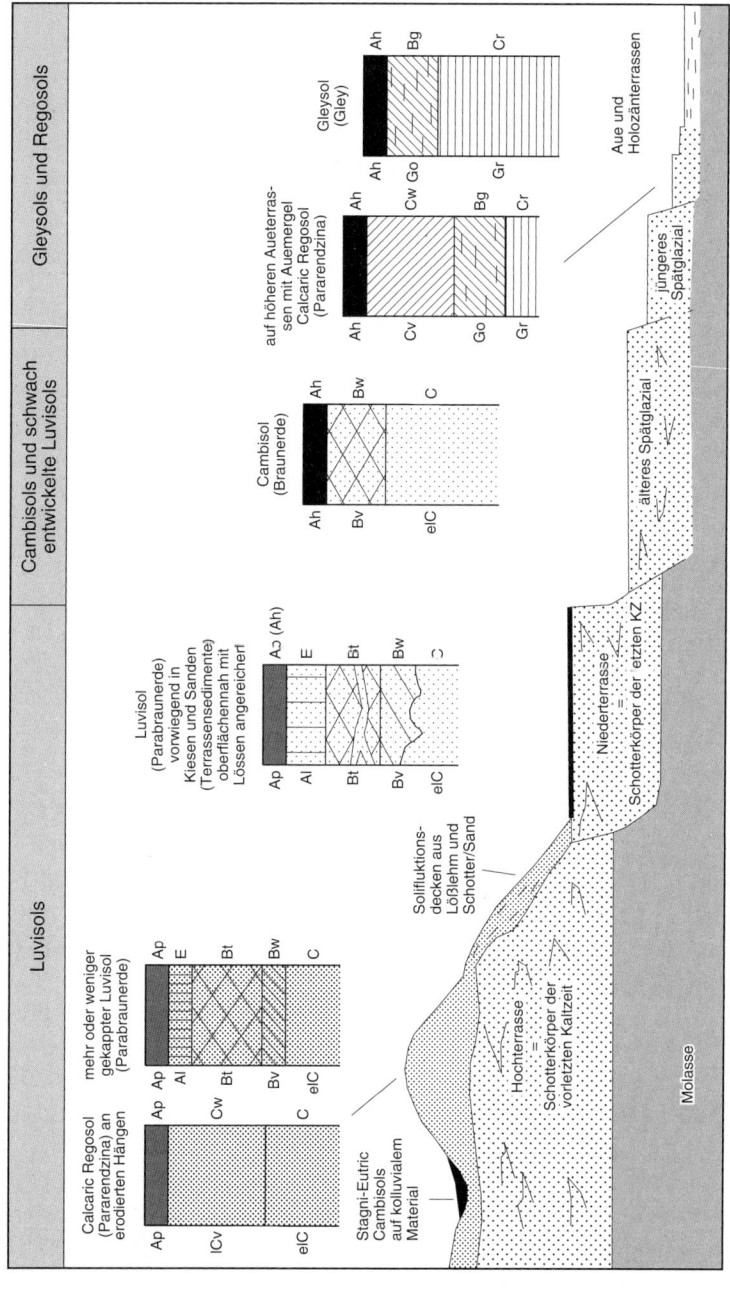

die Lösse aufgrund der höheren Niederschlagsmengen im Nordstau der Alpen bereits entkalkt und zu Lößlehmen degradiert. Die höhere Reliefenergie hat hier bei ackerbaulicher Nutzung zusätzlich zu erheblichem Bodenabtrag geführt, obwohl dieses Gebiet – im Gegensatz zu den altbesiedelten Terrassenlandschaften entlang der Flußläufe – erst seit wenigen Jahrhunderten großflächig genutzt wird. Calcaric Regosols herrschen an den Hängen vor, während die Senken und die meist asymmetrisch ausgebildeten Täler überwiegend von mehr oder weniger hydromorphen Böden eingenommen werden. Nur wo jungtertiäre, gut dränierte Quarzschotter das Ausgangssubstrat bilden, sind kleinräumig Podzols entstanden (EITEL 1997).

Im *Jungmoränengebiet Norddeutschlands* sind die verschiedenen Eisrückzugsstadien gegen Ende des Pleistozäns von charakteristischen Abfolgen von Grundmoränenplatten, Endmoränenlandschaften und Sanderflächen mit abschließenden Urstromtälern dokumentiert (Glaziale Serie). In diesen geomorphologischen Einheiten läuft die Bodenbildung unterschiedlich ab. Die Sedimente im Grundmoränenbereich bestehen überwiegend aus feinkörnigen, lehmigen Substraten (Geschiebelehm) im Wechsel mit sandigeren Ablagerungen. Auf den ersteren haben sich vor allem Luvisol- und Cambisol-Gesellschaften entwickelt. Auf den besser dränierten Standorten, wie im kuppigen Endmoränenbereich, dominieren dagegen die Luvisols, bei stärkerer Vernässung auch Planosols und in den Senken Gleysols und Histosols. Zum Teil wurden sie bereits während vergangener Jahrhunderte kultiviert. Die ackerbauliche Inwertsetzung hat in den Jungmoränenlandschaften einen erheblichen Bodenabtrag hervorgerufen, so daß hier jetzt oft Regosols anzutreffen sind. Die Sanderflächen tragen überwiegend flache Dystric Cambisols beziehungsweise tiefgründige Podzols. Dies ist in erster Linie auf die gute Dränage der quarzreichen Sande, die oft zu Dünen zusammengeweht sind, zurückzuführen. Vor allem am Rand der Sander, also in topographisch tieferen Lagen, treten wiederum hydromorphe Böden auf – bis hin zu Niedermooren (Abb. 21).

Diese übergeordneten, hier jedoch sehr generalisierten Abhängigkeiten dürfen nicht darüber hinwegtäuschen, daß die kleinräumig wechselnden Bedingungen der Bodenbildung ein enges Nebeneinander oft sehr verschiedener Bodengesellschaften erzeugen. Deren Böden sind durch jeweils eigene raum-zeitliche beziehungsweise direkte catenare Beziehungen genetisch miteinander verknüpft (SCHLEUSS und BLUME 1996).

Wegen des phasenweisen Abschmelzen des Nordischen Inlandeises unterlagen vor allem die *südlicheren Jungmoränengebiete* noch längere Zeit der periglazialen Formung. Dies führte nicht nur zum Aufbau mächtiger Flugsanddecken und Dünen, sondern auch zu Kryoturbationen und periglazialen Decksedimenten (oft *Geschiebedecksand*). Diese sind sowohl solifluidal wie auch ablual entstanden. Während die Basislage, die vor allem aus dem anste-

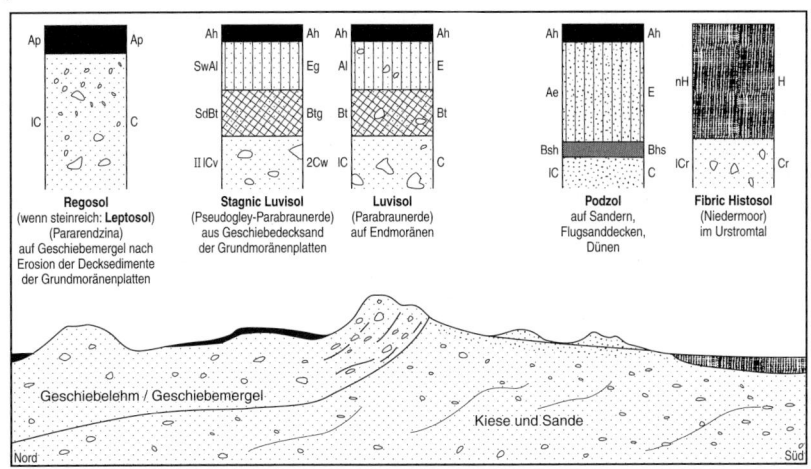

Abb. 21: Schematisierte Boden-Toposequenz in der Jungmoränenlandschaft Norddeutsch-lands (nach AG Boden 1994). Horizontbezeichnung links nach AG Boden (1994) rechts nach FAO (1997).

henden Geschiebelehm hervorging, weit verbreitet ist, tritt die Mittellage lediglich sporadisch auf. Die Hauptlage ist durch die äolischen Beimengungen meist gut abgrenzbar. Die Deckschichten haben wesentlichen Einfluß auf die Pedogenese. Nicht nur die Tatsache, daß silikatreiche äolische Beimengungen die Versauerung und Podsolierung verzögern oder verhindern, ist zu beachten, sondern auch der Grad der Vorverwitterung jungpleistozäner Sedimente sowie die pedogene Überprägung im Holozän (JANETZKO 1996). Die großen Entkalkungstiefen bis über zwei Meter sind daher nicht nur auf die geringen Carbonatgehalte beziehungsweise die hohen Jahresniederschlagsmengen zurückzuführen. In ihnen spiegelt sich auch eine längere Verwitterungsdauer.

In den *Altmoränengebieten* ist der paläoklimatische und landschaftsgeschichtliche Einfluß auf die Bodenentwicklung noch komplizierter. Die saaleeiszeitlichen Ablagerungen wurden durch periglaziale Prozesse während des Jungpleistozäns intensiv überformt. Dazu zählen Abtragung durch Solifluktion und Abluation sowie die äolische Akkumulation von Sanden und – mit zunehmender Entfernung vom weichselzeitlichen Eisrand – (Sand-)Lössen. An der Küste grenzt das Altmoränengebiet der Geest an die tieferliegenden Marschen (Gleysols). Im Landesinneren wird es von großen Flußlandschaften durchzogen, die bodengeographisch von Fluvisols (höhere Aueterrassen), Gleysols (Auen) und Histosols (Altwasserverlandung) geprägt werden.

Auf Geschiebedecksand und lehmigem Moränenmaterial haben sich vorwiegend Stagnic Luvisols gebildet. Noch mehr als im Jungmoränengebiet sind in den Geschiebedecksand ältere Bodensedimente mit eingearbeitet. Die größte Bedeutung haben allerdings die fluvioglazialen und sandüberprägten Flächen. Hohe Niederschläge, gute Dränage sowie nährstoff- und tonarmes Substrat haben die *Podsolierung* gefördert. Obwohl hier ursprünglich neben Podzols oft Luvisols unter natürlichem Laubmischwald gebildet worden waren, verursachten die Rodung und Nutzung der Flächen sehr schnell die *Verheidung* beziehungsweise förderten die Bildung von Nadelwaldforsten. Die natürliche Tendenz dieser Böden zur Podsolierung wurde hierdurch rapide beschleunigt, so daß heute auch an ehemaligen Luvisol-Standorten alle Übergangstypen (Albic Luvisol, Podzoluvisol) bis hin zum Podzol anzutreffen sind (KUNTZE et al. 1994). Die intensive Podsolierung hat vielerorts zu harten Sesquioxidkrusten (*Ortstein*) im Unterboden geführt (Bsm-Horizonte), die das Tiefenwachstum der Pflanzenwurzeln behindern können. Daher wurden diese Podzols in der jüngeren Vergangenheit oft tiefgepflügt und der Ortstein mechanisch gebrochen. Hierdurch entstanden *Aric Anthrosols* (Tiefumbruchböden; dt.: *Treposol* von gr.: trepein = wenden, Kap. 3.1). Eine weitere Melioration, das Aufbringen flach abgestochener, humoser Oberbodensoden (Plaggen) mit Gras- oder Heidebewuchs nach Verrottung und Anreicherung mit Stalldung, hatte auf hofnahen Ackerfluren, dem Esch, führte seit dem Mittelalter zu einem neuen Bodentyp, dem *Fimic Anthrosol* (dt.: Plaggenesch). Diese Plaggendüngung wurde seit dem Mittelalter angewendet, wodurch großflächig mächtige Plaggenauflagen akkumuliert wurden. Ein Fimic Anthrosol besitzt eine Auflage von mindestens 50 cm ($P_2O_5 > 250$ mg/kg; *fimic horizon*). Während auf den meliorierten Podzols eine humose Auflage entstand, kam es in jenen Gebieten, in denen die Soden gestochen wurden zu gekappten Podzols.

Wie im Jungmoränengebiet sind auch in der Altmoränenlandschaft in den *Senken* hydromorphe Böden bis hin zu Hochmooren vertreten. Letztere sind meist aus Niedermooren hervorgingen. Die ausgedehnten Moore wurden dräniert und kultiviert, indem Torf abgetragen oder Mineralboden beziehungsweise Substrat aufgetragen wurde (z. B. Fehnkultur, Sandmischkultur, Sanddeckkultur; KUNTZE et al. 1994).

Eine Besonderheit stellen die *Marschen* (meist Gleysols mit salic properties oder salic phase, Kap. 4.5.3) an der Nordseeküste dar. Sie bilden nicht nur einen Landschaftsstreifen in unmittelbarer Küstennähe, sondern verzahnen sich um die Flußmündungen besonders von Weser und Elbe mit dem Landesinneren, wo die Flußmarschen entstanden. Nach Entsalzung durch das Niederschlags- und Sickerwasser oder wiederholter Überflutung mit Süßwasser stellen die Marschlandschaften mit ihren feinkörnigen Sand-Schlick-Gemischen überwiegend fruchtbare Standorte dar (KUNTZE et al. 1994).

4.3.3   *Überblick über die Böden in den feuchten Mittelbreiten Asiens und Nordamerikas*

Östlich des Ural keilen die feuchten Mittelbreiten aus. Sie nehmen bestenfalls noch das Übergangsgebiet zwischen den borealen Nadelwaldgebieten und den Steppen ein, können aber kaum mehr als eigenständige Zone abgegrenzt werden. Luvisols treten hier fast nicht mehr auf und werden von Podzoluvisol-Greyzem-Luvic Chernozem-Gesellschaften abgelöst.

Im *fernöstlichen pazifisch-feuchten Mittelbreitengebiet* dagegen sind die Cambisols und Luvisols großflächig verbreitet. Mit den west- und mitteleuropäischen Cambisols können allerdings nur die Vorkommen in Nordjapan, der westlichen Mandschurei und im nördlichen Korea verglichen werden. Cambisols sind hier wie in Europa vor allem auf die Bergländer beschränkt, während in den feinsedimentreichen Becken Luvisols vorherrschen. Besonders in den japanischen Vulkangebieten sind sie eng mit Andosols (Kap. 4.8.7) vergesellschaftet. Mit zunehmender Kontinentalität treten Steppenböden großflächiger auf (Luvic Chernozems beziehungsweise Greyzems; Kap. 4.4.4). Inselartige, orographisch stark beeinflußte Gebiete im südlichen Zentralasien und China (vgl. SCHULTZ 1995) weisen mehr oder weniger skelettreiche Cambisols auf und sind überwiegend entweder mit Leptosols oder flachgründigen Kastanozems vergesellschaftet. Mit zunehmend subtropischem Klimacharakter nach Süden zu gehen die Cambisols immer mehr in Calcaric und Chromic Cambisols über, und die Luvisols werden von Acrisols (Kap. 4.7.1) ersetzt.

Die feuchten Mittelbreiten in Nordamerika treten sowohl an der atlantischen wie an der pazifischen Küste und ihrem Hinterland auf. Geoökologisch unterscheiden sich die beiden Gebiete erheblich, was sich auf den Charakter der Bodengesellschaften auswirkt.

Im Westen greifen die feuchten Mittelbreiten durch das hier relativ warme Oberflächenwasser des Pazifiks etwa von der südlichen Staatsgrenze Oregons weit nach Norden aus und verhindern bis ins nördliche British-Columbia das Vordringen der borealen Nadelwaldgebiete an die Küste (Kap. 4.2.3). Durch das Kaskaden-Gebirge und die Kanadische Küstenkordillere sowie durch die ins Landesinnere sich fortsetzende kleinräumige Becken-Gebirgsketten-Gliederung (Basin-Range-Strukturen) wird der Feuchtetransport vom Meer her beeinträchtigt. Dadurch bilden die feuchten Mittelbreiten im Westen des nordamerikanischen Kontinents kein zusammenhängendes Gebiet, sondern mehr oder weniger isolierte, orographisch geprägte Kleinräume: Die Cambisol-Gesellschaften dominieren im zentralen küstennahen Bereich und sind in Kanada zunehmend mit Podzols vergesellschaftet. Im Lee des Küstengebirges haben sich Albic Luvisols gebildet. Im Süden, zwischen Küstenkette und Kaskaden-Gebirge, liegen die lessivierten Böden als Acrisol-Gesellschaften (Kap. 4.6.5) vor, die eine meridional gerichtete, bis weit in den Süden Kali-

forniens reichende zusammenhängende Bodenregion bilden. Abhängig von
der Reliefenergie dominieren in den Gebirgen Leptosol-Cambisol-Gesell-
schaften. Bereits östlich der küstennahen Gebirgsketten haben die trockenen
Bedingungen in den Becken mit ihren zum Teil durch vulkanische Aschen
angereicherten Decksedimenten zu steppentypische Bodengesellschaften
geführt (Kap. 4.4.4). Lediglich ihre jeweils lessivierte Variante als Luvic
Kastanozems und Luvic Phaeozems machen den bodengeographischen
Überschneidungsbereich zwischen trocken-kontinentalen und feucht-ozeani-
schen Bodenbildungsbedingungen in den Mittelbreiten deutlich. Erst in den
niederschlagsreicheren Rocky Mountains rücken die Luvisol-Gesellschaften
– vor allem Albic Luvisols (Kap. 4.2.1) in Gebirgsnadelwaldgebieten – unter
der Voraussetzung vorhandener, gut dränierter Lockersedimentdecken wieder in den Vordergrund (FAO 1979).

Gegenüber diesem sehr heterogenen Bild der feuchten Mittelbreiten im
Westen, ist das Gebiet der atlantisch geprägten feuchten Mittelbreiten an der
Ostküste Nordamerikas und ihrem Hinterland übersichtlicher. Ähnlich wie in
Europa sind die Cambisol-Gesellschaften besonders im Mittelgebirgsraum
(Appalachen) dominant. Es handelt sich vor allem um nährstoffarme, saure
Dystric Cambisols, die nach Norden hin zunehmend mit flachgründigen,
mehr oder weniger skelettreichen Podzols vergesellschaftet sind, welche an
die borealen Bodenregionen (Kap. 4.2.4) grenzen. In den Tiefländern und
Ebenen (u. a. Löß und Lößderivate) herrschen dagegen lessivierte Böden vor:
So leiten im Westen der Appalachen Haplic Luvisols zu den kontinental
geprägten großen Ebenen des Mittleren Westens über (Abb. 22). Im Überschneidungsbereich zu den Trockengebieten mischen sich deshalb waldstep-
pentypische Luvic Phaeozem-Gesellschaften zwischen die Haplic Luvisols
(Kap. 4.4.4). Im östlichen Vorland greifen – ähnlich wie in Kalifornien – Alisols und Acrisols als subtropische Varianten der lessivierten Böden
(Kap. 4.8.3) nach Norden in die feuchten Mittelbreiten aus.

*4.3.4   Überblick über die Bodenregionen in den feuchten Mittelbreiten
der südlichen Hemisphäre*

Die feuchten Mittelbreiten umfassen aufgrund der Land-Meer-Verteilung
zwischen 35° und 60° nördlicher und südlicher Breite in der nördlichen
Hemisphäre weit größere Gebiete als auf der Südhalbkugel. Hier sind sie im
wesentlichen auf die West- (bis etwa 46° S) und die Ostabdachung der Anden
bis 52° S und die Südostspitze Australiens (Australische Alpen und Vorland)
sowie Tasmanien und die Südinsel Neuseelands beschränkt.

Auf nährstoffreichen Lockersubstratdecken, die zum Teil mit vulkanischen Aschen angereichert oder bedeckt sind, entstanden im Bereich der

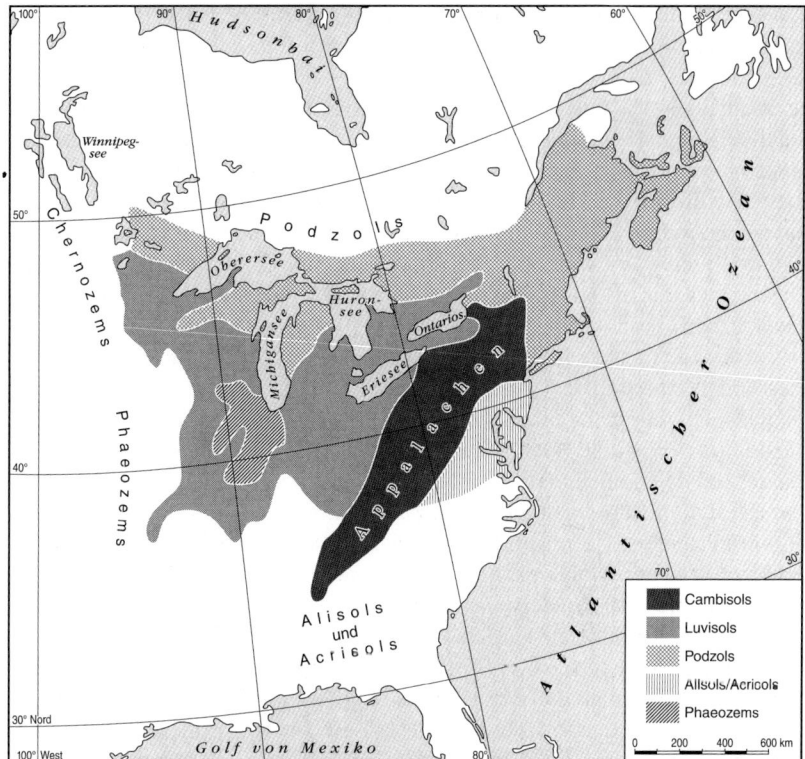

*Abb. 22: Stark vereinfachte Übersicht über die Verbreitung der vorherrschenden Haupt-
bodengruppen in den feuchten Mittelbreiten des nordamerikanischen Ostens (nach FAO
1979a).*

Wie in Eurasien werden mit zunehmender Kontinentalität und bei starkem Lößeinfluß die Cambisol-
Luvisol-Podzol-Gesellschaften immer mehr von Steppenboden-Gesellschaften abgelöst. Nach Norden
schließen sich ausgedehnte Podzol-Regionen der borealen Nadelwaldgebiete an, nach Süden werden
die Luvisols vor allem von den basenarmen Alisols und Acrisols ersetzt. Fast kongruent mit den Appalachen ist das Hauptverbreitungsgebiet der Cambisols.

Küstenkette *Chiles* überwiegend Cambisols auf verschiedensten Gesteinen
(kristalline Massengesteine, Metamorphite, Sedimentgesteine). Im Norden
sind sie eng mit gering mächtigeren Chromic Luvisols vergesellschaftet, die
zu den subtropischen Bodenregionen überleiten. Nach Süden zu – mit kühl-
feuchter werdendem Klima – liegen saure Varianten (Dystric Cambisols) vor.
In der Längssenke sind mächtigere und tonreichere Böden dominant. So treten auf tief verwitterten vulkanischen Festgesteinen Nitisols (Kap. 4.6.1) und
Vertisols (Kap. 4.8.4) auf, während auf den weit verbreiteten vulkanischen
Aschen Andosols vorherrschen.

Mit zunehmender Reliefenergie mischen sich immer mehr Leptosols in die Bodengesellschaften. In den höheren Breiten Chiles, dem Fjordland etwa südlich 45° S, nehmen bei steigenden Niederschlagsmengen, zurückgehenden Jahresdurchschnittstemperaturen Podzol-Gesellschaften immer größere Gebiete ein, zu denen saure Dystric Cambisols überleiten. Damit zeigen die Bodengesellschaften trotz des überlagernden orographischen Effekts durch die Anden sowie des lokalen oder regionalen Einflusses vulkanischer Aschen einen deutlichen Nord-Süd-Wandel von eher Chromic Cambisols an der Grenze zu den zentralchilenischen winterfeuchten Subtropen bis hin zu den Dystric Cambisol-Podzol-Gesellschaften des ozeanischen Patagoniens (Abb. 28 im Farbteil S. XIV).

An der Südflanke der *Trockendiagonale* zieht sich eine weitere Cambisol-Region am Ostabfall der Anden etwa von 39° bis 52° S entlang. Sie grenzt an die ostpatagonischen Halbwüsten und Steppen (Kap. 4.4.6). Die natürliche Melioration durch die Aschen der südandinen Vulkane, junge glazigene und fluvioglaziale Sedimente und Lösse sowie deren Derivate haben zu fruchtbaren Decksedimenten geführt, in denen sich nährstoffreiche Eutric Cambisols entwickelt haben. Es ist schwer zu entscheiden, ob diese Cambisol-Region schon eher den ostpatagonischen Steppen oder noch den feuchten Mittelbreiten zuzuordnen ist, da sie wesentlich häufiger als die östlich benachbarten Gebiete von den höheren Niederschlägen am Andenrand profitieren. Im Lee des Gebirges reichen die Cambisol-Gesellschaften etwa 600 km weiter nach Süden als auf der kühlfeuchten Westseite. Erst im Bereich der Magellanstraße und auf Feuerland wird die schmale Cambisol-Zone zwischen dem Hochgebirge und den Trockengebieten von Podzol-Gesellschaften abgelöst.

Im Gegensatz zu den südamerikanischen randandinen Cambisol-Gesellschaften zeigen die Bodenregionen im *Südosten Australiens und Tasmaniens* keine Zonierung. Dies liegt nicht nur an der geringen Nord-Süd-Erstreckung des Gebiets, sondern vor allem am eng gekammerten Relief im Bereich der Australischen Alpen und ihrer Vorländer sowie Tasmaniens und den hier kleinräumig wechselnden Substraten. Generell weist Tasmanien kühl-feuchtere Bedingungen auf als der Südosten Australiens. Neben Chromic Cambisols und Luvisols treten auch Acrisols, im Süden Tasmaniens auch Podzol-Gesellschaften in größeren Gebieten auf. Das Bild wird zusätzlich durch altverwitterte, tonige Substrate mit Planosol-Gesellschaften auf Verebnungen und in Senken sowie Rhodic Nitisols (Kap. 4.6.1) differenziert, in denen sich das hohe Alter mit tiefgreifender Verwitterung der anstehenden Gesteine und Substrate der australischen Landoberflächen widerspiegelt.

Die feuchten Mittelbreiten in *Neuseeland* beschränken sich weitgehend auf die Südinsel und die Südspitze der Nordinsel. Vorherrschend sind Dystric Cambisols. Die hohen Niederschläge in den Alpen mit ihrem kühlen Klima führen dort zu enger Vergesellschaftung mit Podzols. Eutric Cambisols als

Folge aszendenter Bodenlösungen treten an lößangereicherten trockeneren Standorten im Lee (Ostseite) des Gebirges auf. Lediglich in den Ebenen und Tiefländern mit feinmaterialreichen Sedimenten sind mächtigere, lessivierte Böden entstanden, die meist hydromorph überprägt sind.

4.3.5 Aspekte anthropogener Kontaminationen in den Industriegesellschaften

Die feuchten Mittelbreiten sind nicht nur sehr dicht besiedelt, sondern hier liegen auch die Zentren der Weltindustrieproduktion. Dies führt zu besonders intensiven Belastungen der Kulturlandschaft und ihrer Böden – Naturlandschaften sind auf wenige kleine Areale reduziert oder völlig verschwunden. Zu dieser Kulturlandschaft gehören auch die landwirtschaftlichen Nutzflächen und Forstgebiete, die sich mit den urbanen Räumen und ihren Industrieanlagen oft eng verzahnen. Die Formen der Bodendegradation in diesen Gebieten und die Immissionen von Giftstoffen in die Böden sind vielfältig.

Saurer Regen beispielsweise verstärkt die Entkalkung und damit die *Versauerung der Oberböden*. Bei guter Dränage führt dies auf längere Sicht zu tiefgreifendem Nährstoffverlust mit Minderung der Puffer- sowie der Filter- und Stoffumwandlungsfähigkeit der Böden (BLÜMEL 1986). Dies fand nicht nur bei Untersuchungen zum sogenannten Waldsterben in den Mittelgebirgen Mitteleuropas Beachtung. Selbst in den Lößlandschaften Südwestdeutschlands mit ihren kalkreichen Ausgangssubstraten läßt sich eine verstärkte Versauerung der Oberböden feststellen (WEBER 1990). Zunehmende Versauerung fördert erst die Lessivierungs-, mit weiter sinkendem pH-Milieu jedoch die Podsolierungsprozesse, so daß sich Stagnic Luvisols hin zu Albic Luvisols (Fahlerden) mit gebleichten Lessivierungshorizonten entwickeln.

Allgemein sind *Schwermetallimmissionen*, vor allem die von Blei durch die Verwendung bleihaltiger Kraftstoffe, in Böden großflächig nachweisbar (SCHERELIS 1989). Auch *radioaktive Kontaminationen* wurden in den letzten Jahrzehnten immer deutlicher (z.B. im Umfeld von Kohlekraftwerken oder durch Reaktorunfälle wie in Tschernobyl). Daneben treten *organische Kontaminationen* auf (z.B. durch Reinigungsmittel, Verbrennungsrückstände, Herbizide und Pestizide). Die Adsorption, Remobilisierung, räumlichen Verbreitungsmuster und Transportwege sind Forschungsobjekt und Arbeitsgebiet der angewandten Bodenkunde. Die zunehmende Belastung der Böden hat zu weitreichenden Bodenschutzmaßnahmen und -techniken geführt. Dadurch entstand der Bodenschutz als neue Disziplin (BLUME 1992).

weitergehende Profildifferenzierung wird durch die Trockenheit und den hohen Basengehalt des Bodens beziehungsweise des Substrats verhindert, weil die Wühltiere im Gegenzug zur Einarbeitung organischen Materials in die Tiefe immer wieder unverwittertes kalkreiches Substrat nach oben bringen. An der Basis des mächtigen humosen Oberbodens finden sich oft Kalk, seltener auch Gipsanreicherungen. Deren Genese ist auf partielle Kalklösung, deszendent oder aszendent gerichtete Bodenwasserbewegungen, besonders aber auch auf Ausfällung in Verbindung mit den Huminsäuren (Calcium adsorbierende Grauhuminsäuren, BREBURDA 1987) zurückzuführen. Die Tiefe, in der solche Akkumulationen auftreten, nimmt mit steigender Niederschlagsmenge zu. Bei guter Durchfeuchtung fehlen sie oft völlig. Allerdings gehen dann die Chernozems auch in verwandte Bodenbildungen über (Abb. 23). Einen Überblick über die verschiedenen Fazies der Chernozems in Eurasien gibt HAASE (1978). In den tiefgründigen, feinerdereichen Chernozems verbinden sich beste physikalische Eigenschaften mit hohem natürlichem Nährstoffvorrat, weshalb sie sehr fruchtbar sind.

4.4.2   Mit dem Chernozem verwandte Steppenböden: Phaeozem, Greyzem und Kastanozem

Der Chernozem, die typische Hauptbodengruppe der feuchten Langgrassteppe mit ca. 350–500 mm Jahresniederschlag, wird in der bei zunehmend ozeanischen Einflüssen feuchteren Waldsteppe (etwa 500–700 mm Jahresniederschlag) mehr und mehr von einer dunkelbraunen bis schwarzgrauen Variante des Chernozem abgelöst, dem *Phaeozem* (gr.: phaios = schwärzlichgrau; Horizontfolge z. B. Ah-Bw-(Ck)-C). Die Abhängigkeit vom klimazonalen Wandel (Abb. 23) wird besonders dadurch deutlich, daß auch dieser Steppenboden in der Regel auf basenreichen, lößartigen Feinsedimenten auftritt. Der Oberboden ist ebenfalls ein mollic A-horizon mit einer mittleren bis hohen Basensättigung (im Gegensatz zu Cambisols). Die Phaeozems sind wie die Chernozems sehr nährstoffreiche Böden. Sie unterscheiden sich von letzteren vor allem durch die fortgeschrittenere Entkalkung (Haplic Phaeozems besitzen einen 20–50 cm mächtigen entkalkten Bereich) und durch einsetzende Verbraunung (deshalb früher auch *Brunizem* oder *Degradierter Tschernosem*). Die Verbraunung kann auch durch die Rubefizierung ersetzt sein (deshalb früher auch *Zimtfarbene Steppenböden*, Kap. 4.4.6). Mit zunehmender Durchfeuchtung setzt auch Lessivierung ein. Die Luvic Phaeozems sind den Luvisols der feuchten Mittelbreiten sehr ähnlich (Unterscheidung durch mollic A).

Bereits zum Inventar der Übergangszone von den Waldsteppen zu den borealen Nadelwäldern (Abb. 23) gehört der *Greyzem* (Horizontfolge z. B.

Ah-E-Bt-(Ck)-C). Ebenfalls auf feinmaterial- und nährstoffreichen Substraten entstanden, besitzt auch er einen mollic A-horizon. In den Greyzems (*Graue Waldböden*) sind die Schluff- und Sandkörner der Aggregatoberflächen gebleicht, was die graue Färbung hervorruft. Die Farbe kann auch durch das Fehlen von Holzkohlepartikeln (aus Bränden) oder spezielle Ton-Humus-Komplexe verursacht sein (GEHRT 1998a, 1998b). Diagnostisch für Greyzems ist auch ein Bt-Horizont unter dem humosen Oberboden (FAO 1997), der oft zwei- bis dreimal so viel Ton wie der Ah enthält.

Vor allem die Farbe und die Bleichung der Aggregat- und Partikeloberflächen unterscheidet die Greyzems von Luvic Phaeozems. Die Bleichung ist jedoch noch nicht so weit fortgeschritten, daß sie mit den Podzoluvisols (Kap. 4.2.1) zu verwechseln wären.

Die Greyzems sind typisch für die schmale feuchte Übergangszone zwischen den Steppen und der südlichen borealen Zone, wo sie mit Podzoluvisols beziehungsweise Albic Luvisols vergesellschaftet sind. Greyzems sind wahrscheinlich polygenetische Bildungen, die Klimaschwankungen wider-

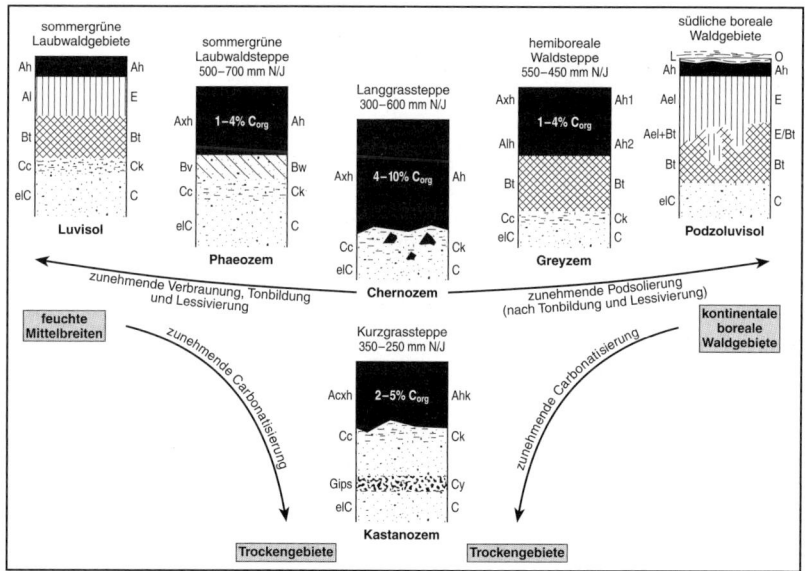

Abb. 23: Schematische Profile des Chernozems und der Übergangsbildungen an der Grenze zu den feuchten Mittelbreiten sowie zu den borealen Nadelwald- und Trockengebieten.

In der Zusammenstellung ist der Einfluß holozäner Klimaschwankungen auf die Bodenentwicklung weitgehend vernachlässigt (s. Text). Die Horizontgliederung dient als Beispiel. Abweichungen sind möglich. Diagnostisch für die Steppenböden sind die Oberböden (mollic A). Zur besseren Unterscheidung von Lessivierung und Podsolierung links jeweils die Horizontansprache nach AG Boden (1994), rechts nach FAO (1997).

spiegeln. Damit z. B. erklärt sich die starke Lessivierung, die im heutigen kontinental-trockenen Klima kaum möglich ist (Kap. 4.4.8).

Im Bereich der Wüstenränder wird der Chernozem zunehmend von dem *Kastanozem* (lat.: castanea = Kastanie; Horizontfolge z. B. Ahk-Ck-C) abgelöst. Er ist der Typboden der trockenen Kurzgrassteppe (ca. 350–250 mm Jahresniederschlag). Die zurückgehende Menge organischer Substanz reduziert die Mächtigkeit des humosen Horizonts (Mollic A etwa 2–5 % Humus, PÉCSI und RICHTER 1996). In den Kastanozems steigt mit der Trockenheit der Anteil der Fulvosäuren zu Lasten der Huminsäuren, was nicht nur die Struktur der Kastanozems beeinträchtigt, sondern zu der typischen bräunlichen Färbung führt (BREBURDA 1987). Dunklere Kastanozems – es bestehen fließende Übergänge zu den dunkelbraunen, sogenannten *Südlichen Chernozems* – überwiegen deshalb in den feuchteren Gebieten, während die Braunfärbung mit steigender Trockenheit des Bodenmilieus heller wird. Die zunehmende Aridität ist auch der Grund der gegenüber den Chernozems weitgehend fehlenden Entkalkung. Oft ist bis an die Oberfläche $CaCO_3$ feststellbar. Bei partieller deszendenter Carbonatverlagerung finden sich – je nach der Löslichkeit der Salze – sekundäre Kalkausscheidungen oft schon in etwa 30–40 cm Tiefe, in tieferen Bereichen (etwa 1 m) Gipskonkretionen und darunter die noch leichter mobilisierbaren Salze (z. B. Chloride, Natriumsulfat). Der Grad der Salzanreicherung hängt dabei vom Ausgangssubstrat ab. Die Salzdynamik sowie die immer geringeren Humusmengen leiten zu den Böden der Halbwüsten und Wüsten über (Solonchak, Gypsisol, Calcisol oder Arenosol, Regosol und Leptosol, Kap. 4.5.3).

Die Greyzems gehören – trotz ihrer Steppenbodenmerkmale – bereits in die Übergangszone zu den feuchten Mittelbreiten beziehungsweise, in sehr kontinentalen Räumen wie Sibirien, zu den borealen Nadelwaldgebieten. Dagegen dominieren in den Steppen überwiegend Phaeozems, Chernozems und Kastanozems. Mit einigem Recht kann man die Steppen bodengeographisch als Kernraum der *Kastanozem-Chernozem-Phaeozem-Zone* bezeichnen. Allerdings sind die Bodengesellschaften viel differenzierter als es diese Bezeichnung vortäuscht. Die Genese der typischen Steppenböden ist an trockene, gut dränierte Standorte mit mehr oder weniger kalkreichen, feinkörnigen Deckschichten geknüpft.

4.4.3 Böden in Senken

Während die Kastanozems, Chernozems, Phaeozems und Greyzems besonders auf den flachgewellten Lößplateaus mit großem Abstand zum Grundwasser ihre größte Verbreitung haben, sind in den Senken – abgesehen von den *Fluvisols* der Talzüge – weitere Böden anzutreffen, die auch zum Bodeninventar vieler Steppen gehören.

Dazu zählen die *Gleysols* (besonders Eutric Gleysols, Mollic Gleysols, Bild 15) sowie die *Planosols* (Kap. 4.7.1), die vor allem in der Waldsteppe verbreitet sind. Letztere sind eng mit den Stagnogleyen der in Deutschland gebräuchlichen Bodensystematik verwandt und besitzen einen dichten, meist tonreichen und wasserstauenden Unterboden, der zur Naßbleichung der höheren Profilabschnitte führt.

In den Senken – besonders der trockeneren Steppen – ist der *Solonetz* (Horizontfolge z. B. Ah-(E)-Btn-C) verbreitet (Abb. 26). Die Solonetz sind Natriumböden, deren Tonanreicherungshorizont *(natric B-horizon*, Btn) eine hohe Na-Sättigung (> 15 %) oder eine hohe Na- und Mg-Sättigung des Austauscherkomplexes mit zusammen über 50 % aufweisen (Genaueres zur Definition s. FAO 1997). Die Alkalität des Solonetz (durch Bildung von NaH-CO_3 oder Na_2CO_3 u. a. in der Regel > pH 8,5, z. T. aber bis 11) ist im allgemeinen noch höher als die eines Solonchaks. Die hohen Na-Gehalte sind meist eine Folge kapillar aufsteigender Lösungen während der Trockenperiode. Solonetz können aber auch aus der Entsalzung von Solonchaks (Salzböden) hervorgegangen sein, die meist mit einer Grundwasserabsenkung oder Klimawechsel (mehr Niederschlag) verbunden ist (Sodic Solonchaks). Mit diesen Solonetz sind auch die *Solode* verwandt, die durch Bleichung des E-Horizonts infolge periodischer Durchnässung entstehen (BREBURDA 1987). Das alkalische Milieu und die Na-Sättigung erleichtern die deszendente Tonverlagerung bei saisonaler Durchfeuchtung. Derartige Tonanreicherung im Unterboden, aber auch die häufig bereits primär tonreichen Substrate in Senken oder Tiefländern, haben Böden mit starker Peloturbation und grober Gefügebildung (Prismen, Säulen) zur Folge. In Solonetz finden damit oft sowohl deszendente als auch aszendente Verlagerungsvorgänge statt. Unter dem tonreichen Unterboden kann dann noch ein Bk, Ck oder Cy in feinkörnigem Material folgen.

4.4.4   Das Auftreten von Steppenböden in Eurasien

Gerade die enge Abhängigkeit der Steppenböden vom klimatisch-vegetationsgeographischen Nord-Süd-Wandel in den innerkontinentalen Gebieten der eurasiatischen Landmasse war eine ausschlaggebende Beobachtung für das zonale Gliederungsprinzip der Böden besonders durch russische Bodenkundler. Dabei wurde aber nicht übersehen, daß sich die Bodengesellschaften auch von West nach Ost mit zunehmender Kontinentalität verändern. Beide Tendenzen, Nord-Süd-Zonalität und zunehmende Kontinentalität, überlagern sich und erlauben im Zusammenspiel mit lokal und regional anderen bodenbildenden Faktorenkombinationen eine bodengeographische Gliederung der Steppengebiete.

Kleinere Steppenbodenregionen treten in Mitteleuropa (vgl. Kap. 4.3.2.2) sowie im Fernen Osten (Mandschurei) auf, wo sie an besondere klimatisch-sedimentologische Gunstsituationen in Leelagen gebunden sind. Von diesen abgesehen lassen sich vier bedeutende bodengeographische Einheiten unterscheiden:
– eine europäisch-subkontinentale, eine zweigeteilte zentrale, nämlich
– die europäisch-kontinentale und die
– westsibirisch-kontinentale sowie
– eine ostasiatisch-kontinentale Steppenbodenprovinz.
Diese nach naturräumlichen Bedingungen (besonders klimatischen) abgrenzbaren eurasiatischen Steppenbodeneinheiten sind nicht nur durch die Bodengesellschaften, sondern auch durch besondere Fazies, die die Steppenböden, vor allem die Chernozems, annehmen, charakterisiert.

Der *europäisch-subkontinentale Steppenbereich* umfaßt in erster Linie das Pannonische Becken sowie das Schwarzmeergebiet von der Donaumündung bis zum westlichen und zentralen Kaukasus-Vorland. Das Klima ist durch einen relativ warmfeuchten Winter, einen sehr warmen Sommer und einen trockenen Herbst gekennzeichnet. Besonders die feuchten Winter prägen die Bodengenese. Im Pannonischen Becken treten Chernozems nur inselartig auf, während die Phaeozems zwischen Cambisols und Luvisols dominieren. Die Phaeozems sind in allen Varianten vertreten, wobei die Calcaric Phaeozems vorherrschen. Dies macht die enge Bindung der Steppenböden in klimatisch begünstigten Beckenlagen von der Anwesenheit sehr kalkreichen Lockersubstrats, meist Löß oder Lößderivate, deutlich. Erst östlich des Karpatenbogens, nehmen Chernozems große Flächen ein, im Kaukasusvorland wie in der nördlichen Steppenzone als Luvic Chernozems (Abb. 24).

Die *Osteuropäische Steppe* reicht als breites Band von der Donaumündung bis zum südlichen Ural (Abb. 24). Das Klima ist kontinentaler, weist also geringere Niederschläge und weniger frostfreie Tage auf. Dies mindert die Remineralisierung der organischen Substanz ebenso wie die noch weiter westlich und im Kaukasusvorland wirksame Lessivierung. Daher treten großflächig Chernozems auf. Anstelle der Kleinkammerung in Südosteuropa wird eine breitenparallele bodengeographische Zonierung deutlich: Im Süden der Langgrassteppe trifft man auf die Haplic Kastanozems, die zu den (Halb-)Wüsten der kontinentalen Mittelbreiten überleiten. Nördlich der Haplic Chernozems unter feuchteren Bedingungen in der Waldsteppe werden die hier noch dominierenden Luvic Chernozems immer mehr von Greyzems und Luvisols abgelöst. Mit steigender Reliefenergie am Rand des Ural werden die Steppenböden flachgründiger, saurer und neigen zur Podsolierung. Dies liegt an den höheren Niederschlägen, an kalkarmen bis kalkfreien Ausgangssubstraten sowie an der dichter werdenden Waldvegetation.

Die *westsibirisch-kontinentalen Steppengebiete* als östlicher Teil der zentralen Steppenzone zeichnen sich klimatisch durch noch geringere Nieder-

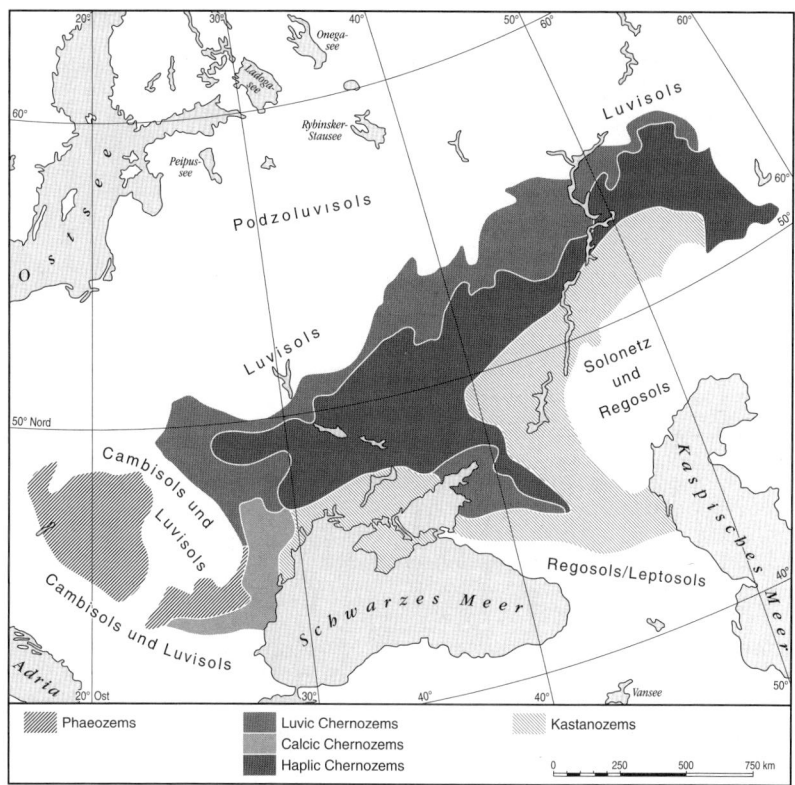

Abb. 24: Stark vereinfachte Übersicht über die Verbreitung von Phaeozems, Chernozems und Kastanozems in Südost- und Osteuropa (generalisiert nach FAO 1981).

Deutlich das inselartige, durch die Dinariden und den Karpatenbogen abgeschirmte Vorkommen von Phaeozems in Südosteuropa. Dagegen sind die kontinentalen osteuropäischen Steppen bodengeographisch weitgehend zonal gegliedert.

schläge und eine noch kürzere frostfreie Periode aus. Die Steppenböden behalten aber bis zum Altai-Vorland ihre zonale Anordnung (Abb. 25). Die größere Trockenheit führt dazu, daß südlich der Haplic Chernozem-Gebiete ein schmaler Gürtel aus Calcic Chernozems (mit einem mindestens 15 cm mächtigen Kalkanreicherungshorizont) zu den Kastanozems überleitet. Die Steppenböden des Westsibirischen Tieflands sind mit Na-reichen Böden vergesellschaftet (Abb. 26). Die Ursache sind tertiäre und altpleistozäne Sedimentgesteine, die zwischen Tobol und Ob die Landoberfläche bilden und zum Teil hohe Salzgehalte aufweisen. Die marinen und brackischen Ablagerungen des Tieflands entstanden während der Verlandung der Westsibirischen Meeresstraße, die noch im Alttertiär als Verbindung zwischen der Parathetys

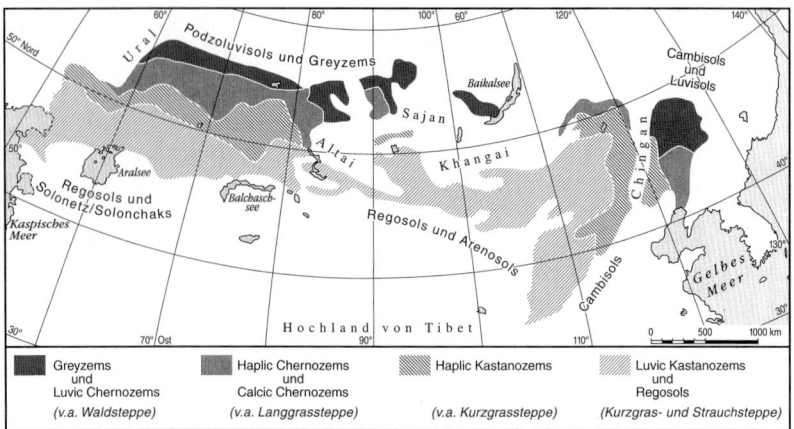

Abb. 25: Stark vereinfachte Übersicht über die Verbreitung der vorherrschenden Haupt-bodengruppen und Bodeneinheiten in den asiatischen Steppen (ohne Gebirgsböden, gene-ralisiert nach FAO 1981).

Altai und Sajan bilden eine natürliche Trennung zwischen dem westsibirisch-kontinentalen und dem ostasiatisch-hochkontinentalen Abschnitt des Steppengürtels.

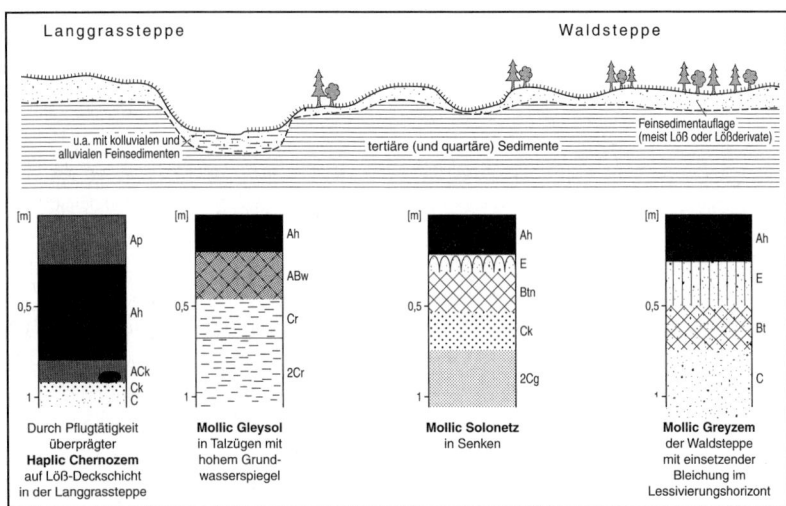

Abb. 26: Schematisierte Toposequenz in der Westsibirischen Steppe (nach FAO-UNESCO 1977).

Auf den gut dränierten, mit kalkreichen Deckschichten bedeckten Hügeln haben sich Haplic und Luvic Chernozems, in der Waldsteppe Greyzems entwickelt, während in den Senken hydromorphe Böden (Mollic Gleysols) oder Na-Böden mit humusreichen Oberböden (Mollic Solonetz) vorherrschen.

und dem Eismeer existierte. Auf den meist zwischen 5 und 20 m hohen Hügeln, die eine mehrere Meter mächtige kalkhaltige Löß- und Lößderivatdeckschicht tragen, findet die Chernozem-Bildung gute Bedingungen vor. In Senken allerdings dominieren hydromorphe Böden (z. B. Mollic Gleysols) und Natrium-Böden, die durch das aufsteigende Kapillarwasser aus dem brackischen Grundwasserkörper geprägt werden: Bei Aufstieg stark Natriumhaltiger Lösungen sind Mollic Solonetz (mit steppentypischem humusreichem Oberboden) entstanden. Sie sind besonders mit Chernozems und Greyzems der nördlichen Waldsteppen vergesellschaftet. Weiter südlich treten eher humusärmere Haplic Solonetz (seltener auch Solonchaks) zusammmen mit den Kastanozems auf. Das Tiefland verfügt damit wesentlich ausgeprägter als westlich des Urals über kleingekammerte Bodengesellschaften.

Das höher liegende Vorland des Altai zeigt bereits Merkmale der extremkontinentalen innerasiatischen Bodenregionen. So kann die lange Bodengefrornis Staunässe oder im Sommer – bei guter Dränage – intensive Entkalkung verursachen.

Altai und Sajan unterbrechen den Steppenbodengürtel. Intramontane Beckenzüge mit vorherrschenden Chernozems und Greyzems auf lößartigen Substraten sowie Kastanozems auf Terrassen und Schwemmfächern wechseln mit unterschiedlichsten Standorten in den Gebirgen ab. Verschiedene Festgesteine und Sedimente, Expositionsabhängigkeiten, wechselnde Dränage und Vegetationsgesellschaften machen eine kleinmaßstäbige Betrachtung unmöglich. Das Gebiet aus kleinräumig variierenden, meist flachgründigen Gebirgsböden (Kap. 4.9) leitet zu den *ostasiatisch-kontinentalen Steppenbodenregionen* (Transbaikalien, Mongolei, Mandschurei) mit 220–400 mm Jahresniederschlag über.

Vor allem in Transbaikalien beeinflussen – unter extrem kontinentalen Klimabedingungen – noch der Permafrost oder langanhaltende jährliche Bodengefrornis den Boden (Frosttiefen bis drei Meter), da die Winter in den ostasiatischen Steppen sehr schneearm sind. Während auch das Frühjahr trocken bleibt, fallen 75–80 % der Niederschläge mit großer Intensität im Sommer (GLAZOVSKAYA 1984). Die ausgedehnteste Fläche nehmen die Kastanozems der Mongolei ein, während nur noch in der Mandschurei – bei bereits geringerer Kontinentalität – eine größere Chernozem-Region anzutreffen ist. Die Haplic Kastanozems, meist auf lößartigen Substraten entwickelt, weisen einen etwa 20–50 cm mächtigen Ah-Horizont auf. Ohne daß sich die klimatischen Bedingungen entscheidend ändern würden, schließen sich südlich und westlich an die großen Haplic Kastanozem-Regionen Luvic Kastanozems an, die durch intensive Entkalkung in den oberen Dezimetern und starker Kalkanreicherung in etwa 1 m Tiefe gekennzeichnet sind. Die Ursache hierfür ist der höhere Sandgehalt der Böden, der in Richtung der zentralasiatischen Binnenwüsten zunimmt.

Eine deutliche Zonierung nach dem Grad der Aridität ist nur noch im mongolischen Kastanozem-Gürtel zu erkennen. Die Subzonen sind jedoch nicht mehr wie noch beiderseits des Urals breitenparallel angeordnet, sondern schwenken aufgrund zunehmender Maritimität mit Annäherung an den Pazifik auf die meridionale Richtung ein. Strahlungsklimatische Einflüsse werden damit von hygroklimatischen ebenso wie von orographisch-sedimentologischen Faktoren überlagert (Tab. 10).

Tab. 10: Die Mächtigkeit des humosen Oberbodens sowie die Tiefenlage des Kalkanreicherungshorizonts in Haplic Chernozems (nach BREBURDA 1987). Deutlich die Abnahme der Humifizierung mit zunehmender Kontinentalität. Im hochkontinentalen, vom Permafrost beeinflußten Transbaikalien ist die Chernozem-Bildung am flachgründigsten.

	Tiefe des Ah-Horizonts [cm]	Tiefenlage des Kalkanreicherungshorizonts [cm]
Westukraine	100–150	>100
Südrußland	80–100	60– 80
Trans-Wolga	60	60
Westsibirien	40	40– 60
Vor-Altai-Ebene	80	80–100
Trans-Baikalien	25– 40	35– 40
Mandschurei	75–100	>100

4.4.5   Überblick über die Steppenböden in Nordamerika

Die nordamerikanischen Steppen liegen ebenfalls im Kontinentinneren beziehungsweise im Lee der meridional verlaufenden Gebirgsketten von Cascade Mountains, Sierra Nevada und Rocky Mountains. Das Verbreitungsgebiet der Steppenböden (Kastanozem-Chernozem-Phaeozem-Zone) reicht im Süden weit in den Bereich der subtropisch-randtropischen Trockengebiete hinein und umfaßt noch große Teile des Hochlands von Mexiko. Die nordamerikanischen Steppenbodenregionen lassen sich in zwei geographische Einheiten unterteilen: die Steppenböden der Great Plains sowie jene der intramontanen Becken und Hochflächen des Westens (Abb. 27).

Der größte Teil der kontinentalen Steppenböden der *Great Plains* und angrenzender Gebiete ist an feinkörnige glaziale oder fluvioglaziale Sedimente sowie an Lösse oder Lößderivate beziehungsweise an das Auftreten leicht verwitterbarer mesozoischer Sedimentgesteine geknüpft. Im Norden

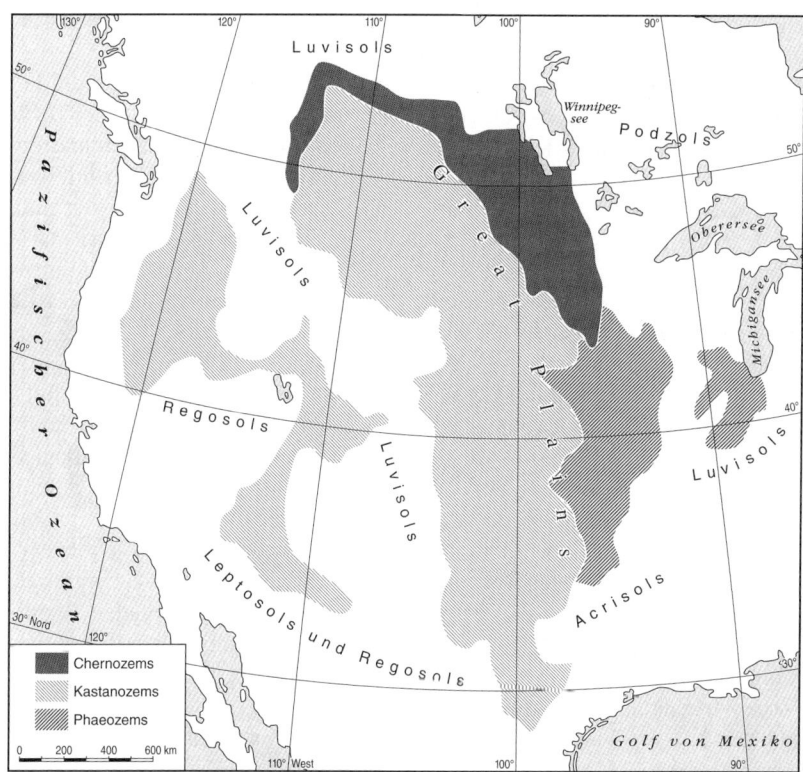

Abb. 27: Stark vereinfachte Übersicht über das Verbreitungsgebiet der Chernozems, Kastanozems und Phaeozems in Nordamerika (generalisiert nach FAO 1979a).

Die Kastanozems dominieren von den Great Plains bis in die subtropisch-randtropischen Bereiche Mexikos hinein. Deutlich auch die Steppenböden in den intramontanen Becken des Westens. Allerdings täuscht die Karte eine einheitliche Kastanozem-Region vor. Kleinräumige Wechsel der Standortfaktoren haben auch zu Chernozems und Phaeozems (besonders im Norden) – vergesellschaftet v. a. mit Regosols, Luvisols und Solonetz – geführt.

und Westen spielen die Sedimente des pleistozänen Laurentischen Eisschilds die entscheidende Rolle, gegen die Rocky Mountains zu werden fluviale Deckschichten – vermischt mit äolischen Ablagerungen – wichtiger. Die Chernozems nehmen eine große Fläche in einem weit nach Norden ausgreifenden Halbkreis von Süd-Dakota in den USA bis zum Winnepeg-See (etwa 350–450 mm Jahresniederschlag) und bis hinein nach Saskatchewan (Kanada) ein, wo die Prairien in den trocken-kontinentalen Bereich der borealen Nadelwaldgebiete mit ihren Albic Luvisols und Greyzems übergehen. Diese Übergangszone – immer wieder auch mit Mollic Solonetz-Regionen – erstreckt sich letztlich bis zum Peace River (Kap. 4.2.3). Südlich und südwestlich von Winnipeg- und Manitoba-See herrschen Haplic und Calcic Chernozems vor.

Den Kern der nordamerikanischen Prairien (überwiegend zwischen 400 und 500 mm Jahresniederschlag) machen aus bodengeographischer Sicht aber die großflächigen Kastanozem-Regionen aus. Vorherrschend sind die Luvic Kastanozems, die gegen die Rocky Mountains immer stärker mit Calcaric und Eutric Regosols beziehungsweise Leptosols vergesellschaftet sind. Nach Osten gehen die Steppen ab etwa 550 mm Jahresniederschlag in die Waldgebiete der feuchten Mittelbreiten über. Bodengeographisch dokumentiert sich dies im Wechsel von Haplic Phaeozems zu stark lessivierten Luvic Phaeozems (mit Luvisols), die südlich und südwestlich des Michigan-Sees bei über 800 mm Jahresniederschlag dominieren (FAO 1979a).

In den *intramontanen Becken des Westens* herrschen auf gut durchlässigen Feinsedimenten Luvic Kastanozems vor. Sie sind oft mit Regosols und Luvic Phaeozems vergesellschaftet, die unter verschiedenen hygrischen Bedingungen östlich des großen Salzsees und in den weiträumigen Becken am Columbia und Snake River (Oregon/Washington) größere Bodenregionen bilden. Gegen die Trockengebiete im Südwesten Nordamerikas werden die Steppenböden von Regosols, Arenosols und Leptosols abgelöst. In den Gebirgen treten Abhängigkeiten vom Relief und den kleinräumig wechselnden Festgesteinen beziehungsweise Decksedimenten in den Vordergrund: In den großen Vulkangebieten des Nordwestens sind daher Andosols anzutreffen; in den Rocky Mountains mit zurückgehender Entwicklungstiefe der Böden und höheren Niederschlägen Luvisols, Cambisols und Leptosols (FAO 1979a).

4.4.6 *Überblick über die Steppenböden in Südamerika und das „Pampa-Problem"*

Auch in Südamerika sind Steppenböden weit verbreitet. Sie treten nicht nur in der eigentlichen Steppenzone der trockenen Mittelbreiten (Ostpatagonien), sondern auch in den nördlich davon gelegenen subtropisch-randtropischen Bereichen der Pampa und des Gran Chaco sowie in den immerfeuchten Subtropen Uruguays auf (Kap. 4.7). Sie sind daher mit den Steppenböden der trockenen Mittelbreiten der Nordhemisphäre nur bedingt vergleichbar. Die Verbreitung der Steppenböden wird durch die sogenannte *Trockendiagonale* zweigeteilt (Abb. 28 im Farbteil S. XIV): Das Steppengebiet der trockenen Mittelbreiten Südamerikas zieht sich südlich etwa 46° S im Lee des östlichen Andenabfall entlang nach Süden. Es ähnelt den kontinentalen Steppen der nördlichen Hemisphäre: In den nährstoffreichen Sedimenten der großen südamerikanischen Ebenen, deren schluffreiche fluviale und äolische Ablagerungen durch vulkanischen Aschen mit leicht verwitterbaren Silikaten angereichert sind, treten besonders Luvic Kastanozems, weiter südlich auch Luvic Phaeozems auf. Chernozems sind selten. Im Westen und Norden begrenzen Cambisols, Andosols sowie die Gebirgsrohböden der Andenostabdachung das Steppenbodengebiet, nach Nordosten zu werden die Kastanozems zunehmend von den Böden der Halbwüstengebiete der Trockendiagonale (besonders Regosols) abgelöst.

Nördlich des Trockengebiets schließen sich weitere ausgedehnte Steppenbodengebiete Südamerikas an. Hier im Kontinentinneren entsprechen sie ökologisch weniger den nordhemisphärischen Steppen als vielmehr der Übergangszone zu den tropisch-randtropischen Trockengebieten (Wüsten und Halbwüsten) anderer Kontinente. Doch kommen im Dornsavannenbeziehungsweise Dornsteppengebiet – mit dem subtropisch-randtropischen Gran Chaco als Zentrum – Kastanozems verbreitet vor. Nach Norden reicht das Kastanozem-Verbreitungsgebiet bis etwa 18° S und damit bis an das Einzugsgebiet des Amazonas heran. Die Bildung der Kastanozems ist in diesem Raum einerseits auf das Trockenklima und andererseits auf die großflächigen, nährstoffreichen Lockersedimente der weiten Vorlandflächen zwischen den Anden und dem Brasilianischen Bergland zurückzuführen. Hierdurch unterscheidet es sich grundlegend von vielen anderen zum Teil stark reliefierten Halbwüstengebieten und Dornstrauchsavannen, die durch gröbere Substrate beziehungsweise eine geringmächtige Sedimentdecke auf dem anstehenden Gestein gekennzeichnet sind. Nach Osten mit zunehmender Annäherung an die sommerfeuchten Savannen werden im Gran Chaco die Haplic Kastanozems von lessivierten Luvic Kastanozems und schließlich von Planosols im Pantanal ersetzt (Kap. 4.7.1). Die Luvic Kastanozems tragen sicher ein paläoklimatisches Erbe (s. u.) und sind zum Teil rötlich gefärbt. Hier hat – typisch für die wechselfeuchten Savannen (Kap. 4.8) – die *Rubefizierung* eine initiale Verbraunung ersetzt, und das entstandene Eisenoxid (Hämatit) färbt die degradierten Steppenböden rötlich (*Zimtfarbene Steppenböden*).

Im Süden des Chaco schließt sich die Pampa an. Die westliche und südliche Pampa ist trockener als der nordöstliche Teil und vor allem durch Haplic Kastanozems geprägt, die im Bereich der Trockendiagonale von humusarmen Böden abgelöst werden. Nach Nordosten treten immer stärker Haplic Phaeozems und schließlich bis in den Bereich der immerfeuchten Subtropen Uruguays hinein Luvic Phaeozems auf. Auch sie neigen teilweise zur Rotfärbung.

Oft finden sich *Kalkanreicherungshorizonte* unter den B-Horizonten, die zu *Kalkkrusten* verhärten können. Diese bis zu drei Meter mächtigen *Toscas* der Pampa binden mehr Kalk, als vom darüber liegenden Solum geliefert werden konnte. Daher wird eine wiederholte äolische Tephra- und Kalkzufuhr aus dem Andenvorland während trockenkalter quartärer Klimaphasen und eine deszendente Verlagerung mit anschließender partieller Erosion der entkalkten Decksedimente und Böden in feuchteren Zeiten angenommen (BUSCHIAZZO 1990, SALOMON und POMEL 1997; vgl. auch Kap. 4.7.4).

In den Senken sind typischerweise Mollic Solonetz entwickelt, neben denen in den feuchteren Gebieten zunehmend Mollic Planosols auftreten. Nördlich und östlich des Rio Paraná - Rio de la Plata werden diese Bodengesellschaften noch durch tonreiche Vertisols (Kap. 4.8.4) ergänzt. Teile dieser Gebiete sind feuchte Grasländer mit größeren Waldinseln in Uruguay, die jedoch ökozonal zu den immerfeuchten Subtropen gehören, in denen potentiell genügend Niederschlag fällt, um eine dichte Waldvegetation zu ermöglichen.

Hieraus entsteht das *Pampa-Problem* (WALTER 1967, TROLL 1968): Einerseits werden die Grasländer der Pampa als natürliche Vegetationsgesellschaft dargestellt, andererseits wird die These einer Graslandentstehung durch anthropogene Eingriffe vertreten, die durch klima- und vegetationsgeographische Argumente gestützt wird. Aus bodengeographischer Sicht erhält das Argument von einer weitgehend edaphisch-pedogenen Bedingtheit der Pampa-Vegetation besonderes Gewicht: Danach hätte die potentielle Baumvegetation große Schwierigkeiten, sich auf die zumindest zeitweilige Staunässe der Vertisols, Planosols und Solonetz einzustellen. Selbst die Luvic Phaeozems neigen bei stärkerer Durchfeuchtung zu Staunässe (*Stagnic Phaeozems*). Bei Tonmineralzerstörung wie in den Bleichhorizonten von Planosols kann das freigesetzte Aluminium zudem toxisch wirken. Auch Kalkkrustenhorizonte, welche die Durchwurzelung einschränken, stehen einer dichten Bewaldung entgegen. Unter diesen Bedingungen darf man von ausgedehnten primären Grasflächen ausgehen. Eine zusätzliches Zurückdrängen der subtropischen Wälder durch Feuer ist vorstellbar, falls der Mensch die postglaziale Waldausbreitung nicht schon von Anfang an verhindert hat (HENNING 1988).

Diese Argumentation macht deutlich, daß der größte Bereich der Pampa entgegen den derzeitigen Vegetationsgesellschaften und dem Auftreten der Steppenböden keine eigentliche Steppe darstellt, sondern einen Sonderfall innerhalb der immerfeuchten Subtropen bildet. Dies erklärt allerdings noch nicht die Entstehung der Steppenböden. Sicher sind sie überwiegend polygenetische Bildungen, deren steppentypische Merkmale vermutlich im Pleistozän oder Frühholozän unter trockenen Bedingungen (Lößsedimentation in einer Trockensteppe, LITTMANN 1988) angelegt wurden. Die auch unter veränderten Klimabedingungen aufrecht erhaltene Langgras- beziehungsweise offene Waldsteppenvegetation stabilisierte die – zum Teil vorzeitlichen (BUSCHIAZZO und PEINEMANN 1985) – Steppenböden oder überprägte sie nur geringfügig.

4.4.7 Ursachen der großen Bodenfruchtbarkeit und zur Degradation der Steppenböden durch Nutzung

Die Steppenböden sind ungewöhnlich fruchtbar. Eine Ursache ist die Textur des Substrats. Das feinkörnige Substrat erlaubt tiefgründige Bioturbation und damit die ständige Durchmischung unter Zufuhr organischer Substanz von oben und mineralisch unverwitterter beziehungsweise basenreicher Komponenten von unten. Dazu kommt das gute Wasserhaltevermögen der oft schluffig-lehmigen Böden, das durch den Humus weiter verstärkt wird.

Neben der Feuchte ist für die Bodenfruchtbarkeit aber auch das Angebot an pflanzenverfügbaren Nährstoffen wichtig. In den Chernozem-Regionen dominieren als bedeutende Nährstoffadsorbenten die Huminsäuren in der Humussubstanz, während sowohl mit feuchteren als auch mit trockeneren Bedingungen der Anteil an Fulvosäuren steigt. So beträgt das Huminsäure:Fulvosäure-Verhältnis bei Chernozems 1,4 bis 4,7 und bei den sehr trockenen Kastanozems (russ.: *Burozem*) wie bei den Podzols nur um 0,5 (BREBURDA 1987). Der schnelle Umbau beziehungsweise Abbau der Steppenstreu und vor allem der großen Menge an Wurzelsubstanz spiegelt sich auch in der Nährstoffversorgung, besonders im Stickstoff-, Natrium-, Kalium- und Phosphor-Angebot, wider. Eine Vorstellung mag der Stickstoffumsatz in einem mesohalophytischen Grünland der westsibirischen Steppenregion (Kap. 4.4.3) bei Nowosibirsk vermitteln: Auf der untersuchten Fläche fallen durch Humifizierung jährlich 352 kg N/ha an. Zum Vergleich: Etwa 150 kg N/ha genügen zur Produktion von 30 dz Weizen (BREBURDA 1987:106). Die Anreicherung humifizierter organischer Substanz ist das verbindende Element der Steppenböden, selbst wenn der Umfang der Humifizierung bodentyp- und standortabhängig stark schwanken kann.

Der Tongehalt beträgt oft über 20 %, wobei der Reichtum an Illiten – überwiegend aus der Glimmerverwitterung hervorgegangen – dafür sorgt, daß Kalium-Mangel kaum auftritt. Die Ton-Humus-Komplexe bewirken zudem stabile, meist krümelige Aggregate. Frost und periodische Trockenheit unterstützen die Stabilität des Gefüges. Sie mindern den kapillaren Bodenwasseraufstieg im Sommer und adsorbieren große Mengen Niederschlagswassers (bis zu 20 mm pro Dezimeter Bodenschicht) pflanzenverfügbar in den oberen Bodenbereichen. Dies verhindert eine tiefgründige Austrocknung mit oberflächennaher Ausfällung von Salzen während der Trockenperiode und gewährleistet zugleich eine ausreichende Wasserversorgung der Pflanzen (BREBURDA 1987).

Die Steppen gehören zu den vergleichsweise dünn besiedelten Gebieten der Erde. Große, oft zusammenhängende Gebiete mit mehr als etwa 300 mm Jahresniederschlag werden als Getreideanbauflächen – in der feuchteren Langgrasprairie der USA auch für Mais – genutzt. In den trockeneren Regionen herrscht extensive Weidewirtschaft vor. So werden beispielsweise auf dem Territorium der ehemaligen Sowjetunion 74 % der Chernozem-Flächen ackerbaulich genutzt, die Kastanozems zu 43 % und die Greyzems immerhin noch zu 39 % (BREBURDA 1987, S. 110). Es befinden sich dort 60 % der Ackerbauflächen, und es wurden auf den Chernozems 80 % der Getreideproduktion der ehemaligen UdSSR erzielt (BREBURDA 1987, S. 114). Etwa 50 % der weltweiten Weizenproduktion stammt aus den Steppen, wobei die Hauptexportländer die USA und Kanada sind. Argentinien folgt mit einigem Abstand.

Die anthropogene Nutzung greift erheblich auf die natürlichen potentiellen Ressourcen der Steppenböden zurück. Die Tatsache, daß diese an feinkörnige Substrate geknüpft sind, die ihrerseits vor allem weitläufige Hügelländer bilden oder in Senken und Becken liegen, erlaubt den Einsatz einer hochmechanisierten, kapitalintensiven Bearbeitung auf großen Flächen. Die besten natürlichen Bedingungen findet die Landwirtschaft dabei in der Waldsteppe, die bei optimalen Bodenverhältnissen noch ausreichend Niederschlag erhält (etwa bis 500 mm). Der Ackerbau verstärkt besonders die Remineralisierung des Humus. Dies kann die Menge an organischer Substanz halbieren (BREBURDA 1987). Andererseits ist es möglich – wie Untersuchungen aus den südlichen Great Plains zeigen –, mit gut auf die Umweltbedingungen abgestimmten Anbaumethoden und entsprechendem Düngemitteleinsatz diesen Effekt stark zu verzögern und teilweise wieder wettzumachen (POTTER et al. 1997). Die negativen Folgen des Humusabbaus können durch das Befahren der Böden, durch Prall- und Planschwirkung der Regentropfen und auch durch Verschlämmung verstärkt werden. Das führt letztlich zu einer Verdichtung der Ackerflächen. Bei Regenfällen ist oberflächiger Abfluß mit beträchtlicher Erosion die Folge. Vor allem werden feinkörnige Nährstoffträger abgetragen. Dabei kommt es zur Freilegung der carbonatreichen Unterböden, die im Sommer bei starker Austrocknung zur Verhärtung neigen und die Bearbeitung zusätzlich erschweren. Verminderte Wasserspeicherfähigkeit bei zunehmender Verdichtung bedingen immer größeren Abtrag der meist schluffigen oder sandig-lehmigen Substrate. Der jährliche Bodenabtrag in der Ukraine wird beispielsweise auf jährlich 150 Mio. t geschätzt, was einem Totalverlust der Ackerkrume auf 50 000 ha Land entspricht (BREBURDA 1987, S. 118).

Aus Sicht des Bodenschutzes ist problematisch, daß man immer trockenere Steppengebiete landwirtschaftlich nutzt. Die maximale Ausdehnung der Getreideanbaufläche erreichte so die USA einige Jahre vor, die ehemalige UdSSR kurze Zeit nach dem Zweiten Weltkrieg. In den Kurzgrassteppen westlich des 100. Längengrads wirkt sich die hohe Variabilität der Niederschläge mit der Gefahr mehrjähriger Dürren (für Nordamerika s. WEISCHET 1996) zum Teil verheerend aus: Beim Ausbleiben der Niederschläge liegen sehr große Flächen brach, auf denen die Deflation fast ungehindert angreifen kann. Das hohe Trockenheitsrisiko und nicht zuletzt die Winderosion haben in den USA in den dreißiger Jahren zur Aufgabe großer landwirtschaftlicher Nutzflächen in den Steppen geführt (*dust bowl*). Heute werden diese Bereiche – neben einer intensiven Bewässerungswirtschaft (Weizenanbau sowie Mais für die Rindermast, WINDHORST und KLOHN 1995) – bei knappen Grundwasserressourcen auch wieder durch extensive Weidewirtschaft genutzt. Dies erlaubt es, auf die raum-zeitliche Variabilität der naturräumlichen Bedingungen flexibel zu reagieren und die Steppen nachhaltig zu bewirtschaften.

Groß ist auch die Versalzungsgefahr der Böden – vor allem, wenn das Grundwasser salzhaltig ist wie in weiten Teilen des eurasischen Trockensteppengürtels. Gerade in den Kurzgrassteppen sind die Steppenböden bereits stark mit Solonetz und Solonchaks durchsetzt. Angesichts der geringen Bevölkerungsdichte sind Bewässerungsgebiete nur regional begrenzt anzutreffen. Die Bewässerung von Schwarzerden fördert eine Humusverlagerung in tiefere Horizonte unter Verringerung des Huminsäure:Fulvosäure-Verhältnisses. Zugleich wächst die Gefahr der Versalzung – besonders bei den Kastanozems der Kurzgrassteppen. Während Solonchaks vor allem durch Salzauswaschung und Dränung melioriert werden können, ist es möglich, Solonetz durch säurebildende Stoffe wie Schwefel, Gips oder Eisensulfat zu verbessern (BREBURDA 1987, KUNTZE et al. 1994). Allerdings sollte die Melioration auch Gefügeverbesserung durch mechanische Lockerung der meist stark verdichteten und in trockenem Zustand verhärteten Unterböden umfassen.

4.4.8 Zeit und Klimawandel: Bedeutung für die Entwicklung der Steppenböden

Es wurde bereits erwähnt, daß die Entwicklung der Steppenböden an feines Ausgangssubstrat gebunden ist. Meist handelt es sich um pleistozäne Lösse oder Lößderivate, so daß die Böden in den Steppen überwiegend junge Bildungen sind. Doch ist – wie das Pampa-Problem zeigt – für die verschiedenen Steppenbodenprovinzen die Frage längst nicht abschließend beantwortet, in welcher Weise die Bodenentwicklung mit den jungpleistozänen und holozänen Klimaschwankungen zu verknüpfen ist.

So ist nicht geklärt, ob die Chernozems Eurasiens unter den jetzigen Klimabedingungen entstanden oder nur erhalten werden (WILHELMY 1943, 1950, STADELBAUER 1996). Möglicherweise stammen sie aus dem Frühholozän (Boreal und Frühatlantikum, 9 000–7 000 J. v. h.) und waren einmal weiter verbreitet als heute. Phaeozems und Kastanozems werden in diesem Sinn als Degradationsstadien von Chernozems verstanden, die durch Humusverlust beziehungsweise fortgeschrittene Mineralbodenverwitterung gekennzeichnet sind (Kap. 4.4.2). Ein besonderes Problem sind die Greyzems der eurasiatischen Waldsteppe. Sie werden einerseits ebenfalls auf die Degradation humoser Steppenböden, andererseits aber auch als Weiterentwicklung von Podzoluvisols oder Podzols aufgefaßt. Diese Progradation schreibt man großflächigen Rodungen zu, welche die Waldsteppe aufgrund der Besiedlung seit einigen tausend Jahren (Neolithikum) nachhaltig verändert haben (FRANZ 1973, DOLUKHANOV und KHOTINSKIY 1984). Pollenanalytische Untersuchungen zeigen, daß es erst in der zweiten Hälfte des Holozäns durch die feuchteren Verhältnisse im und nach dem Atlantikum zu einer Bewaldung gekommen ist. Dies würde dafür sprechen, daß die Greyzems aus zuvor degradierten Steppenböden entstanden sind (BREBURDA 1987).

Immer deutlicher wird auch die Beziehung zwischen Paläoklimaten und der Genese der Steppenböden in den Great Plains. Flachgründige rezente Böden scheinen zum Teil großflächig auf fossilen Steppenböden gebildet worden zu sein. Das Klima der Kurzgrassteppe Colorados war im frühen und mittleren Holozän feuchter und hatte eine höhere Biomasseproduktion zur Folge als heute. Jeweils erst zum Ende der Feuchtphasen transportierte der Wind das Carbonat für die Bk- und Btk-Horizonte der fossilen Steppenböden heran. Dies könnte man als Zeichen zurückgehender Vegetationsdichte werten (BLECKER et al. 1997). Damit sind viele Steppenböden auch hier in der Regel keine rein holozänen Klimaböden, sondern polygenetische Bildungen.

Ähnliches trifft auf die Böden in der argentinischen Pampa zu: Rezente Staubeinträge von jährlich bis über 700 kg/ha – überwiegend frisches Material aus Feldspäten und vulkanischen Gläsern – führen zu einer ständigen Verjüngung der Böden (RAMSPERGER et al. 1997). Wie hoch die Einträge in der Vergangenheit, auch im Holozän, waren, ist unsicher. Doch weisen die Kalkkrustenhorizonte auf erhebliche Stoffeinträge hin.

4.5   Böden und Bodengesellschaften in Wüsten und Halbwüsten (ohne Steppen)

Halbwüsten unterscheiden sich von Wüsten durch den Deckungsgrad der Vegetation. Bei diffuser Verteilung der Vegetation spricht man von einer *Halbwüste*, erreicht der Deckungsgrad über 50 % auch von einer *Wüstensteppe*. Treten dagegen größere vegetationsfreie Bereiche auf – meist im Wechsel mit kontrahierter Vegetation, die auf kleine Areale von unter 10 % der Gesamtfläche beschränkt ist –, so liegt eine *Wüste* vor (SCHULTZ 1995). Die durchschnittlichen Jahresniederschlagsmengen erreichen etwa 200–100 mm in den Halbwüsten und unter 100 mm in den Wüsten. In den Randtropen und Subtropen können diese Mengen etwas größer (125 mm beziehungsweise ca. 250 mm) als in den arid-semiariden Gebieten der Mittelbreiten sein, da die ganzjährige Verdunstung höher ist. Weil mit abnehmender Niederschlagsmenge die Regenunsicherheit zunimmt, sind derartige Angaben jedoch nicht sehr aussagekräftig. Die interannuellen Schwankungen steigen in den Halbwüsten und Wüsten der Mittelbreiten sowie Sub- und Randtropen auf 50–100 %.

Die Bodenbildung und die Bodengesellschaften der Wüsten und Halbwüsten der subtropisch-tropischen Wüsten ähneln denen der trockenen Mittelbreiten. Sie sind jedoch von den Trockensteppen mit dichterer Grasdecke und den Polarwüsten mit dem starken Einfluß des Permafrosts (trocken oder eishaltig) – trotz einer Reihe von Konvergenzerscheinungen – zu trennen.

Obwohl die *Dornstrauchsavannen* in den Randtropen vegetations- und klimageographisch nicht zu den Halbwüsten gerechnet werden können, sollen sie in dieses Kapitel deshalb einbezogen werden, weil sich die Bodenbildungsprozesse von denen in den Halbwüsten nur graduell unterscheiden. Auch ökozonal werden sie zu den subtropisch-randtropischen Trockengebieten gerechnet (SCHULTZ 1995). Hier bilden die Dornstrauchsavannen mit weniger als 4,5 Regenmonaten und unter etwa 500 mm Jahresniederschlagsmenge einen Übergangsbereich zu den Trockensavannen (sommerfeuchte Tropen, Kap. 4.8).

In den trockenen Mittelbreiten schließen die Wüsten und Halbwüsten an die Steppen an. Die Kurzgrassteppe (dominant Kastanozems) bildet den Übergang. Diese ektropischen Trockengebiete weisen im Gegensatz zu den subtropisch-tropischen starke Jahresschwankungen der Temperatur – mit kalten Wintern – auf. Im Sommer allerdings sind ähnlich heiß wie in den Trockengebieten der niederen Breiten. Diese sind an die subtropisch-randtropischen Hochdruckgürtel gebunden oder von kalten Meeres- beziehungsweise Auftriebsströmungen verursachte Küstenwüsten (Namib, Atacama, Niederkalifornien, Westsahara/Innere Kanaren). In den Halbwüsten an den Rändern der ariden Kernwüsten sind die Sommerregen sehr unzuverlässig.

*4.5.1   Tendenzen der Verwitterungsprozesse sowie zur äolischen und
         fluvialen Dynamik*

Der Wassermangel hemmt in den Wüsten und Halbwüsten der Erde die chemischen Verwitterungsprozesse. Deshalb überwiegt die physikalisch-mechanische Gesteinszerstörung unter Bildung von klastischen Verwitterungsprodukten unterschiedlicher Korngröße, von gröbstem Schutt bis hin zur Grobtonfraktion.

Die Verwitterungsprozesse in den Trockengebieten sind sehr von der *Insolation* abhängig. Einer starken Erhitzung der Gesteine tagsüber steht eine intensive Auskühlung in der Nacht gegenüber. Dies bewirkt vor allem in grobkristallinen Massengesteinen eine Gefügelockerung, weil die unterschiedlichen Minerale des Gesteinsverbands verschiedene Ausdehnungskoeffizienten aufweisen. Die jeweils andere Reaktion auf die Temperaturschwankungen baut Spannungen auf, die das Abgrusen oder das Abschuppen (Desquamation) von Detritus und sogar Kernsprünge – unterstützt durch abrupte Abkühlung zum Beispiel bei plötzlichen Gewitterregen – verursachen.

Die leicht mobilisierbaren Salze – auch die Carbonate und Gips – bleiben sehr lang im geomorphodynamischen System und können nicht in Lösung abtransportiert werden. Die episodisch bis periodisch meist kleinräumigen Niederschläge bewirken eine unvollständige Durchfeuchtung der Gesteinsoberflächen: Wasser dringt entlang von Klüften oder feinen Rissen oft nur wenige Zentimeter ins Gestein ein, löst dabei Carbonat, Gips oder Salze. Nachfolgende Verdunstung läßt sie rekristallisieren und dabei einen erheblichen Kristallisationsdruck auf das Gestein ausüben. *Calci-, gypsi-* und *haloklastische Verwitterungsprozesse* sind in Reihenfolge ihrer Nennung (Löslichkeit) in zunehmend trockeneren Gebieten aktiv (EITEL und BLÜMEL 1997). Dabei kann sich nach Anfeuchtung der Gesteine auch ein Kapillarwasserzug an die Gesteinsoberfläche ausbilden, wo *lithogene Salze* ausgefällt werden und Rinden gebildet werden. Dies unterstützt die Desquamationsprozesse. Zusätzlich spielt morgendliche Taunässe eine Rolle, ebenso der Wechsel zwischen Insolation und Beschattung (LESER 1993).

Die Bodengesellschaften in den (Halb-)Wüsten der Erde sind durch die geomorphologischen Prozesse, die reliefgesteuerte Oberflächenwasserverteilung und das bis in die Pedosphäre wirkende Grundwasser geprägt. Besondere Bedeutung in den Trockengebieten hat die *äolische Dynamik*: Bei der Verwehung (Deflation) von Böden und Substraten werden die feinsten Korngrößen (Ton und Schluff) in Suspension besonders weit transportiert, während Sande saltierend (springend) nur wenige Meter ohne Bodenkontakt zurücklegen. Die Deflationsgefahr ist um so größer, je lückenhafter die Vegetation beziehungsweise je stärker das Wüstenpflaster (S. 127) geschädigt ist (z. B. durch Wildtritt, anthropogene Tätigkeit, fluviale Extremereignisse). Dieser Prozeß kann zur Kappung von Profilen und zur Exhumierung ursprünglicher Unterbodenhorizonte führen. Auch die Termitenbauten der Dornstrauchsavannen unterstützen diesen Vorgang: Die Insekten transportieren Feinmaterial aus tieferen Bodenhorizonten an die Oberfläche, wo es von ihren Bauten abgespült und verblasen wird (Bild 25). Dem Bodenverlust steht der äolische Eintrag von Substanzen in die pedogenetischen Prozesse gegenüber. Sandüberwehungen können präexistente Böden fossilieren. Feinere Korngrößen können Staubauflagen bilden (*desert loess, Wüstenrandlöß*) (stellvertretend YAALON und GANOR 1973) oder in die vorhandenen Substrate eingemischt werden. Derartige Einträge können sowohl die bodenphysikalischen Parameter, als auch den Bodenchemismus völlig verändern (vgl. Kap. 4.6.3). Die in den Trockengebieten mobilisierten Staubmengen wurden lange Zeit wenig beachtet, doch kann man mit einem globalen jährlichen Staubaufkommen von 130 bis 800 Mio. t rechnen (RAPP und NIHLÉN 1991).

Noch immer nicht völlig geklärt ist die Effizienz der *fluvialen Prozesse* in den Wüsten und Halbwüsten der Erde, da die einmal entstandenen fluvialen Formen über lange Zeit erhalten bleiben und eine aktive aktuelle Geomorphodynamik vortäuschen. Zur Lösung der Frage können jedoch die Reifegrade der Böden wie Wüstenpflaster, Vesikularhorizont, Kalk-, Gips- oder Salzdynamik (Kap. 4.5.2) Aussagehilfe leisten. Wichtig für die Bodengesellschaften ist, wo die mit hoher Variabilität und Intensität fallenden Niederschläge abfließen und wo sich das Wasser sammelt. Bei periodischem oder episodischem Abfluß, ist die Versalzungsgefahr gering, da die hohe Löslichkeit der Salze immer wieder für deren Abfuhr sorgt. Diesen hydrologisch begünstigten, oft mit Galeriewald bestandenen, wegen der aktiven Formung aber nur schwach entwickelten *Fluvisols* stehen die *Solonchaks* gegenüber. Sie finden sich dort, wo sich in Endpfannen oder großen Becken mit Salztonebenen das Oberflächenwasser sammelt, verdunstet und die gelöste Fracht ausfällt. Auf den nur sehr weitständig mit Vegetation bestandenen oder völlig vegetationslosen Ebenen verhindert das Luftpolster des trockenen Bodens ein schnelles Versickern, so daß große Mengen des Niederschlags selbst hier in flachen Rinnen oberflächlich abfließen. Die Böden werden kaum so stark durchfeuchtet, daß autochthone oder allochthone (meist äolische) Stoffe durch einen deszendenten Sickerwasserstrom aus der Pedosphäre entfernt werden. Akkumulationen bis hin zur Hartkrustenbildung leicht löslicher Substanzen sind die Folge.

Besonders schwer abschätzbar ist die Bodenentwicklung an den Hängen. Hier bildet oft eine mehr oder weniger residuale grobe Lage aus Schutt- und Blöcken die Oberfläche, die meist sehr stabil ist und alle Merkmale der Rindenbildung aufweisen kann. Doch die geomorphodynamische und pedogenetische Ruhe ist oft nur vorgetäuscht: Wie in den periglazialen Gebieten kommt es bei den seltenen Niederschlagsereignissen zu intensiver *Dränagespülung* zwischen und unter den Schuttdecken, die frisch verwittertes, aber auch äolisch eingewehtes Feinmaterial in die Tiefenlinien transportiert. Dort kann es akkumuliert oder fluvial und äolisch weiterbefördert werden. Typischerweise sind viele granitoide Inselbergkomplexe fast nackt, was an der Desquamation und dem Abgrusen liegt, also Verwitterungsprozessen, die an kluftarmen Massengesteinen kaum größere Schuttdecken zu produzieren vermögen. Unter den groben Schuttdecken an Hängen metamorpher und sedimentärer Festgesteine finden sich dagegen oft ältere Deckschichten mit größeren Mengen Feinmaterial, das bereits Anzeichen einer Verbraunung aufweist.

Ein wichtiges Kennzeichen alter Trockengebiete ist der Verbleib der leicht löslichen Stoffe im pedogenetisch-geomorphologischen System. Dies bedeutet, daß auch Salze, Gipse und Carbonate durch die äolische und kleinräumig oder kurzzeitig wirksame fluviale Dynamik immer wieder aufgearbeitet, umgelagert und in neue pedogenetische Prozesse einbezogen werden. Ein derartiges *Stoffrecycling* innerhalb der jeweiligen Trockengebiete belegt das enge Zusammenwirken von Geomorphodynamik und Pedogenese.

4.5.2 Charakteristika der Bodenbildung

Wegen der unterschiedlichen geoökologischen Bedingungen sind die Böden und Bodengesellschaften in den Wüsten und Halbwüsten der Erde sehr verschieden. Und dennoch führen besonders die speziellen hygrischen Bedingungen zu gemeinsamen Merkmalen (*yermic phase*; FAO 1997).

Offensichtlich ist der *geringe Humusgehalt* der Böden, der eine direkte Folge der Vegetationsarmut ist. Selbst in Bereichen mit kontrahierter Vegetation oder in der Halbwüste liegt der Humusgehalt in den Böden meist deutlich unter 1 %, denn die lange Trockenheit erlaubt kein intensives Bodenleben und keine effiziente Humifizierung. Die geringe Streumenge wird zudem oft noch verweht. Zu den gemeinsamen Merkmalen gehört die *hohe tägliche Temperaturamplitude* auf der Landoberfläche, die unter anderem auf den Bewölkungsmangel tagsüber (hohe Insolation) wie auch während der Nacht (starke Ausstrahlung) sowie auf die fehlende isolierende Vegetationsdecke zurückzuführen ist. Die Trockenheit der obersten Dezimeter unterstützt dabei die tägliche Erhitzung, da die absorbierte Strahlung fast völlig in fühlbare Wärme umgewandelt wird und der latente Wärmefluß wegen der schwachen Verdunstungsraten gering ist. Die Aufheizung der obersten Bodenbereiche bis über 40 °C ist wegen der guten Strahlungsabsorption der Erdoberfläche wesentlich höher als die der Luft. Weil das Substrat ausgetrocknet ist, sind die Hohlräume luftgefüllt, was zu geringer Wärmeleitung in tiefere Bereiche führt. Trotz der hohen Tagestemperaturen der Bodenoberfläche dringt die Hitze deshalb nur wenige Zentimeter in den Boden ein (GRAETZ und COWAN 1979).

Dieses *Luftpolster* verhindert zugleich die schnelle und tiefe Infiltration des episodisch-periodisch, vor allem in den (Sub-)Tropen in der Regel mit großer Intensität (Menge pro Zeit) fallenden Niederschlagswassers und erhöht den Oberflächenabfluß. Die Folge ist, daß nur bei außergewöhnlichen Ereignissen und dann auch meist nur bei sehr permeablen Substraten (Sande, Kiese) ein deszendenter Sickerwasserstrom auftritt, der bis in den Grundwasserkörper reicht. In der Regel bleiben die Unterböden beziehungsweise Lockersubstrate dauernd trocken. Dies hat erhebliche Folgen für die boden-

bildenden Prozesse: Der Mangel an Durchfeuchtung verhindert eine dauer-
hafte Entkalkung/Entbasung und hemmt damit die chemischen Verwitterungsprozesse. Verbraunung/Rubefizierung und Verlehmung sind deshalb
ausgesprochen schwach oder fehlen als bodenbildende Prozesse völlig.
Damit spielen auch die Prozesse der Lessivierung und Podsolierung keine
nennenswerte Rolle.

An die Stelle sogenannter *Pedalfere*, Böden wie sie für die feuchten
Gebiete der Erde mit Eisen- und Aluminiumdynamik kennzeichnend sind,
treten deshalb – wie schon in den trockeneren Steppen – die *Pedocale*. Das
sind Böden, die sich durch eine neutrale bis alkalische Reaktion sowie freie
Carbonate auszeichnen. Die unzureichende Durchfeuchtung der Böden mobilisiert lediglich leicht lösliche Substanzen, vor allem Salze. Zu ihnen gehören
auch Calciumcarbonat ($CaCO_3$) und Gips ($CaSO_4 \cdot 2\ H_2O$), doch werden
diese Minerale von den noch leichter löslichen Salzen – besonders Natrium-
Salzen, Nitraten und Boraten – unterschieden. Die Mobilisierung bedeutet
jedoch nicht Abfuhr der im Bodenwasser gelösten Stoffe, sondern auch deren
Transport und bei Wasserverdunstung die Anreicherung im Boden. Da der
Sickerwasserstrom nicht bis zum Grundwasser reicht, erfolgt bei deszendenter Verlagerung die Ausfällung und Anreicherung der gelösten Substanzen in
tieferen Bodenhorizonten. Unter idealen Bedingungen erfolgt mit zunehmender Profiltiefe und Löslichkeit zunächst die Carbonatisierung, dann die Gips-
anreicherung und zuletzt die Salzakkumulation (Abb. 29). Vor allem Kalk-
und Gipsanreicherungen können harte Krusten bilden. Andererseits kann
besonders bei höherem Grundwasserspiegel und feinkörnigem Substrat, das
einen aszendenten Kapillarwasserstrom bis an die Bodenoberfläche ermöglicht, auch eine Umkehr der Abfolge der Anreicherungen erfolgen. Die hohen
Temperaturen in den obersten Zentimetern des Bodens sorgen dann für die
rasche Verdunstung des Bodenwassers und für die Ausfällung der gelösten
Substanzen, der leichtlöslichen Salze als letzte oft direkt an der Oberfläche.

In den ariden Kernräumen weisen die praktisch humusfreien Böden oft
gemeinsame texturelle Merkmale auf. So führt die Deflation auf Dauer zu
einem *Wüstenpflaster*, indem die feinsten Bestandteile (Ton, Schluff und
Sand) verweht werden und gröbere Komponenten residual an der Oberfläche
angereichert sind. Für die geomorphodynamische Stabilität der Standorte ist
diese Steinauflage von großer Bedeutung, denn – einmal entwickelt – schützt
sie das darunter liegende Substrat vor weiterer Deflation. Das Wüstenpflaster
kann in abflußperipheren Bereichen ein sehr hohes Alter erreichen. Dies
belegt die Bildung harter Rinden (v. a. aus Fe-, Mn-, Si-Oxiden) oder auch
Windschliff an den Steinen. Zudem erhöht es die Oberflächenrauhigkeit und
verhindert dadurch die Verspülung des feineren Substrats (Bild 17).

Derartige Wüstenböden besitzen direkt unter dem Wüstenpflaster eine
Schicht schluffig-feinsandigen Materials, das – abhängig vom jeweiligen

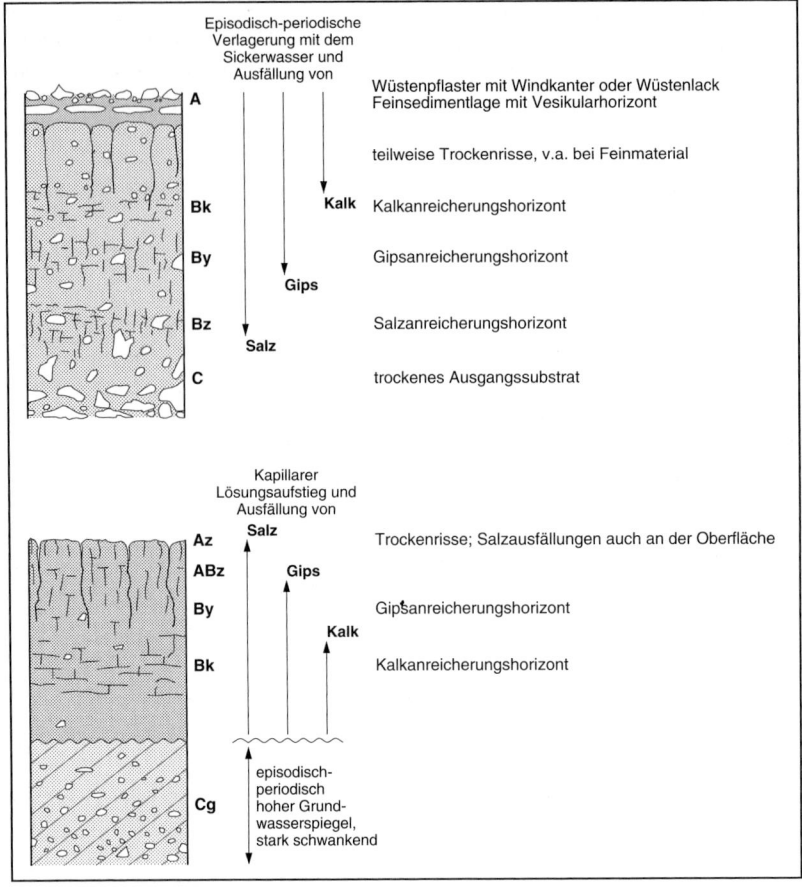

Abb. 29a: Modellhafte Betrachtung der deszendenten Verlagerung von Kalk, Gips und Salzen in den Unterboden.

Die Tiefe der Verlagerung ist abhängig von der Häufigkeit und Intensität der Durchfeuchtungsereignisse. Der Grundwasserspiegel liegt tief und wird vom Sickerwasser nicht erreicht. Die leicht löslichen Salze werden als letztes, das heißt auch bei seltener Durchfeuchtung in den tieferen Profilbereichen ausgefällt. Das Wüstenpflaster ist an aride Kernräume geknüpft.

Abb. 29b: Vor allem bei hohem Grundwasserspiegel und schluffig-lehmigem Substrat transportiert episodisch, periodisch, seltener auch ganzjährig ein kapillarer Bodenwasserstrom Lösungen bis an die Oberfläche.

Mit zunehmender Verdunstung in den stark erwärmten obersten Abschnitten erfolgt die Ausfällung nach der Löslichkeit der transportierten Stoffe.

Salz-, Gips-, Kalk- oder Tongehalt – leicht verfestigt ist. Die bis zu faustgroßen Aggregate können eine Bläschenstruktur beziehungsweise Grobporen aufweisen, die an Nadeleinstiche erinnern. Dieses Phänomen entsteht, wenn seltene Niederschlagsereignisse auftreten und das einsickernde Wasser auf eingeschlossene Luft trifft, die leicht komprimiert wird und dann plötzlich entweicht. Kombiniert mit Quell- und Schrumpfwirkung von hydratisierbaren Bodenbestandteilen kann durch diesen *Vesikularhorizont* (auch *Schaumboden* genannt) sogar eine Materialsortierung und Anreicherung gröberer Komponenten an der Oberfläche erreicht werden (Bild 18). Dies unterstützt die Bildung eines Wüstenpflasters (SPRINGER 1958). Unter den Vesikularhorizonten ist bei ton- und schluffreicherem Material das Substrat oft zu Säulen oder groben Prismen aggregiert, dessen Spalten mit einem lockeren Schluff-Sand-Gemisch gefüllt sind. Diese Spalten gehen auf episodische Durchfeuchtung und Austrocknung der mehr oder weniger salzhaltigen Sedimente und Verwitterungsdecken zurück und werden durch das eingewehte Feinmaterial offengehalten (BLUME 1985, 1987).

Die Böden der Wüsten- und Halbwüsten weisen physiognomische Konvergenzen zu den Böden der Polarwüsten auf (MECKELEIN 1965), unterscheiden sich jedoch durch ihre pedogenetisch-geomorphodynamischen Prozeßkombinationen (vgl. Kap. 4.1.3). Bei der Überarbeitung der Legende zur Weltbodenkarte der FAO-UNESCO wurden 1988 neben anderen Hauptbodengruppen die Xerosols und Yermosols gestrichen und die Gypsisols und Calcisols eingeführt. Diese bilden zusammen mit den Solonchaks, Solonetz sowie den Leptosols, Regosols und Arenosols die verbreitetsten Bodengesellschaften in den Halbwüsten und Wüsten der Erde. Nachfolgend sind die wichtigsten Kennzeichen typischer Hauptbodengruppen zusammengestellt, die zum Verständnis der Erläuterungen dienen. In Einzelfällen müssen zur Bodendifferenzierung zusätzliche Unterscheidungsmerkmale herangezogen werden (s. FAO 1997).

4.5.3 Charakteristische Böden in den Trockengebieten

Im Gegensatz zu anderen Ökozonen treten in den Wüsten und Halbwüsten der Erde *Leptosols* (Horizontfolge z. B. A-R oder A-C, manchmal auch mit dünnem Unterboden, B, oder humosem Oberboden, Ah) nicht nur an steilen Hängen oder in hohen Gebirgen, sondern auch auf gut dränierten, ebenen Standorten großflächig auf. Sie sind entweder flachgründig (weniger als 30 cm mächtig) auf Festgestein, oder auf carbonatreichem Material (über 40 % Carbonat) beziehungsweise auf durchgehenden Hartkrusten (s. u.) entwickelt. Bei mächtigeren Lockersedimentdecken spricht man von Leptosols, wenn die obersten 75 cm des Profils weniger als 20 % Feinerdeanteil aufweisen.

Gegenüber diesen skelettreichen und meist flachgründig über Festgestein entwickelten Leptosols sind die *Regosols* Rohböden (Horizontfolge meist

A-C), die auf feinkörnigere Lockersedimente mit einer Mindestmächtigkeit von 100 cm beschränkt sind. In den Trockengebieten treten vor allem die Calcaric Regosols sowie die Gypsic Regosols (Kalk beziehungsweise Gips mindestens zwischen 20 cm und 50 cm Profiltiefe) auf. Salzreiche Horizonte sind ausgeschlossen (s. Solonchak).

Arenosols sind die typischen Sandböden der Trockengebiete. Laut Definition ist die Bodenart bis in mindestens 100 cm Profiltiefe gröber als sandiger Lehm, und sie weisen weniger als 35 % Skelett beziehungsweise Verwitterungsreste des Anstehenden auf. Da Böden fluvialer Sande (Fluvisols) oder vulkanischer Ascheschichten (Andosols) als eigenständige Hauptbodengruppen klassifiziert werden, bilden sich Arenosols meist auf umgelagerten äolischen Sanden (Bild 24).

Calcisols sind Böden, die in den obersten 125 cm einen mindestens 15 cm mächtigen Kalkanreicherungshorizont mit 15 % oder mehr $CaCO_3$ besitzen. Dieser *calcic horizon* (FAO 1997) braucht bei carbonatischem Ausgangsmaterial nur 5 % mehr Carbonat als der darunter liegende Horizont aufweisen. Calcisols liegen auch dann vor, wenn bis in mindestens 125 cm Kalkkonkretionen oder Kalkausfällungen (Kalkpuder) auftreten. Verhärten die Kalkausfällungen zu harten Kalkkrusten (i. d. R. dicker als 10 cm und in > 30 cm Tiefe), dann liegen *Petric Calcisols* vor (Bild 20).

Gypsisols haben einen über 15 cm mächtigen Gipsanreicherungshorizont, der mindestens 5 % mehr Gips enthält als das Ausgangssubstrat (C). Das Produkt aus der Mächtigkeit des Gipshorizonts (in cm) und seines Gipsgehalts (in %) muß in jedem Fall > 150 betragen. Gypsisols können auch eine Gipskruste innerhalb der obersten 125 cm des Profils (*Petric Gypsisols*) oder zusätzlich noch einen Kalkanreicherungshorizont aufweisen (Bild 19).

Die Solonetz (Kap. 4.4.3), die ihr Hauptverbreitungsgebiet vor allem am Rand der Trockengebiete haben, gehören als Na-Böden jedoch nicht zu den halomorphen Böden. Die typischen Salzböden sind die *Solonchaks*. Nach FAO (1997) wird der Salzgehalt mit Hilfe der elektrischen Leitfähigkeit (bis in 30 cm Profiltiefe) gemessen. Ein Solonchak weist ganzjährig eine Leitfähigkeit > 4dS/m (entspricht etwa 0,2 Gew. % Salz) bei pH > 8,5 oder periodisch bei 25 °C > 15dS/m (entspricht etwa 0,65 Gew. % Salz) auf (*salic properties*). Letzteres trifft vor allem auf die Salzböden der kontinentalen eurasiatischen Trockengebiete zu.

Hauptbodengruppen beziehungsweise Bodeneinheiten, die nur innerhalb einiger Horizonte der obersten 100 cm eine elektrische Leitfähigkeit > 4 dS/m (bei 25 °C) haben, sind keine Solonchaks. Die Böden erhalten die Bezeichnung *salic phase* angefügt (z. B. Eutric Fluvisol salic phase). In der Regel handelt es sich um Böden, die einem zunehmenden Versalzungsprozeß unterliegen.

Mit den Solonchaks sind die tonreichen *Takyre* verwandt (BREBURDA 1987). Beide Böden sind oft an Senken oder Pfannen gebunden. Die früher auch im deutschen Sprachraum häufig verwendete russische Bezeichnung wird in der FAO-Bodennomenklatur nicht mehr berücksichtigt. Takyre sind meist Solonchaks. An der Oberfläche besonders salzhaltig und im Unterboden tonreicher, zeichnen sie sich durch starke Quell- und Schrumpfwirkung mit tiefreichender polygoner Spaltenbildung (bei Austrocknung) aus und besitzen so auch Merkmale der Vertisols (Kap. 4.8.4).

Wie die Solonetz gehören auch die Calcisols bodengeographisch und ökozonal nicht zu den Wüsten, sondern zu den Halbwüsten. In den Tropen sind beide Hauptbodengruppen charakteristisch für die Übergangsgebiete zwischen Halbwüste und Dornstrauchsavanne, in den Ektropen zwischen Wüsten- und Trockensteppe. Die Entstehung und Verbreitung der Calcisols, Gypsisols und Solonchaks hängt von den hygrischen Bedingungen der semiariden bis extrem ariden Gebiete ab (Abb. 31). Ihnen gemeinsam, vor allem was die Bildung pedogener Krusten betrifft, ist die Bindung an geomorphodynamisch stabile Standorte.

4.5.4 Calcisols und pedogene Kalkkrusten: Entstehung, Einflüsse von Klima und Klimawandel

Die Kalkkrusten der Calcisols sind überwiegend nicht auf aszendente, sondern auf deszendente Verlagerungsprozesse (Abb. 29) zurückzuführen – sieht man von wenigen besonderen Bildungsbedingungen wie kalkhaltiges oberflächennahes Grundwasser bei feinkörnigem Substrat oder laterale Carbonatzufuhr ab (ROHDENBURG und SABELBERG 1969, BLÜMEL 1982, BUSCHIAZZO 1990, EITEL 1994a): Aus oberflächennahen Profilbereichen wird mit dem episodisch oder periodisch auftretenden schwachen Sickerwasserstrom Carbonat gelöst und in den Unterboden transportiert. Die Aufkalkung erfolgt dort vor allem durch Übersättigung der Bodenlösung mit Calciumhydrogencarbonat ($Ca(HCO_3)_2$) infolge von Wasserentzug durch Verdunsten oder wenn der CO_2-Partialdruck sinkt, weil CO_2 in gröbere Poren beziehungsweise die Atmosphäre entweicht. Die Anreicherung kann durch pH-Anstieg im Unterboden unterstützt werden.

Die Tiefe der Akkumulation hängt von der Permeabilität des Substrats und dem Grad der Durchfeuchtung ab: Je besser die Durchlässigkeit und je feuchter die Verhältnisse, desto tiefer entwickeln sich die Anreicherungshorizonte. Mächtigere Anreicherungen bis hin zu Zementationen entstehen daher in Abhängigkeit von Substrat und Bodenwasser in unterschiedlicher Tiefe in Gebieten zwischen etwa 150 mm und 500 mm mittlerem Jahresniederschlag. Die Geschwindigkeit der Kalkanreicherung hängt dabei auch von der Häufigkeit der Durchfeuchtungen ab. Sobald der Sickerwasserstrom Kontakt zur Grundwassertafel erhält, wird Kalk ausgetragen.

Dies belegt noch einmal, daß die Calcisols – trotz häufigen Auftretens auch in sehr trockenen Gebieten – *keine Wüstenböden* sind, sondern daß sie in einem breiten klimatisch-ökozonalen Übergangsbereich der semiariden Landschaften von den Dornstrauchsavannen bis in die Halb- oder Randwüsten entstehen. Dort sind sie häufig polyklimatische Bildungen oder Paläoklimazeugen. Letzteres trifft vor allem auf subaerische Ckm- beziehungsweise Bkm-Horizonte (Hartkrusten) zu, deren Exhumierung oft auf eine Aridisierung wechselfeuchter Landschaften zurückzuführen ist: Die Anreicherungen bilden bei ausreichend vorhandenem Carbonat bis über einen Meter mächtige Kalkkrusten (engl.: *calcrete*; span.: *caliche*; Bilder 21 und 22).

Ihr Aufbau verläuft in mehreren Schritten: Über erste feine Kalküberzüge auf Verwitterungsdetritus oder in Wurzelgängen führt weitere Kalkanreicherung zu nodulären Konkretionen. Lamellare Abscheidungen, die auf mögliche Luftkisseneffekte bei plötzlicher stärkerer Durchfeuchtung nach vorausgegangener Austrocknung zurückgehen, haben wabenartige Verfestigungen besonders in horizontalen Lagen und Klüften zur Folge. Diese insgesamt noch feinkörnigen Vorstadien in Form eines Ck-, Bk- beziehungsweise bei Konkretionen eines Ckc- oder Bkc-Horizonts können dann zu einer widerständigen Hartkruste (Ckm- oder Bkm-Horizont) verfestigt werden. Dabei ist das Aushärten der Kruste wichtig, das Folge einer Klimaänderung hin zu trockeneren Bedingungen sein kann: Die carbonatischen Lösungen werden nicht mehr in größere Tiefen transportiert, was die Carbonatisierung immer höherer Profilbereiche bedingt. Dies erzeugt mit der Zeit mächtige Kalkanreicherungshorizonte, die bei zunehmender Aridisierung auch intensiver austrocknen. Die Abnahme der Permeabilität ist damit verknüpft. Beide Entwicklungen resultieren in wachsendem Oberflächenabtrag mit Exhumierung der Ckm- beziehungsweise Bkm-Horizonte. Endgültige Austrocknung und Verfestigung zu einer pedogenen Kalkkruste schließen den Diageneseprozeß ab (NETTERBERG 1969, BLÜMEL 1991).

Bis weit über 1,5 m mächtige monogenetische Kalkkrusten mit Carbonatgehalten im Oberkrustenbereich von etwa 50 % bis über 90 % können das Bindemittel nicht nur durch die Entkalkung ehemaliger Decksedimente erhalten haben – besonders dann, wenn die vorliegenden Substrate weitgehend kalkfrei sind. Auch die Carbonatneubildung aus der Silikatverwitterung ist nicht in der Lage, diese Mengen in situ zu produzieren – vor allem nicht in Trockenklimaten. Es scheint, daß in vielen Trockengebieten der Erde sehr mächtige Kalkkrusten auf die äolische Zufuhr carbonatreichen Staubs in die Böden zurückzuführen sind (stellvertretend REEVES 1970, BLÜMEL 1982; s. Kap. 4.4.6 und Kap. 4.4.8). Bei auch in geologischen Zeitmaßstäben lang anhaltender Trockenheit verbleibt das Carbonat weitgehend im pedologisch-geomorphologischen System. Es ist unter anderem durch die Wiederaufarbeitung von Kalkkrusten unter Verwehung und Einarbeitung der freigesetzten

Kalkstäube in unkonsolidierte Lockersubstrate mit Bildung jüngerer Kalkkrustengenerationen belegt (EITEL 1993).

Ist die äolische Aufkalkung gering oder fehlt sie ganz, so kann es durch Konzentration des autochthonen Carbonats im Unterboden, Austrocknung mit Verhärtung des Kalkanreicherungshorizonts und Abtrag des entkalkten Oberbodens zur Krustenexhumierung kommen. Derartige Krusten sind zwar dann nicht so mächtig wie diejenigen, die zusätzliches allochthones Carbonat enthalten, aber sie verfügen über denselben Aufbau (Abb. 30): Der gesamte pedogenetische Komplex *Kalkkruste* wird durch unterschiedliche Strukturmerkmale gegliedert: Die typische Krustenbildung erfolgt in einem Lockersediment, in dem sich eine schwach verbackene noduläre Unterkruste entwickelt, die mit einer Bienenwabenstruktur in die harte Oberkruste übergeht. Den Abschluß bildet eine detritusarme Lamellenkruste, die nach der Exhumierung durch wiederholte Kalklösung sowie Wiederausfällung entstand und den jüngsten Teil der Kalkkruste darstellt. Diese Struktur ist ein wichtiges Unterscheidungsmerkmal pedogener Kalkkrusten von phreatischen Zementationen oder Verbackungen im Bereich von Abflußlinien, in denen Carbonat

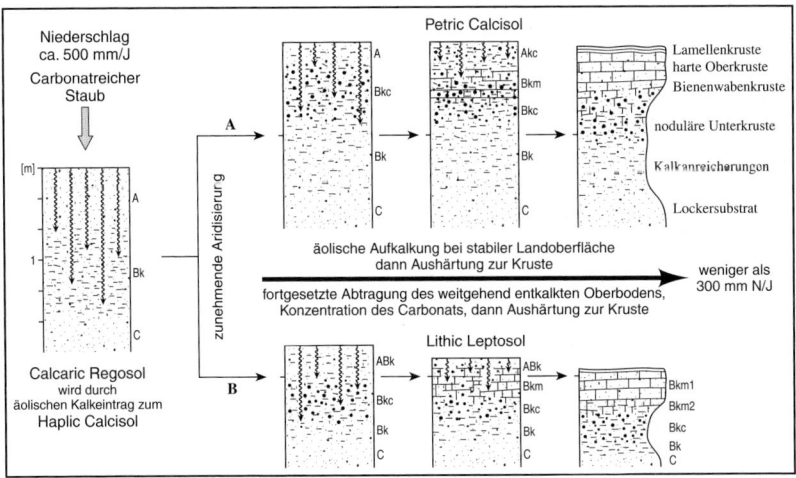

Abb. 30: Modell der Kalkkrustenbildung unter allmählicher Aridisierung.
Ausgangsboden: Calcaric Regosol (>2% CaCO$_3$) beziehungsweise Haplic Calcisol (>15% CaCO$_3$). Übergangsstadium: Lithic Leptosols (mit Bkm in <30 cm Tiefe) bzw. Petric Calcisol (Bkm in >30 cm Tiefe). A: Bei einigermaßen stabiler Landoberfläche: äolische Aufkalkung mit sehr mächtiger Krustenbildung und folgende flachgründige Exhumierung. B: Bei Abtragung des zunehmend entkalkten Oberbodens, geringer äolischer Aufkalkung aber deszendenter Konzentration des Carbonats: Aushärtung zu geringmächtigerer Kruste. Die typischen Strukturmerkmale der exhumierten Kalkkrusten sind in beiden Fällen entstanden. Beide Prozeßabläufe können auch kombiniert sein. Durch erneuten Sedimentauftrag kann ein zweiter Zyklus zu Kalkkrusten ablaufen (polyzyklische Kalkkrusten). Sind die bodenbildenden Prozesse ausschließlich auf die Kalkanreicherung beschränkt, dann handelt es sich nicht um B-, sondern um Ck, Ckc bzw. Ckm-Horizonte.

bei zurückgehender Wasserführung ausfällt. Pedogene Kalkkrusten können mehrfach überprägt worden sein (polyzyklische pedogene Kalkkrustengenerationen, EITEL 1994a).

Unter dem in Calcisols vorherrschenden alkalischen Milieu sind die chemischen Verwitterungsprozesse stark reduziert. So entstehen auch andere Tonminerale als in feuchten, gut dränierten und mehr oder weniger sauren Bodenmilieus. In Calcisols und in Verbindung mit der Kalkkrustengenese tritt in mäßig alkalischem Milieu (um pH 8,5) und bei hohem Mg + Si : Al-Verhältnis in der Bodenlösung häufig *Palygorskit*, ein Tonmineral mit Faserstruktur (Bild 23), auf (Kap. 2.2.3). Das Magnesium stammt dabei meist aus der Lösung Mg-reichen Calcits oder aus Dolomiten. Calciumcarbonat rekristallisiert bei der Krustenbildung in Mg-ärmerer Form wieder und verdrängt dabei Si. Die Löslichkeit von Quarz und amorpher Kieselsäure in alkalischem Milieu fördert die Si-Verfügbarkeit. Neben Palygorskit ist auch Sepiolith, ein Mg-reicheres mit Palygorskit verwandtes Mineral (früher: Meerschaum), verbreitet (SINGER 1984, JONES und GALAN 1988). In den Calcisols der Übergangsgebiete zu den Halbwüsten findet die pedogene Palygorskitbildung die besten Klimabedingungen, da diese Fasersilikate der Calcisols bei stärkerer Durchfeuchtung und Verwitterung – wie beispielsweise in den Trockensavannen – zerfallen oder in Smectite umgewandelt werden (PAQUET und MILLOT 1972, BIGHAM et al. 1980). Diese Klimaabhängigkeit erlaubt Rückschlüsse auf das Paläoklimamilieu während der Entstehung der Kalkkrusten (EITEL 1994b). Die hohe Mobilität von Kieselsäure in alkalischem Milieu kann in alten Kalkkrusten und unter leicht feuchteren Verhältnissen zur allmählichen Desilifizierung höherer Profilabschnitte und Silifizierung tieferer Unterbodenhorizonte führen (NETTERBERG 1982).

Calcisols treten in fast allen Klimaten mit ausgeprägten Trockenzeiten auf, so daß die Kalklösung das Carbonat nicht aus der Pedosphäre austrägt. Besonders mächtige und großflächig auftretende Kalkkrustenkomplexe und Calcisols sind in den semiariden Trockengebieten des Südlichen Afrika zu finden, vor allem in der Westlichen Kalahari, aber auch im Südwesten der USA, am Rand der Thar-Wüste Indiens sowie in besonders trockenen Teillandschaften der winterfeuchten Subtropen. Vor allem im Süden Australiens verbreitet, treten die Calcisols aber in den inneraustralischen Trockengebieten stark zurück, da hier oft alte, tiefgründig verwitterte und damit weitgehend kalkfreie Verwitterungsdecken die Substrate bilden. In den kontinentalen Mittelbreiten sind sie oft mit Böden der Wüsten- beziehungsweise der Trockensteppe vergesellschaftet.

4.5.5   Gypsisols und pedogene Gipskrusten: Entstehung und Aspekte ihrer paläoklimatischen Bedeutung

Gips ($CaSO_4$ • $2H_2O$) ist in der Natur nicht so häufig wie Calciumcarbonat ($CaCO_3$) anzutreffen. Dies liegt auch an der besseren Löslichkeit. Meist stammt das Sulfat aus anstehenden gipsreichen Gesteinen oder sulfatreichen Lösungen. Von Endseen, Pfannen oder lokalen Ausstrichbereichen ehemals mariner Gesteine abgesehen, gibt es selten großflächige Gypsisol-Gesellschaften.

Eine Ausnahme bilden Küsten, wie die südwestafrikanische Namib, vor der kalte Auftriebswässer eine hohe marine Biomasseproduktion fördern. Die große Menge abgestorbenen Zoo- und Phytoplanktons führt zu anaeroben Bedingungen auf dem Schelf und zur Bildung von viel H_2S. Das Gas wird exhaliert, auf photochemischem Weg zu Sulfat umgewandelt und in die Böden der Küstenwüsten eingetragen (Boss 1941, Eriksson 1958, Besler 1972). Dort entsteht – zusammen mit lithogenem, pedogenem oder allochthonem Calcium – Gips.

Auf diese Weise können Kalkkrusten, die in früheren Feuchtphasen entstanden, oberflächlich zu Gipskrusten umgewandelt werden (Watson 1988). Diese Abfolge (oben Gips, unten Kalk) belegt bei deszendenter Einarbeitung die nachträgliche *Gipsifizierung*, denn bei syngenetischer Bildung müßte sich das leichter lösliche Sulfat *unter* dem Carbonat akkumulieren (Abb. 29). Gypsisols sind im Gegensatz zu den Calcisols viel eher Wüstenböden, denn das Sulfat wird bei stärkerer Durchfeuchtung des Bodens sehr schnell ausgewaschen. Oberflächennahe Gipsanreicherungen oder gar mächtige Gipskrusten, die von der Struktur her den Kalkkrusten gleichen, belegen sehr lang anhaltende Aridität und geomorphodynamische Stabilität eines Gebiets und dienen deswegen geomorphologischen und paläoklimatischen Interpretationen (Heine und Walter 1996).

4.5.6   Entstehung und Verbreitung von Solonchaks

Solonchaks sind meist an das Umfeld von Endseen oder Pfannen und an Binnenbecken mit endorhëischer Entwässerung gebunden (Schotts, Playas, Lagunas, Bolsone, Pans, Vleys etc.). Hier erfolgt die Zufuhr von Salzen durch natürlichen fluvialen Eintrag und anschließende großflächige äolische Umverteilung der Salze nach dem saisonalen Trockenfallen der Binnenseeflächen beziehungsweise der Uferbereiche. Dabei können langfristige Klimaschwankungen und anthropogene Einflüsse die Effizienz derartiger Prozesse steigern. Ein Beispiel dafür ist die gegenwärtige Aralsee-Austrocknung. Der salzige Seeboden wird verweht und in weitem Umland in die Böden eingetragen (Letolle und Mainguet 1996).

Darüber hinaus treten Salzböden bei hohem Grundwasserspiegel und kapillarem Aufstieg salzreicher Lösungen bis an die Bodenoberfläche auf. Verbreitet sind sie auch dort, wo in Trockengebieten undurchdachte Bewässerungsmaßnahmen zur Versalzung landwirtschaftlicher Nutzflächen geführt haben. Als großflächige relief- und grundwasserunabhängige Erscheinung sind die Solonchaks fast ausschließlich auf meernahe Gebiete der Küstenwüsten beschränkt. Dort erfolgt der Salzeintrag über die Meeresluft beziehungsweise über die Blasensprüh und Gischt der Brandung. Die Salze werden zunächst oberflächlich angereichert und gelangen erst bei den seltenen Regenfällen in größere Profiltiefen (mindestens 30 cm), so daß dann von einem Solonchak gesprochen werden kann. Solche Solonchaks sind daher meist recht alte Böden, die eine hohe Persistenz der halophil-ariden Umweltbedingungen voraussetzen.

4.5.7 Sequenz von Bodengesellschaften in Abhängigkeit von Klima und Landschaftsgeschichte am Beispiel der mittleren Namib (südwestafrikanische Küstenwüste)

Eine exemplarische hygrisch-geoökologische Bodenzonierung ist in der mittleren Namib (Namibia) ausgebildet. Von der Dornstrauchsavanne an der Großen Randstufe Südwestafrikas geht die Wüstensteppe mit abnehmender Intensität der Sommerniederschläge in die Nebelwechsel- und schließlich in die kühle Nebelwüste über. Die Bodengesellschaften zeichnen den hygrischen Wandel nach (Abb. 31):
1. An der _Randstufe_ und im östlich gelegenen _Hochland_ überwiegen Leptosols, in Mulden und Becken auf jungen Lockersedimenten aus Schieferdetritus auch Calcaric Regosols. Reifere Calcisols und Kalkkrusten sind selten, da ältere Decksedimente weitgehend fehlen.
2. Dies ändert sich am _Namib-Ostrand_, wo mächtige, zum Teil auch polygenetische Kalkkrustenkomplexe entwickelt sind. Die Kalkkrustenbildung läuft hier rezent sehr langsam und wenig tiefgreifend ab, da es insgesamt sehr trocken ist. Das Carbonat wird überwiegend eingeweht und stammt vor allem aus der Wiederaufarbeitung älterer Kalkkrustengenerationen im Osten der Randstufe (_Kalkkrustenmultiplikation_, EITEL 1993). Die Kalkkrustenkomplexe und viele Calcisols sind nicht nur rezente Bildungen, sondern spiegeln vor allem feuchtere (semiaride) Vorzeitklimate wider (EITEL 1995). Neben (sub-)rezenten Calcisols sind auf alten Kalkkrustenflächen mit einer Kalkhamada auch Leptosols verbreitet, auf jungen Sandüberwehungen auch schwach entwickelte Arenosols.
3. In der _Nebelwechselwüste_ (BESLER 1972) fällt etwa die Hälfte des Niederschlags als Nebel, mit dem auch Schwefel aus dem Meer eingetragen wird.

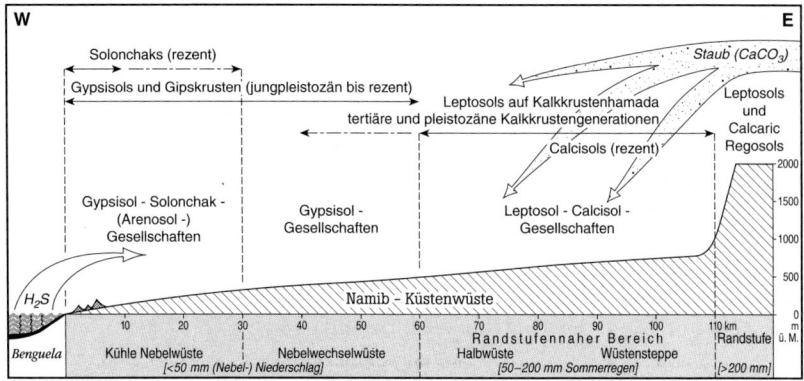

Abb. 31: Der hygrisch bedingte Wandel der Bodengesellschaften in der Zentralen Namib (Namibia) von Calcisol- über Gypsisol-Gesellschaften zu Solonchaks.

Die West-Ost-Sequenz entspricht der löslichkeitsabhängigen vertikalen Differenzierung (Abb. 29). Der Schwefel für die Gypsisols stammt überwiegend von Exhalationen aus anaëroben biogenen Schelfablagerungen. Das Carbonat wird v. a. durch Staubeintrag aus der westlichen Kalahari geliefert. Überlagert wird die Bodenverbreitung durch paläoklimatische Einflüsse.

Die Bildung von Gips führt zur Weiterentwicklung beziehungsweise Überprägung älterer Calcisols und Kalkkrusten aus etwas feuchteren Phasen. Daneben entstehen Gypsisols aus autochthonem lithogenem Carbonat oder äolisch eingetragenem Kalkstaub. Hier überschneiden sich daher nicht nur die klimatischen Einflüsse (westlichste Ausläufer sehr unsicherer tropischer Sommerregen und kühle Nebelwetterlagen von der Küste), sondern auch die pedogenetisch wirksamen stofflichen Einflüsse (Schwefeleintrag über den Nebel und Kalkeintrag über Stäube aus dem semiariden Binnenland). Wie in der Wüstensteppe sind immer noch zahlreiche kleine Tiefenlinien mit Fluvisols zwischen die Gipskrusten geomorphodynamisch weitgehend stabiler Landoberflächen eingeschaltet.
4. Zu den großflächigen Gypsisol-Gesellschaften treten mit weiterer Annäherung an die Küste in der *kühlen Nebelwüste*, die so gut wie keine saisonalen Regen mehr erhält, immer mehr Solonchaks. Diese Salzböden finden sich in kleinen Deflationswannen, Talzügen und in unmittelbarer Küstennähe. Hier sind zudem Arenosols auf Flugsanddecken und Dünen entwickelt, die vor allem aus Strandsanden stammen und im Küstenhinterland akkumuliert worden sind.

4.5.8   Semiarid-aride Boden-Toposequenz am Beispiel von Fußflächenlandschaften

In vielen Trockengebieten der Erde mit Bergländern oder Schichtstufenkomplexen mit zwischengeschalteten Becken (z. B. Basin-Range-Strukturen in Nordamerika) sind weitgespannte Fußflächen entwickelt. Diese Großformen sind nicht rezent, sondern die Folge ehemals semiarider, etwas feuchterer Geomorphodynamik (ca. 150–300 mm Niederschlag). Im Gegensatz zu der Bodenabfolge in der Namib-Küstenwüste, welche die Klimaabhängigkeit der Bodengesellschaften verdeutlicht, bilden die Böden auf den Fußflächen oft von Relief und Geomorphodynamik abhängige Toposequenzen (Abb. 32):

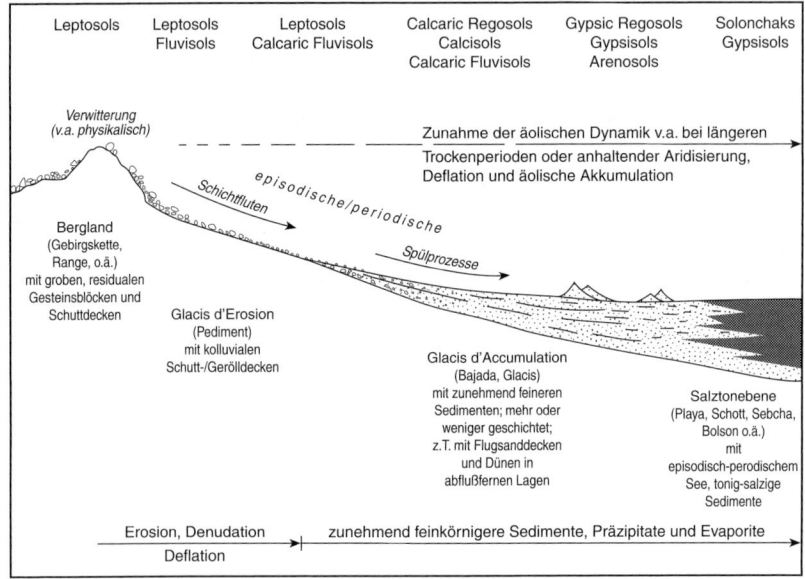

Abb. 32: Modell einer typischen Fußfläche (oft eine Vorzeitform) in Trockengebieten mit den wichtigsten pedogenetisch relevanten geomorphologischen Prozessen und Formen.

Sie steuern die Boden-Toposequenz, die – stark vereinfacht – von den Leptosols der Berg- und Vorländer zu den Calcisols, Gypsisols und Solonchaks der aufsedimentierten Becken führt.

Im Bergland selbst sowie im Hangfußbereich und auf dem Pediment verhindert die auch bei seltenen Abflußereignissen sehr intensive Abtragung (Schichtfluten) eine Akkumulation von Feinmaterial. Nur das Grobmaterial, meist schwach gerundete Fanger, bleibt zeitweise liegen, während das Feinmaterial aquatisch weitertransportiert oder in Trockenphasen ausgeblasen wird. Wegen der Instabilität der Oberfläche, der hohen Reliefenergie und des Mangels an Feinboden entstehen Leptosols und in den sich immer wieder verlagernden Abflußbahnen auch Fluvisols. Mit zurückgehender Reliefenergie sinkt auch die Transportkraft der auslaufenden Fluten, und es wird immer mehr sedimentiert. Die Sedimente werden durch den Rückgang des Gefälles gegen das Beckenzentrum hin feiner. An die Stelle der Leptosols treten zunehmend Regosols. Sie halten das Bodenwasser länger, so daß auch chemische Verwitterung (v. a. Lösung und Mineralsalzbildung) stattfindet. Nicht alle Abflußereignisse erreichen das Beckenzentrum, so daß schon auf dem *Glacis d'Accumulation* (Abb. 32) ein Teil der Lösungsfracht ausfällt. Dies geschieht nach der Löslichkeit der Substanzen, also zuerst der Kalk, mit weiterer Annäherung an das Beckentiefste immer mehr Gips. Die Regosols sind daher mit Calcisols und Gypsisols vergesellschaftet. Die Salze werden auch von schwachen Wasserabkommen schnell ausgewaschen und mit den feinsten Feststoffen ins Beckenzentrum gespült. Dort in der Salztonebene, wo zeitweise ein (Salz-)See zurückbleibt, werden Solonchaks gebildet.

Auf dem Glacis und im Becken spielt die Deflation eine Rolle, denn das feinkörnige Material ist leicht zu verwehen. So können sich bei längeren Trockenphasen oder in fluvial nicht mehr überprägten Bereichen Flugsanddecken oder Dünen mit Arenosols entwickeln. Selbst im Bereich der Salztonebene und ihrem Umfeld ist die Vegetationsdichte gering, denn das größere Wasserangebot nutzen nur wenige Halophyten. Dies bewirkt, daß die Deflation in den Trockenphasen auch die Solonchaks erfaßt und salziges Solum äolisch großflächig verteilt. Auf diese Weise können sogar salztonferne Böden nachhaltig verändert werden.

4.5.9 Die Böden der Trockengebiete als Kohlenstoffsenke und paläoklimatische Archive

Die Calcisol-Bildung, besonders aber die ausgedehnte Kalkkrustenentstehung, hat Rückwirkungen auf das Weltklima (CO_2-Problematik). Neben der Bindung des organischen Kohlenstoffs (Kap. 4.1.5 und Kap. 4.2.6) stellen die pedogenen Carbonate eine bislang noch wenig untersuchte Kohlenstoffsenke dar.

Es wird geschätzt, daß in den Böden der Erde etwa 1 500 Mrd. t an organischem Kohlenstoff gebunden sind (vgl. Kap. 4.8.9). Zum Vergleich: In der Atmosphäre befinden sich etwa 720 Mrd. t und die Vegetation der Erde bindet etwa 560 Mrd. t (SCHLESINGER 1991). In den Trockengebieten liegen jedoch die wichtigsten Speichergebiete für *anorganisch (carbonatisch) gebundenen pedogenen Kohlenstoff.*

Allein in Namibia sind schätzungsweise eine halbe Million km² von pedogenen Kalkkrustenkomplexen bedeckt, deren Mächtigkeit bis zu mehreren Metern beträgt (EITEL 1994a). In der Westlichen Kalahari sind sie groß-

nutzbare Fläche (Überflutungen mit Zerstörung der Pflanzungen und der Infrastruktur) erheblich (Vogg 1981).

Die oberflächennahe Carbonatisierung führt in Lockersedimenten zur Bildung von Kalkkonkretionen (Akc-Horizonte). Diese mindern die Erosions- und Deflationsanfälligkeit der Landoberflächen. Zugleich wird die Permeabilität erhöht, was bei hohen Niederschlagsintensitäten den Oberflächenabfluß reduziert. Mit dem Wasser werden wiederum weitere Stoffe, wie allochthones Carbonat oder andere Pflanzennährstoffe, eingearbeitet. Die Inwertsetzung von Calcisols – auch wenn keine Krusten ausgebildet werden – wird durch Dürrestreß und den geringen Gehalt an organischer Substanz (damit meist Schwefel-, Phosphor- und Stickstoffmangel) begrenzt. Kalium ist in den Calcisols fast immer ausreichend vorhanden (Glimmer), doch unter den alkalischen Bedingungen kaum verfügbar. Dies gilt auch für Gypsisols. Extrem nachteilig ist die Exhumierung massiver Kalkkrusten durch Abtrag der lockereren Oberböden. Eine dichtere Grasvegetation kann nicht aufkommen, so daß selbst eine weidewirtschaftliche Nutzung kaum mehr möglich ist.

Extensive (Fern-)Weidewirtschaft ist nur noch in den Halbwüstengebieten praktikabel. Bei Überstockung mit Vieh beziehungsweise durch dessen Konzentration an den wenigen Wasserstellen wird die Vegetation großflächig degradiert. Wegen der Gefügelockerung durch den Viehtritt sind die Böden sehr deflationsgefährdet. In den Dornstrauchsavannen zeigt die Verbuschung eine erste Degradation an.

Die landwirtschaftliche Nutzung der Böden erfolgt in den Halbwüsten und Wüsten der Erde fast ausschließlich durch künstliche Bewässerung. Mit der Oasenwirtschaft sind eine ganze Reihe von Problemen verknüpft, die direkt oder indirekt auf die Böden zurückwirken. Eines der größten Probleme ist die *Bodenversalzung*. Das Wassermanagement ist dabei von zentraler Bedeutung: Bei den herrschenden hohen Verdunstungsraten und der oft mangelhaften Qualität des Bewässerungswassers (oft primär salzreich) ist es notwendig, die Felder übermäßig zu bewässern, um damit das gelöste Salz wieder aus der Anbaufläche zu entfernen. Bei ungenügender Tiefe der Dränagegräben droht dabei allerdings sekundäre Versalzung durch laterale Infiltration salziger Lösungen. Außerdem muß das dränierte Wasser ausreichend weit von den Nutzflächen abgeleitet werden, da am Dränageende bei Verdunstung/Versickerung lokale Salzanreicherungen bis hin zu Salzseen entstehen können. Das Salz in der Bodenlösung wirkt dem osmotischen Zelldruck der Pflanzen entgegen und vermindert die Aufnahme von Wasser und Nährstoffen über die Wurzeln. Außerdem wirken verschiedene Mineralsalzionen zum Teil auf die Pflanzen toxisch. Moderne Bewässerungstechniken, wie die Tröpfchenbewässerung, vermindern die eingesetzte Wassermenge durch eine genauere Dosierung und begrenzen daher die Gefährdung der genutzten Böden.

Viele Oasen entstanden an natürlichen Grundwasseraustritten. Die Ausdehnung des Anbaus als Folge des Bevölkerungswachstums kann nur mit der zusätzlichen Anlage von Tiefbrunnen geschehen. Dies führt aber zu einer lokalen Absenkung des Grundwasserspiegels, zum Versiegen älterer Flachbrunnen und zur *Austrocknung* der schon genutzten Felder. Damit verbunden ist eine starke Verhärtung verdichteter Unterböden an der Pflugsohle und die Gefahr des Versandens von Feldern. Durch die Bearbeitung und den Wechsel zwischen Bewässerung und Austrocknung wird der *Abbau der ohnehin geringen Humusmenge* in den Böden beschleunigt. Dies verursacht nicht nur einen Nährstoffverlust, sondern auch eine wesentlich ungünstigere Textur der bearbeiteten Böden. Werden neue Felder in Kultur genommen und wird durch die Bearbeitung das Wüstenpflaster entfernt oder zerstört, so droht *Deflation* des Feinbodens beziehungsweise Erosion bei episodischen Starkregenereignissen – vor allem auf geneigten Flächen. Da die Feinbodenbestandteile nicht nur die wichtigsten Nährstoffträger sind, sondern auch die physikalischen Eigenschaften der Böden verbessern (Dränage, Wasserleitfähigkeit, Aggregatbildung, Durchwurzelung u. a.), schränkt deren Verlust die potentielle Fruchtbarkeit der Standorte stark ein. Alle anthropogen ausgelösten Degradationsprozesse führen unter negativer Selbstverstärkung in den nutzungslabilen Trockengebieten letzlich die *Desertifikation* (lat.: deserta facere = wüst machen) herbei (MENSCHING 1990). Die Entwicklung muß aber nicht immer bis zu gekappten Profilen oder Solonchaks gehen. Es können in den intensiv genutzten Anbaugebieten auch neue Bodentypen entstehen, wie vor allem die Anthrosols.

Die Oasenwirtschaft kann aufgrund der Bodengefährdung und der Limitierung durch das Wasserdargebot die Anbauflächen nicht wesentlich ausweiten. Deshalb ist Stockwerksanbau üblich, der die verfügbare Bodenfläche besser nutzt und bei günstigen Wärmeverhältnissen mehrere Ernten im Jahr erlaubt.

4.6 Böden und Bodengesellschaften in den winterfeuchten Subtropen

Die winterfeuchten Subtropen sind auf die Westseiten der Kontinente etwa zwischen 30° und 40° geographischer Breite beschränkt. Es handelt sich um fünf Gebiete: Kalifornien, Mittelchile, die Kapregion in Südafrika, das südwestliche beziehungsweise südliche Australien und den Mittelmeerraum, der als größtes zusammenhängendes winterfeuchtes Subtropengebiet mit mehr als 50 % Anteil an der Gesamtfläche der Ökozone herausragt. Die weiträumige Trennung der Gebiete hat große landschaftsökologische Unterschiede zur Folge, denen jedoch gemeinsame Merkmale gegenüberstehen (ROTHER 1984). Zu den wichtigsten gehört, daß es sich stets um meernahe Gebiete handelt, die nur wenige 100 km weit ins Landesinnere reichen. Damit verbunden sind hohe winterliche Niederschläge, wenn die Zyklonen der Westwinddrift die Gebiete erfassen. Es fallen in der Regel zwischen 300 und 600 mm Niederschlag, der durch orographische Effekte auch wesentlich höher sein und im Gebirge zum Teil auch als Schnee fallen kann. Im Sommer dagegen befinden sich die winterfeuchten Subtropen im Wirkungsfeld der subtropisch-randtropischen Hochdruckgebiete. Trockenheit und hohe Insolation sind die Folge. Wenigstens fünf Monate sind arid. Die Temperaturen werden allerdings durch den ozeanischen Einfluß etwas gemäßigt. Die Mitteltemperatur des wärmsten Monats liegt zwischen 10 °C und 22 °C beziehungsweise über 22 °C (Csb- beziehungsweise Csa-Klima nach KÖPPEN 1931), die des kältesten Monats zwischen 18 °C und –3 °C. Der ausgeprägten Sommertrockenheit haben sich die Vegetationsgesellschaften angepaßt, die – heute überwiegend stark degradiert – aus *Sklerophyllen* (Hartlaubgewächsen) bestehen.

Unter den winterfeuchten Subtropen nimmt das Mittelmeergebiet als alter Kulturraum eine Sonderstellung ein (LE HOUEROU 1981). Seit dem frühen Holozän – verstärkt seit der Antike (z. B. BRÜCKNER 1983, 1997) – hat der Mensch ausgehend von der Levante bis in den westlichen Mittelmeerraum besonders zur Gewinnung von Ackerflächen, zu Bauzwecken (Schiff- und Siedlungsbau) sowie zur Energiegewinnung große Flächen gerodet und damit nachhaltig in die Ökosysteme eingegriffen. Intensive Beweidung und Überweidung vieler Flächen verursachte bis in die Gegenwart hinein weitflächige Bodendegradation.

Klima und Relief begünstigen die seit Jahrtausenden wirksame *Bodenerosion*: Die akzentuiert fallenden Niederschläge treffen vor allem im Herbst nach der sommerlichen Trockenheit auf einen ausgetrockneten Oberboden, dessen Poren mit Luft gefüllt sind. Durch die tonreichen Residuallehme der verbreiteten Kalkgesteine ist die Neigung zu oberflächlicher Abspülung ohnehin groß. Bei geschädigter Vegetationsdecke kommt es im Berg- und Hügelland zu starker Bodenerosion und zur Verfüllung der Tiefenlinien und Talzüge beziehungsweise zur Aufschüttung in Becken und an der Küste. Nur selten sind daher auf geneigten Flächen vollständig entwickelte Böden anzutreffen. In der Regel handelt es sich um gekappte Profile, und in den Bergländern sind oft nur noch flachgründige und/oder steinreiche Leptosols anzutreffen. In den Tieflagen dagegen herrschen Bodensedimente vor, in denen eine eigenständige Bodenbildung einsetzte. Die Degradation der Böden steht in enger Wechselwirkung mit der Entwicklung einer Sekundärvegetation (Abb. 33).

Die Biomasseproduktion ist in den winterfeuchten Subtropen durch die Trockenheit während des Sommers gehemmt, was allerdings in der feuchten Winterregenzeit zum Teil wieder ausgeglichen wird. Für die *Streu- und*

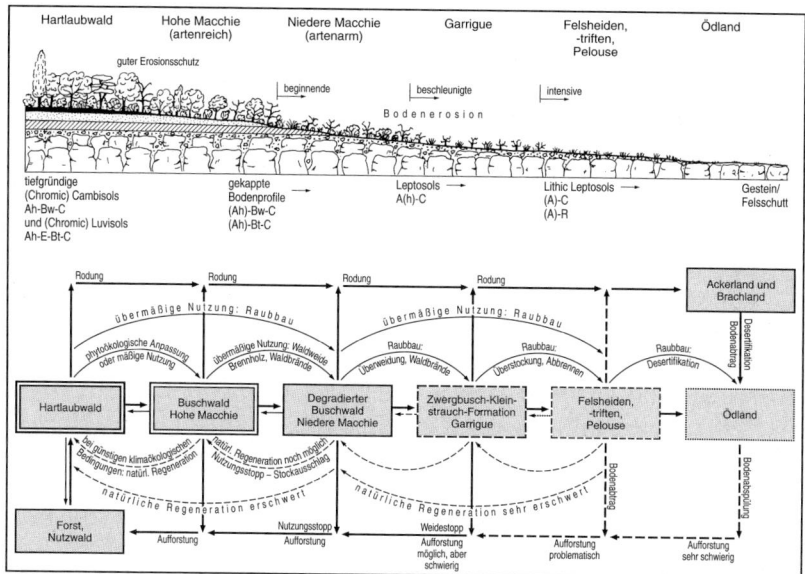

Abb. 33: Bodenabtrag und Degradationsstadien des mediterranen Walds (nach GIESSNER 1990)

Humusbildung entscheidender ist die Zusammensetzung beziehungsweise der Degradationsgrad der Pflanzengesellschaften. So verläuft die Humifizierung der Streu eines Steineichenwalds schneller, wodurch der Humusgehalt des Bodens hier wesentlich höher ist, als in der meist sekundär, unter menschlichem Einfluß gebildeten, an Sklerophyllen noch reicheren Macchie und Garrigue.

Die Humifizierung und die Remineralisierung der Streu werden aber generell durch die trockenen Bedingungen gehemmt. Hinzu kommt, daß das Stützgewebe der Sklerophyllen nur schwer abbaubar ist. Dies kann zu beträchtlicher Humus- und Streuakkumulation führen: Die Streumenge erreicht in den Gebieten mit mediterraner Hartlaubvegetation jährlich etwa 50 t/ha (READ und MITCHELL 1983). Bei der Mineralisierung der organischen Auflagen spielen die häufigen natürlichen und anthropogen ausgelösten *Brände* eine große Rolle. Neben der Nährstoffzufuhr über den Streuabbau sind in der Nährstoffbilanz der Böden auch äolische Einträge wichtig. Dies betrifft den Eintrag von Natrium und Magnesium über die Meeresluft ebenso wie die Nährstoffzufuhr vor allem von Stickstoff, Kalium, Calcium und Phosphor über regional und überregional verfrachteten *Staub* (RAPP und LOSSAINT 1981). Dieser stellt vor allem in den Nachbarregionen zu Wüsten und Halbwüsten einen wichtigen bodenbildenden Faktor dar.

4.6.1   Charakteristika der Böden: Rubefizierung, Lessivierung und Carbonatisierung

In vielen jungen Substraten entwickeln sich rezent unter Verbraunung *Vertic, Eutric* oder *Haplic Cambisols*. Doch kann die starke Sommertrockenheit die Hämatitbildung zu Lasten der Goethit-Entstehung begünstigen. Die daraus resultierende *Rubefizierung* tritt mit zunehmendem Wechsel von Durchfeuchtung und Austrocknung an die Stelle der Verbraunung der Böden der feuchten Mittelbreiten. Der Lösung der weitverbreiteten Kalkgesteine kommt bei der Hämatitbildung eine besondere Rolle zu. Dabei wird vor allem das enthaltene (meist um 3 %) $FeCO_3$ (Siderit) größtenteils zu Fe_2O_3 (Hämatit) umgesetzt und auf den nichtcarbonatischen Partikeln des Lösungsresiduums abgeschieden (MEYER und KRUSE 1970). Die Folge sind kräftig gefärbte, mehr oder weniger rötliche Bw-Horizonte der Böden (*Chromic Cambisols*; Bild 13). Bei geringerem Hämatitgehalt und daher dunklerer Tönung der Unterböden entsprechen sie eher der Terra fusca als der Terra rossa der in Deutschland gebräuchlichen Systematik. Die Rubefizierung unterscheidet sich von jener in weiten Teilen der Tropen dadurch, daß sie nicht in direktem Zusammenhang mit einer intensiven Kieselsäureabfuhr und Tonmineralzerstörung steht (Kap. 4.8.3).

Ein weiterer wichtiger bodenbildender Prozeß in den winterfeuchten Subtropen ist die *Lessivierung*. Wie immer ist die Tonverlagerung an ausreichend mächtige Lockersedimentdecken gebunden. In Verbindung mit der Tendenz zur Verbraunung vieler Böden könnte hierin ein weiteres Argument für die Zuordnung des Mediterranraums zur Luvisol-Zone der feuchten Mittelbreiten gesehen werden. Jedoch verläuft die Tonverlagerung etwas anders. Sie wird durch die starke Durchfeuchtung während der Regenzeit und die Austrocknung der Böden in der Trockenzeit gefördert: Bei tonreicheren Substraten – zum Beispiel Kalkresiduallehmen und ihren Derivaten – entstehen im Sommer große Schrumpfrisse, in denen bei wiedereinsetzenden Niederschlägen Tone in die Tiefe transportiert werden. Dies in Verbindung mit Peloturbation – die aber aufgrund geringerer Smectit-Gehalte nicht so stark ist wie in Vertisols (Kap. 4.8.4) – ist ein wesentlicher Unterschied zur Lessivierung in den feuchten Mittelbreiten. Oft liegen durch unterschiedlich fortgeschrittene Rubefizierung *Chromic Luvisols* vor (Bild 14), so besonders weit verbreitet an der östlichen Adriaküste, in Griechenland, an der türkischen Riviera sowie in der nördlichen Levante, aber auch im Kapland, in Kalifornien und in Mittelchile. Bei höheren Eisengehalten auf älteren Landoberflächen wie in Australien treten auch *Ferric Luvisols* auf. Bei stärkerer Versauerung und/oder geringerer Kationenaustauschkapazität der lessivierten Böden (z. B. in Nordkalifornien) treten auch Alisols, Lixisols oder Acrisols (Bild 26) auf (Kap. 4.8.3).

Bei besonders tiefgründig (über 150 cm) entwickeltem Bt-Horizont (> 30 % Ton) sind auch *Nitisols* (Horizontfolge meist Ah-(E)-Bt-C) anzutreffen. Sie liegen bevorzugt auf allochthonem Material in Senken mediterraner Kalklandschaften und/oder auf Vulkaniten wie in Süd- und Mittelitalien oder Mittelchile vor. Der Name leitet sich von (lat.: nitidus = glänzend) ab und bezieht sich auf die charakteristisch glänzenden Cutane der Aggregatoberflächen (meist Polyeder und Prismen). Bei Nitisols weicht der Tongehalt vertikal um weniger als 20 % vom Maximalwert ab und zeigt im Gegensatz zu den typischen lessivierten Böden (Kap. 4.8.3) nur diffuse Übergänge zwischen dem Oberboden, dem Lessivierungshorizont (sofern einer identifizierbar ist) und dem Unterboden. *Rhodic Nitisols* (vgl. Kap. 4.8.2) können in den Subtropen sehr mächtige Terrae rossae sein. Nach neuer Definition wird erst dann von Nitisols gesprochen, wenn sie hohe Gehalte an oxalatlöslichem, meist amorphem pedogenem Eisen aufweisen. Dies steht aber im Gegensatz zu vielen in der Regel gut kristallisierten Hämatiten der meisten Terrae rossae (s. Kap. 4.6.2). Die stabilen, grobpolyedrischen bis prismatischen Aggregate lassen das Regenwasser gut einsickern und vermindern damit die Erosionsanfälligkeit. Wegen der mittleren bis hohen Nährstoffgehalte bei tiefgründiger Durchwurzelbarkeit und hoher nutzbarer Feldkapazität, sind die Nitisols vergleichsweise fruchtbare Böden (FAO 1997).

Durch die saisonale Durchfeuchtung werden höhere Profilabschnitte in vielen Substraten entkalkt. Im Gegensatz zur Versauerung in den Übergangsgebieten zu feuchteren Nachbarzonen, wird bei den meist sehr intensiven Niederschlägen in den trockeneren Gebieten der winterfeuchten Subtropen das gelöste Carbonat nur teilweise ins Grundwasser abgeführt. Das führt zu sekundärer pedogener Anreicherung und zu Kalkanreicherungshorizonten im tiefen Unterboden von Terrae rossae (meist Chromic Luvisols). Sie kann von *Calcic Luvisols* über *Haplic Calcisols* bis hin zu *Petric Calcisols* und – durch Bodenerosion – zu exhumierten *Kalkkrusten* führen (ROHDENBURG und SABELBERG 1969). Äolische Kalkstaubeinträge können bei der Carbonatisierung der Böden eine große Rolle spielen (BLÜMEL 1982).

4.6.2   Die Terra rossa im Mediterranraum: Bindung an Kalkgesteine und äolische Sedimente

Die *Terra rossa* (früher auch *Mediterrane Roterde*) nimmt in vielen Gebieten des Mediterranraums große Flächen ein (RAPP 1984) und ist auch in Kalifornien und Mittelchile häufig anzutreffen. Ihre weite Verbreitung trotz intensiver Abtragung sowie die Tatsache, daß sie den mitteleuropäischen Haplic Cambisols (Braunerden) genetisch nahesteht und dennoch über eine Rubefizierung wie viele Tropenböden verfügt, hat bereits sehr früh das Interesse der Bodenkunde und der Klimageomorphologie geweckt (BOTTNER und LOISSAINT 1967).

Bereits LEININGEN (1917) wies auf die Entstehung der Terra rossa überwiegend aus Kalkgesteinen hin, während Cambisols (Braunerden) vor allem
unter Wald sowie auf Silikatgesteinen besonders der höheren Lagen auftreten. Das Material der Böden identifizierte er als fast immer umgelagertes
Mischprodukt, das im wesentlichen aus Kalkresiduallehm besteht und mit
lößartigen Stäuben und/oder vulkanischen Aschen angereichert wurde.
Damit sind die bis heute diskutierten Punkte bereits früh zusammengefaßt
worden: Ist die Rubefizierung oder die Verbraunung unter dem rezenten subtropischem Winterregenklima der dominante färbende Prozeß und wie alt
sind die Terrae rossae? Ist die Terra rossa in erster Linie ein Kalkverwitte-
rungsboden oder vor allem auf äolische Einträge zurückzuführen?

Während frühere Autoren der äolischen Stoffzufuhr nur wenig Aufmerk-
samkeit geschenkt haben (LEININGEN 1917, 1930), sind heute die äolischen
Einträge auch für die Terra Rossa-Bildung zumindest im Mittelmeerraum
unstrittig: Das Feinmaterial kommt aus der Sahara (Tab. 11) und ist minera-
logisch vor allem durch die hohen Quarz- und Kaolinitanteile der Böden
nachgewiesen, die nicht aus den jeweils anstehenden Kalkgesteinen stammen
können (RAPP und NIHLÉN 1986, NIHLÉN und OLSSON 1995). Die allochthonen Bestandteile zirkumsaharischer Böden wurden von JAHN (1995) untersucht. Danach sind beispielsweise in den Böden Südportugals (Chromic
Luvisols und Rhodic Nitisol) zwischen 10 % und 20 % des Stoffbestands auf
äolische Ferntransporte und etwa 10 % auf Lokalstäube zurückzuführen. Bei
ausschließlicher Betrachtung der Oberböden erhöht sich der Betrag (JAHN
1995, JAHN et al. 1996). Andere Schätzungen der äolischen Anteile in fluvial
nicht beeinflußten Reliefpositionen aus dem östlichen Mittelmeerraum gehen
von 30–40 % äolischen Anteils am Solum aus (YAALON und GANOR 1973).
Auch Sauerstoffisotopenuntersuchungen an Quarzen belegen die überwiegend allochthone Herkunft des Substrats (JACKSON et al. 1981, NIHLÉN und
OLSSON 1995). In diesem Zusammenhang muß man auch die Kaolinit/Smec-
tit-Verhältnisse in Terrae rossae sehen. Die meist dominierenden Kaolinitanteile können einerseits auf stärkere autochthone Verwitterungsvorgänge,

*Tab. 11: Raten der Staubsedimentation aus der Sahara ins Mittelmeergebiet nach ver-
schiedenen Quellen, berechnet aus rezenten (!) Staubniederschlägen und -transporten.
Während der pleistozänen Kaltzeiten ist mit wesentlich höheren Staubausträgen aus der
Arabischen Wüste und der Sahara zu rechnen.*

Pyrenäen	18–23 mm / 1000 J.	BÜCHER & LUCAS (1975)
Korsika	10 mm / 1000 J.	LOYE-PILOT et. al. (1986)
Kreta / Peloponnes	7–21 mm / 1000 J.	NIHLÉN & OLSSON (1995)
Kreta	7–8 mm / 1000 J.	PYE (1992)
Israel	20–80 mm / 1000 J.	YAALON & DAN (1974)

andererseits auf vermehrte Einträge kaolinitreichen Staubs aus der Sahara zurückzuführen sein.

Die Terrae rossae sind durch einen hohen Hämatitgehalt (bis >5%) gekennzeichnet (BOERO und SCHWERTMANN 1989, JAHN 1995). Angesichts der Vielfalt möglicher Liefergebiete und der Vermischung der Einträge mit lokalem lithogenem Material in den Böden ist unklar, inwieweit der Hämatit autochthon entstanden ist oder ebenfalls überwiegend eine Fremdkomponente darstellt (z. B. Fe_2O_3-reicher Saharastaub in den Alpen, GLAWION 1939, BÜCHER 1989).

In der Regel ist jedoch von einer autochthonen Rubefizierung auszugehen. Sie ist an die besonderen Bodenmilieus auf Kalkgesteinen gebunden: Danach wird bei einem pH-Wert um 7 in den feuchten Wintermonaten schlecht kristallisierter Ferrihydrit ($5Fe_2O_3 \cdot 9H_2O$) freigesetzt und im Sommer in Hämatit umgewandelt. Die gute Dränage der tonigen Unterböden (polyedrisches Gefüge) und die Verkarstung der Kalke (kaum Hangwasser) fördern die Trockenheit und Hämatitbildung. Das Kalkgestein schafft damit erst die Voraussetzungen für die Rubefizierung (gute Durchlässigkeit und neutrale Bodenmilieus), ohne daß die Terra rossa-Bildung allein auf die Residuen der Kalklösung angewiesen ist. Für die Rubefizierung spielt es danach zunächst keine Rolle, ob das Eisen autochthon-lithogenen oder allochthonen Komponenten entstammt (BOERO und SCHWERTMANN 1989). Doch können Staubeinträge die Rubefizierung deutlich unterstützen (JAHN et al. 1996). Es kommen also große äolische Substratmengen, fluvial-kolluviale Stoffumlagerungen und lokale Verwitterungsprodukte zusammen, was die auffällige Bindung der Terra rossa-Verbreitung an das Auftreten von Kalkgesteinen erklärt.

Bei höherem Bodenwasserangebot in Senken (Abb. 34) oder durch höhere Niederschläge in Gebirgslagen verliert die Rubefizierung gegenüber der Verbraunung an Bedeutung (BOERO und SCHWERTMANN 1987). Diese geomorphologisch-petrographischen Verteilungsmuster, die bereits von LEININGEN (1917) erkannt wurden, steuern den Bodenwasserhaushalt und erklären das häufig zu beobachtende Nebeneinander beider bodenfärbender Prozesse im Mediterrangebiet.

Hämatit ist – einmal gebildet – sehr stabil und unter den trockeneren und kühleren Bedingungen, wie sie während pleistozäner Kaltphasen auch in den subtropischen Winterregengebieten auftraten, kaum mobilisierbar. Das Alter der Terrae rossae ist daher schwer abschätzbar. Die Bildung eines einen Meter mächtigen Kalkresiduallehms würde bei heutigen Jahresniederschlagsmengen (ca. 500 mm) etwa 500 000 Jahre dauern (SPAARGREN 1979). Dies berücksichtigt allerdings nicht die Tatsache, daß die heutigen mediterranen Roterden nahezu alle umgelagerte, fluvial, kolluvial und äolisch angereicherte Mischprodukte oder reliktische beziehungsweise gekappte Böden darstellen. Die Rubefizierung wie auch die Kaolinitbildung sind mit zunehmendem Alter des Bodenmaterials ebenfalls meist älter und oft polygenetisch beziehungsweise polyklimatischer Entstehung (BRONGER und BRUHN-LOBIN 1997). So sind die Altersangaben zu verstehen, die Terrae rossae sowohl als jungtertiäre, pleistozäne oder auch rezente Bildungen ausweisen (KUBIENA 1955, KLINGE 1957, SEUFFERT 1964, SKOWRONEK 1978, SPAARGREN 1979). Aufgrund der starken holozänen Bodenerosion sind nur selten vollständige Profile anzutreffen. Bei lessivierten Böden fehlt meist der E-Horizont, was sie leicht mit Cambisols verwechselbar macht. Die Terra rossa des Mediterranraums unterscheidet sich durch die hohen allochthonen Anteile von der – fossilen oder reliktischen – Terra rossa in Mitteleuropa, die im wesentlichen einen Kalkresiduallehmboden darstellt und meist nur in den obersten Bereichen kaltzeitliche Lößbeimengungen aufweist.

4.6.3   Die Bedeutung der äolischen Einträge für die Standorteigenschaften

Die äolischen Einträge verändern die physikalischen und chemischen Eigenschaften der Böden und wirken damit auf die Bodenentwicklung. Während am Wüstenrand Sandeinträge noch dominieren, nehmen die Korngrößen mit zunehmender Distanz von den ariden Materialliefergebieten ab. Die Wüstenrandlösse (z. B. Tunesien; COUDÉ-GAUSSEN et al. 1987, RAPP und NIHLÉN 1991) sind für weiter entfernt liegende, klimatisch feuchtere Bodenregionen bedeutsam. Sie können zum Beispiel Zwischensedimentationen aus pleistozänen Kaltzeiten mit höherer Staubaktivität und rezent neue Liefergebiete sein. Aus der Sahara werden jährlich schätzungsweise 250 Mio. t Staub herausgeweht (JAENICKE 1979), davon allerdings der größte Teil nach Westen über den Atlantik (Kap. 4.8.5) und nur ein kleinerer Teil nach Norden. Über das Mittelmeer gelangen nur sehr feine Korngrößen (überwiegend < 0,02 mm Durchmesser), so daß feine Schluffe und Tone im Fernstaub dominieren.

Staubeinträge beeinflussen sowohl die Gründigkeit wie den Wasser- und Lufthaushalt der Böden. Die feinen Korngrößen können besonders bei steinigen, flachgründigen Substraten wie Lithic Leptosols die Textur verändern und zu einer erheblichen Erhöhung der Feldkapazität führen. Der Eintrag von Schluffen in tonreiche Kalkverwitterungsböden vermag die Menge des pflanzenverfügbaren Wassers zu erhöhen und vermindert den Totwasseranteil besonders im Oberboden, also jenes Bodenwasser, das so stark von den Bodenteilchen adsorbiert ist, daß es die Pflanzen nicht aufnehmen können (Kap. 2.1.4). Die Erhöhung der nutzbaren Feldkapazität in den Oberböden verzögert die sonst schnelle Abtrocknung im Frühjahr und trägt dazu bei, die Vegetationsperiode in den mediterranen Subtropen zu verlängern. In tonreichen Luvisols und Nitisols kann der Staubinput allerdings auch negative Auswirkungen haben: Ihr stabiles Polyedergefüge im Unterboden ermöglicht auf verkarstetem Gestein trotz hoher Tongehalte eine gute Wasserdurchlässigkeit. Bei höherem Schluffgehalt werden das Schrumpf- und Quellverhalten verändert und das Polyedergefüge und die innere Dränage reduziert, wodurch die Oberböden zur Verschlämmung neigen (JAHN 1995).

Äolische Einträge können auch die pedochemischen Parameter nachhaltig verändern und das Nährstoffangebot modifizieren. Eingetragene Carbonate vermindern die Tendenz zur Versauerung. Sie werden im Oberboden überwiegend gelöst, treiben in trockeneren Gebieten jedoch im Unterboden die Calcifizierung bis hin zur Krustenbildung voran. Neben Carbonat und Quarz gelangen mit den Stäuben auch Silikate (bis zu einem Drittel Ton, JAHN 1995; aber z. B. auch aus Vulkanaschen) und damit potentielle Nährstoffträger in die Böden. Besonders bei verarmten oder noch sehr jungen Böden bewirken sie eine Erhöhung der Austauschkapazität beziehungsweise eine Art „Düngung". Die Nährstofffreisetzung hängt stark von der Verwitterungsresistenz der Silikate ab: Beispielsweise werden Palygorskite, die häufig in Wüstenstäuben enthalten sind, bei intensiver saisonaler Durchfeuchtung zerstört oder in Smectite umgewandelt.

4.6.4 Charakteristische Böden und Bodengesellschaften in Kalkstein- und Mergellandschaften im Mittelmeergebiet

Die Böden und Bodengesellschaften variieren in Abhängigkeit vom Relief, dem Ausgangsgestein sowie dem Einfluß des Menschen beziehungsweise dem Alter der Bodenbildungen. Junge *Kalksteinlandschaften* nehmen im Mittelmeergebiet große Flächen ein. Sie treten vom Atlasgebirge Nordafrikas entlang der nördlichen Mittelmeerküste bis zur Levante (Alpidischer Faltengebirgsgürtel) meist landschaftsprägend auf. Die starke Reliefierung sowie die intensive Rodung und landwirtschaftliche Nutzung haben zu großflächiger Abtragung von Böden und Decksedimenten und zur Freilegung der Kalkgesteine geführt. Die jüngsten Böden derartig entblößter Kalklandschaften (Abb. 34) bilden Lithic Leptosols. Unter dichterer Sekundärvegetation haben sich auf zuvor erodierten Flächen junge, flachgründige Rohböden entwickelt, die bereits wieder einen humosen Oberboden von mehr als 10 cm Mächtigkeit (Rendzic Leptosols) besitzen und teilweise erheblich von äolischen Einträgen profitieren können. Dies betrifft sowohl den Substrataufbau in Verbindung mit lokalem Detritus oder Kalkresiduallehm als auch die allochthone Nährstoffanreicherung. Neben den Calcisols sind die Leptosols im Mittelmeergebiet am weitesten verbreitet (JAHN 1997).

Zwischen diese jungen Böden auf Kalksteinflächen in Bergländern oder an Hängen haben sich in Karsttaschen und -schlotten oder kleinen Mulden

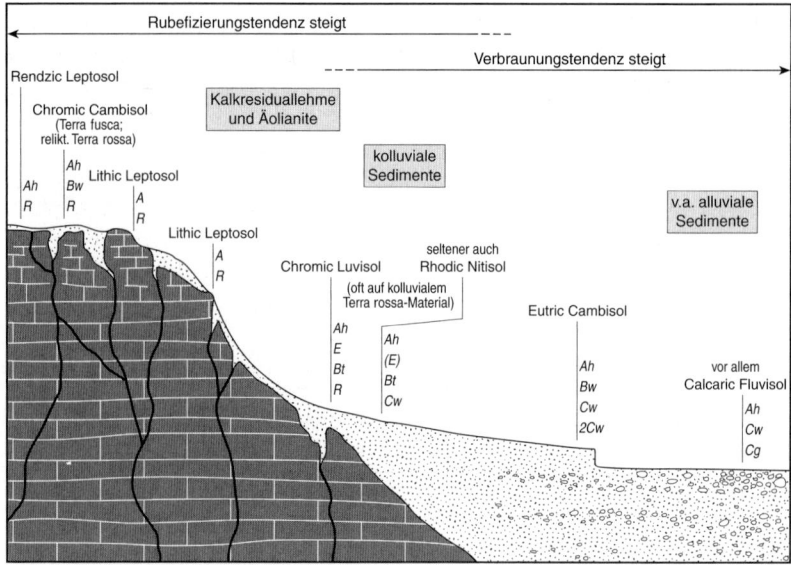

Abb. 34: Schematische Bodentoposequenz in einer mediterranen Kalksteinlandschaft.
Die Rubefizierung (oft polyklimatischer Böden) überwiegt an vielen Hängen und auf Kuppen. Rubefizierte Bodensedimente dominieren an Unterhängen und in Mulden. In jungen, vorwiegend alluvialen Sedimenten herrscht dagegen die Verbraunung vor.

Reste älterer Böden erhalten. Diese Cambisols (auch Luvisols) weisen ein meist neutrales oder nur schwach saures Bodenmilieu auf. Die Oberböden sind oft jung auf gekappten, meist umgelagerten Unterböden entstanden. Durch Basen und aus den Kalken freigesetzte Tonminerale (v. a. Illit) sind sie nährstoffreich. Höhere Quarz- und Kaolinitgehalte weisen auf einen bedeutenden Ferneintrag saharischer Stäube. Diese sind oft an der Rubefizierung dieser Böden beteiligt (Kap. 4.6.2), so daß neben Eutric und Rendzic auch Chromic Cambisols verbreitet auftreten und damit – je nach Rubefizierungsbedingungen beziehungsweise Dränage – alle Übergänge zwischen Terrae fuscae und Terrae rossae vorliegen können.

Das abgetragene Bodenmaterial wurde in den Senken, Becken und Talzügen akkumuliert, so daß hier überwiegend Bodensedimente anzutreffen sind, die großflächig erneut pedogen überprägt wurden. So finden sich in hangnaher Lage zum Beispiel Chromic Luvisols in akkumuliertem tonreichem Terra rossa-Material. Strenggenommen sind es polygenetische Terrae rossae (Chromic Luvisols).

Mit zunehmender Entfernung von den Hängen wächst der alluviale Einfluß: Die Substrate werden oft gröber und sind zunehmend von jüngerem Abtragungsmaterial gebildet. Die Verbraunung überwiegt die Rubefizierung.

Zwischengeschaltete tonigere Lagen können örtlich sogar zu Wasserstau während der Winterregenzeit führen. Hier finden sich Eutric Cambisols, bei intensiver landwirtschaftlicher Nutzung (Vega, Huerta) auch Anthrosols. Die Auen selbst besitzen einen sehr unterschiedlichen Charakter: Die Fluvisols sind – bei stärkerem Gefälle – von den jahreszeitlich auftretenden torrentiellen Hochwässern mit dem Transport sowohl feiner als auch grober Materialien geprägt. In Kalklandschaften liegen in den Auen grobe Kalksteine ebenso vor, wie feinere Sedimente, die bei zurückgehender Wasserführung akkumuliert wurden. Im allgemeinen sind die Auenböden nährstoffreich und enthalten mehr oder weniger Kalkgerölle (Calcaric Fluvisols). Hydromorphe Merkmale können auftreten, Gleysols jedoch fast nur in ausgedehnten Senken und Talzügen perennierender Gewässer, da der Grundwasserspiegel durch die starke Sommertrockenheit und das rasch abfließende Wasser in gebirgigeren Bereichen oft weit unterhalb der Solumuntergrenze liegt.

Die junge tektonisch-orogenetische Geschichte vieler Landschaften in den winterfeuchten Subtropen spiegelt sich auch in ausgedehnten *Mergelland-schaften* – zum Beispiel in Andalusien, in Teilen Italiens, Nordalgeriens oder Marokkos – wider. Diese jungen Mergel füllen meist tektonische Becken, die zwischen stärker gehobenen Gebirgsketten liegen. Die Hügellandschaften weisen Bodengesellschaften auf, die nur partiell mit jenen der Kalksteinlandschaften verwandt sind. Die Mergellandschaften wurden – auch für mediterrane Verhältnisse – schon sehr früh intensiv genutzt, da die feinmaterial- und nährstoffreichen Böden den prähistorischen Ackerbaukulturen gute Anbaubedingungen boten. Das vorherrschende lithogene Tonmineral ist Illit. Die Mergel sind sehr leicht erodierbar, was zu großem Bodenverlust im Laufe der letzten Jahrtausende geführt hat. Jungpleistozän-frühholozäne Schwarzerden (oft weniger Chernozem-artige Relikte als Vertisol-ähnliche Bildungen) sind auf den Hügeln bestenfalls noch in Relikten vorhanden oder als kolluviale Komponenten der Verfüllungen in den Tiefenlinien zu finden (KUBIENA 1955).

Die jüngsten Böden haben sich auf stark erodierten Mergelhängen (Calcaric Regosols) entwickelt. Die Humusgehalte dieser Regosols sind sehr gering (meist unter 1 %). Dies ist einerseits eine Folge der anhaltenden Bodenerosion, andererseits der Ackerbaunutzung der meisten Flächen und dem daher geringen Streuanfall. Bei fortgeschrittener Bodenbildung treten neben Calcisols auch verbraunte Eutric Cambisols und mehr oder weniger rubefizierte Chromic Luvisols hinzu (Abb. 35). Die Tonverlagerung setzt weitgehende Entkalkung und gute Dränage der Böden voraus. Gegenüber diesen Bildungen auf relativ gut dränierten Standorten finden sich in den Tiefenlinien neben den Calcaric Fluvisols (Kalk-Paternia) auch hydromorphe Böden. Sie treten in den Mergellandschaften häufiger auf als in den Kalklandschaften, was nicht nur auf die höheren Tongehalte, sondern auch auf das geringe

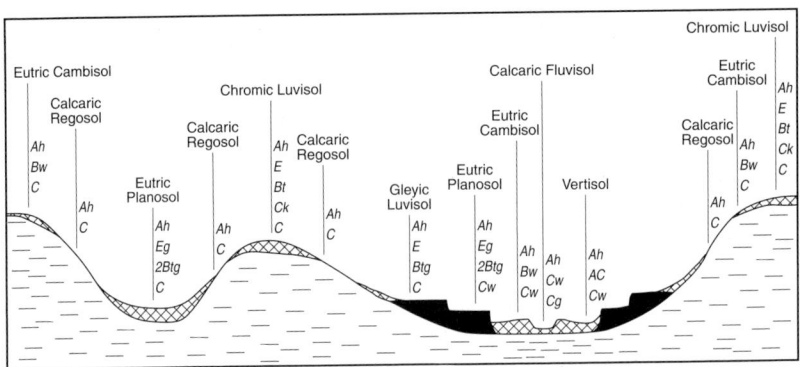

Abb. 35: Schematische Bodentoposequenz in einer mediterranen Mergellandschaft.
Tonreiche und hydromorphe Böden sind viel häufiger als in Kalksteinlandschaften.

Gefälle vieler Abflüsse in den Beckenlandschaften zurückzuführen ist.
Dadurch wird in der feuchten Jahreszeit Stauwassereinfluß möglich. Zudem
liegt der Grundwasserspiegel hier doch wesentlich höher als in den stärker
reliefierten Kalksteingebieten mit schroffen Hängen und engeren Tälern. Auf
flachen Reliefeinheiten können dann die Böden während der Wintermonate
hydromorph überprägt werden. Planosols in der nährstoffarmen Variante
(Dystric Planosols) sind dabei an ältere, weiter verwitterte und tonreiche Substrate wie in Teilen der Mancha Spaniens geknüpft. In den Auen – an abtragungsgeschützten Standorten mit geringem Gefälle – haben sich aus den Fluvisols bereits verbraunte Eutric Cambisols gebildet, die sich bei Tongehalten
über 30 % – vorwiegend Smectite – zu Vertisols mit kräftiger Peloturbation
(s. Kap. 4.8.4) weiterentwickeln können. Vertisols an derartig feuchten, tonreichen Standorten sind besonders in Andalusien in der Region Cádiz
großflächig vorhanden, in enger Vergesellschaftung mit Chromic Luvisols
aber auch in kleingekammerten Landschaften Griechenlands, der Türkei,
Kretas und Zyperns.

Zu allen Bodengesellschaften treten noch Salzböden (Solonchaks), besonders im Bereich abflußloser Hohlformen (lagunas, playas) und in
Küstennähe. Sie sind oft die Folge kapillar aufsteigenden Grundwassers, das
in Küstennähe dichter unter der Landoberfläche steht. Die Versalzungsgefahr
wächst besonders bei unkontrollierter Grundwasserentnahme aus den Aqui-
feren der Küstenebenen (intensive Landwirtschaft, hohe Bevölkerungsdichte,
Tourismus), weil Meerwasser in die ursprünglich Süßwasser speichernden
Sedimente eindringen kann. Größere Solonchak-Flächen (neben Gleysols)
sind auch in den Deltas ausgebildet, die – bewässert – teilweise zum Reisanbau (Marisma = salzhaltige Marsch) genutzt werden (BAHR 1972).

4.6.5 *Überblick über die Böden in den winterfeuchten Subtropen Kaliforniens, Chiles und Südafrikas*

Besonders die Böden in den winterfeuchten Subtropen Chiles und Kaliforniens weisen große Ähnlichkeiten mit denen im Mittelmeergebiet auf. Parallelen sind darüber hinaus nicht nur bei den klimatischen, sondern auch bei den geomorphologischen Verhältnissen (Coastal Range/Küstenkordillere, Great Valley/Längstal, Sierra Nevada/Anden) festzustellen.

Im Subtropengebiet *Chiles* herrschen Chromic Luvisols vor, an deren Seite – mit zunehmender Nähe zu den Anden – immer mehr Cambisols treten, die ihrerseits mit zunehmender Reliefenergie und mit dem hypsometrischen Wandel nach Osten zu kühler und trockener werdendem Klima zunehmend von Leptosols und Regosols abgelöst werden. Im Gegensatz zu den Verhältnissen in Kalifornien durchqueren die Flußläufe das Längstal und die Küstenkordillere. Dies führt im Längstal zu ausgedehnten Fluvisol-Gesellschaften. Im feuchteren Süden ersetzen im Bereich saurer Massengesteine und Metamorphite der Küstenkordillere Dystric Cambisols die Luvisols und leiten bereits zu den feuchten Mittelbreiten über. Im Längstal sind auf vulkanischen Substraten großflächig Andosols, aber auch Nitisols entwickelt. Besonders nährstoffreiche, leicht bearbeitbare Böden (meist Humic Andosols mit bis zu 50 cm mächtigen humosen Oberböden; DIAZ 1959/60) entstanden in der mittleren und östlichen Längssenke auf äolischen Sedimenten (*Trumao*). Dabei handelt es sich um lößartige Decksedimente vorwiegend vulkanischer Mineralzusammensetzung, die aus glazialen und fluvioglazialen Sedimenten der Westabdachung der Hochkordillere ausgeweht wurden (WEISCHET 1970, FAO-UNESCO 1971).

Das subtropische Winterregengebiet *Kaliforniens* zeichnet sich bodengeographisch im südlichen Teil durch ein enges Nebeneinander von Chromic Luvisols und Phaeozems aus. Die Lessivierung wird mit zunehmender Trockenheit im Süden schwächer und am Nordende der Kalifornischen Halbinsel treten bereits Kastanozems auf. Diese Böden sind meist auf feinkörnigen Abtragungsmaterialien der gehobenen und gefalteten Tertiärgesteine (Tonsteine, Siltsteine) der Küstenkette entstanden. Der Westabfall der Sierra Nevada wird vor allem von Graniten und Metamorphiten gebildet. Anstelle der Luvisols sind dort – ebenso wie im Norden des subtropischen Gebiets – vermehrt Alisols und Acrisols verbreitet. Die stärkere Entbasung der lessivierten Böden (s. Kap. 4.7.1) erklärt sich nicht nur mit veränderten hygrischen und petrographischen Bedingungen, sondern auch mit einem höheren Alter der Böden. Auf der Weltbodenkarte sind diese Gebiete noch einheitlich als Acrisols kartiert, was nach neuerer Nomenklatur teilweise korrigiert werden muß (FAO-UNESCO 1979, FAO 1997). Im Bergland dominieren flachgründige Cambisols beziehungsweise Regosols und Leptosols. Im Gegensatz zum chilenischen Subtropengebiet spielt der Vulkanismus der Sierra Nevada für die Böden Kaliforniens nur eine untergeordnete Rolle. Im Kalifornischen Längstal dominieren Fluvisols. Nur im südöstlichen Abschnitt treten größere Solonetz-Flächen auf.

Zusammenfassend läßt sich feststellen, daß die Chromic Luvisols in beiden Gebieten vorherrschen. Sieht man einmal von Fluvisols ab, werden Unterschiede deutlich: Acrisols und Alisols (v. a. im Norden und Osten) und Phaeozems (v. a. im Westen und Süden) bilden in Kalifornien die wichtigsten vergesellschafteten Böden, während es im subtropischen Chile die Andosols sind.

Während im Mittelmeergebiet aufgrund unterschiedlicher geomorphologisch-petrographischer Ausgangsbedingungen die Bodengesellschaften kleinräumig wechseln, ist das *Kapland Südafrikas* durch eine weitgehend einheitliche Chromic Luvisol-Region gekennzeichnet (Abb. 39, Kap. 4.7.2). Diese Luvisols bilden den Kern der Bodengesellschaften des kleinen, etwa 100 km bis 150 km breiten winterfeuchten Subtropengebiets. Sie sind im Vorland und im Bereich der südlichen Kapketten (Lange Berge) auf gut dränierten Lockersedimentdecken des devonischen Tafelbergsandsteins entwickelt. Die zuletzt im Pliozän gehobene Randstufe (PARTRIDGE und MAUD 1987) mit bis heute anhaltender Erosion überwiegend paläozoischer Sedimentgesteine hat hier zu vergleichsweise jungen Deckschichten geführt. Schon im Hinterland der Langen Berge treten neben Regosols in Senken der Kleinen Karroo besonders Leptosols an den Hängen der Schwarzen Berge und der Stufe zur Oberen Karoo (vor allem mesozoische Sand- und Siltsteine) auf, die bodengeographisch zum trockeneren Landesinneren (Karoo-Halbwüste/Südliche Kalahari) überleiten (dort dann vor allem Leptosols, Calcisols, Arenosols, Abb. 36). Die rasche Zunahme der Trockenheit verhindert hier die Entstehung von Planosols, die typisch für das südöstliche Highveld der Ostküste ist (zum Vergleich s. Abb. 39, Kap. 4.7.2). Entlang der

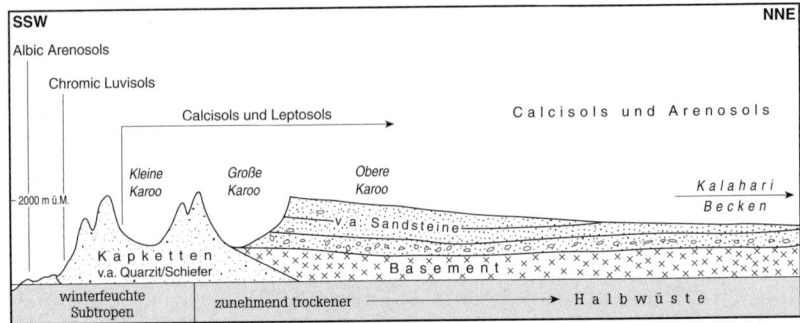

Abb. 36: Stark generalisierter Schnitt durch das südafrikanische Winterregengebiet mit den kennzeichnenden Hauptbodengruppen und Bodeneinheiten (zur Verbreitung der Böden s. Abb. 39).

Küste herrschen in einem breiten Streifen von pleistozänen Dünenzügen aus Quarzsand gebleichte Albic Arenosols vor. In den kleinen Pfannen zwischen den Dünen trifft man auf Solonchaks (FAO-UNESCO 1977).

4.6.6 Bodengesellschaften auf altverwitterten Substraten in den sub- tropischen Winterregengebieten – Beispiele aus Südwestaustralien

Primär nährstoffärmere Gesteine und ältere Böden beziehungsweiseVerwitterungsdecken prägen nicht das Bild der subtropischen Winterregengebiete. Sie sind aber dennoch, wie am Westabfall der Sierra Nevada Kaliforniens oder auch im Mittelmeergebiet (Iberisches Variszikum, Kleinasien), immer wieder zwischen die jungen kalkreichen Sedimentgesteine eingeschaltet. Bei hohem Alter der betreffenden geomorphologischen Einheiten und Substrate sowie folglich polyklimatischer Entwicklung sind dabei neben Luvisols auch Ferric Acrisols (Kap. 4.8.3) entstanden, die sich durch intensive Entbasung und verschieden fortgeschrittene Desilifizierung bei Kaolinitbildung auszeichnen (BARRON und TORRENT 1987, ESPEJO 1987).

Nährstoffarme Substrate liegen in *Australien* besonders weit verbreitet vor. Die Bodengesellschaften sind hier, im Gegensatz zu den jung gehobenen Landschaften beziehungsweise Gebieten mit quartärer äolischer oder fluvialer Mineralzufuhr, in starkem Maß an die vorverwitterten Deckschichten, Bodensedimente und Verwitterungsdecken geknüpft. Die Decksedimente und Verwitterungsdecken in *Südwestaustralien* sind sehr alt. Bereits im Tertiär (teilweise noch früher) verarmten sie durch intensive chemische Verwitterungs- und Bodenbildungsprozesse. Verwittertes Lateritkrustenmaterial (hervorgegangen aus Plinthit, s. Kap. 4.8.3) und residuale Quarzsande kennzeichnen dort die Substrate für die rezente Bodenbildung. Diese pedogen vorgeprägten Materialien sind trotz ihrer Unterschiedlichkeit alle sehr nährstoffarm und sauer. Bei aller Verschiedenheit der Substrate zeigt Südwestaustralien eine vierteilige bodengeographische Gliederung von der Küste ins Landesinnere (BETTENAY 1968), die entlang einer Südwest-Nordost-Achse sich an der Abnahme der winterlichen Niederschlagsmenge und an den geomorphologischen Landschaftstypen orientiert (Abb. 37).

Das *südwestaustralische Küstengebiet* prägen besonders im Süden nährstoffarme, gut durchlässige Quarzsande. Als Folge der intensiven Durchfeuchtung (Niederschläge in Perth: 889 mm/J, in Albany: 1 008 mm/J; MÜLLER 1987), entstanden hier neben Arenosols (Küstendünen) auf stabilen Landoberflächen vor allem Dystric Regosols und Haplic Podzols. Sie haben Bleichhorizonte, die über 1 m mächtig werden und unter denen sich zum Teil hart verbackene Ortsteinhorizonte entwickelt haben. Sie können nur mit Meliorationsmaßnahmen (Düngung, ggfs. Tiefumbruch) genutzt werden.

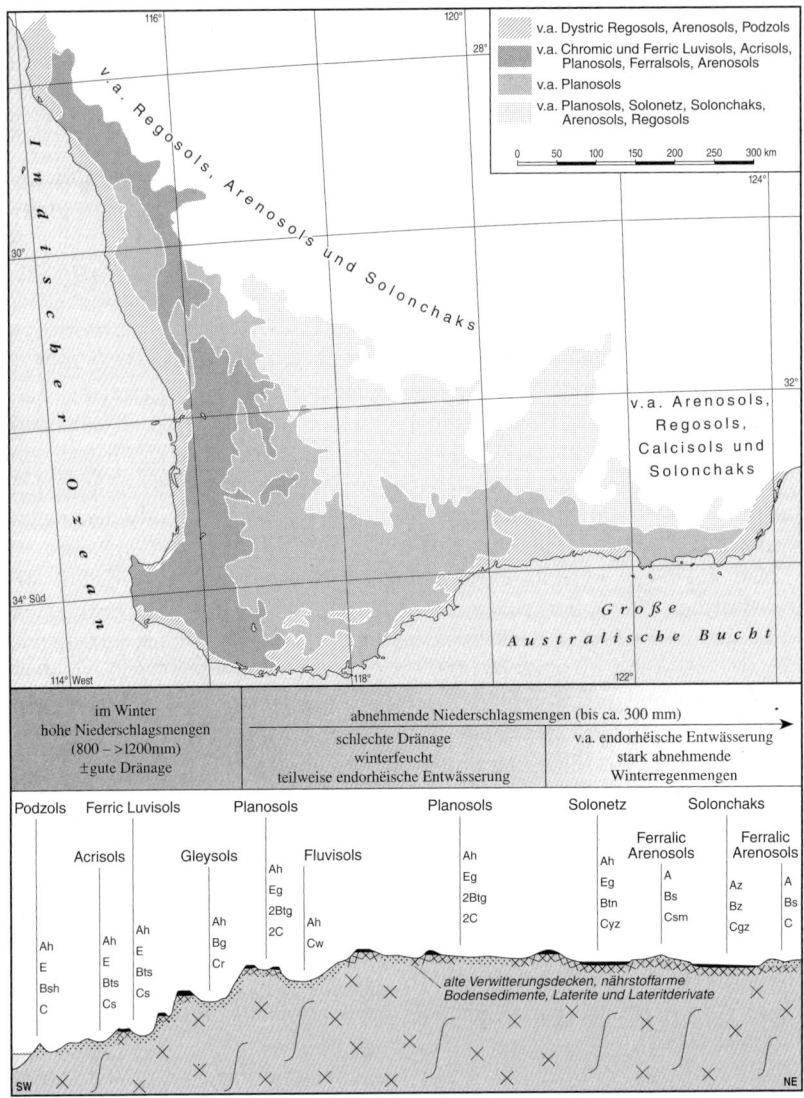

Abb. 37: Stark vereinfachte Bodenkarte des südwestaustralischen Winterregengebiets (generalisiert nach FAO-UNESCO 1978).

Deutlich die Bindung der vorherrschenden Böden an die Niederschlagsmenge und Durchlässigkeit der Substrate (Podsolierung, Lessivierung in Küstennähe, hydromorphe beziehungsweise halomorphe Böden vor allem auf den Flächen im Landesinneren). Dies belegt auch das schematische Südwest-Nordost-Querprofil (unten).

Das *Hinterland der Küste* steigt hügelig gegen den Rand des inneraustralischen Beckens hin an. Bereits wenige Kilometer von der Küste entfernt, herrschen lessivierte Böden vor. Auf kalkfreien Lockersedimenten sowie Krusten auf Kuppen und in Wasserscheidenpositionen haben sich Gleyic Acrisols, Chromic und Ferric Luvisol-Gesellschaften entwickelt. Weiter im Norden treten vielfach auch Cambic und Ferralic Arenosols sowie Rhodic Ferralsols dazwischen. Die Bt-Horizonte der bis zu zwei Meter mächtigen Ferric Luvisols werden mit zunehmender Tiefe rötlicher. Die Lessivierung überprägt hier umgelagerte, alte tropische Verwitterungs- und Bodenbildungsrelikte. Das Substrat enthält noch lateritische Aggregate, welche die Vorverwitterung des Substrats und dessen Umlagerung belegen. Insgesamt ist der Bereich zwischen der Küste und der Stufe zum Landesinneren (Darling-Kette) durch stark wechselnde Bodengesellschaften gekennzeichnet. Dies trägt dem hügeligen Relief und der hier guten Dränage der alten, durchlässigen Substrate Rechnung. Die Niederschläge sind noch vergleichsweise hoch, die Entwässerung ist jedoch zum Teil schon endorhëisch.

Im *Inneren des südwestaustralischen Winterregengebiets* dominieren Planosols (Kap. 4.7.1). Sie finden sich auf Verebnungen und vor allem in flachen Mulden zwischen Hügelketten mit mangelhafter Dränage. Bei bis etwa einem Meter Mächtigkeit und mit stark gebleichten E-Horizonten besitzen sie sehr tonreiche Unterböden. Diese sind gegen den E-Horizont mit scharfer Grenze abgesetzt und stauen das Niederschlagswasser. Mit zunehmender Tiefe gehen die Planosols in die altverwitterten, umgelagerten und tonreichen Deckschichten oder autochthonen Verwitterungsdecken der Massengesteine über. Ferric Luvisols und Ferralsols auf altverwitterten Substraten sowie Chromic Luvisols auf frischem Anstehenden sind vergesellschaftet und dominieren an flachen Talhängen, vor allem zum Avon River und zum Moore River.

Mit *Annäherung an die Trockengebiete* im Landesinneren (<450 mm/J) sind die Planosols immer stärker mit Solonetz assoziiert. Sie haben sich auf Lockersedimenten vor allem in Senken des Hügellands entwickelt. Solonchaks im Bereich endorhëischer Entwässerung (Playas) und Regosols beziehungsweise Arenosols schließen sich weiter nordöstlich an und leiten zu den Bodengesellschaften der inneraustralischen Halbwüste über. Gegen die Südküste zu (Kalksteine der Nullarbor Plain) mischen sich zudem Calcisols beziehungsweise Calcaric Regosols und Calcaric Cambisols auf Terrassensedimenten zwischen die halomorphen Böden (BETTENAY 1968, FAO-UNESCO 1978).

Während die skelettreicheren Planosols im Bereich der hügeligen Küstenabdachung vorwiegend weidewirtschaftlich genutzt werden (Schafhaltung), bilden die Planosol-(Luvisol-)Solonetz-Gesellschaften im Binnenland gute Voraussetzungen für den Getreideanbau (südwestaustralischer Weizengürtel, DAHLKE 1975, ROTHER 1984).

Im *südaustralischen Winterregengebiet* treten zu den genannten Böden große Vertisolregionen. Die Vertisols (Kap. 4.8.4) sind überwiegend rötlichbraun. Sie gehören zu einem halbkreisartigen Gebiet auf der Westabdachung der Great Dividing Range und der Australischen Alpen, in dem feinkörnige schluffig-tonige Deckschichten und Verwitterungsprodukte aus Sedimentgesteinen zusammengetragen wurden. Hier sowie im Übergangsgebiet zu den immerfeuchten Subtropen im südlichen New South Wales kommt die pedogenetische Wirkung großflächig aufgetragener beziehungsweise in die Deckschichten eingearbeiteter, oft tonreicher Äolianite hinzu (*Parna*, vgl. Kap. 4.7.2). Diese überwiegend basenreichen Feinmaterialien stammen aus südaustralischen Seesedimenten jungquartärer Feuchtphasen, aus Paläoböden und vom pleistozän trocken gefallenen Kontinentalschelf. Ihr hoher Tongehalt – meist $> 30\%$ (BUTLER 1974) – begünstigt die Vertisolbildung. Der rezente Staubaustrag aus dem Süden Australiens über Adelaide in die Tasman-See wird eher vorsichtig auf 5–10 t/km² jährlich geschätzt. Durch Westwinde erhalten die Neuseeländischen Alpen jährlich etwa 1,2 t/km² Sediment zugeführt (HESSE 1994).

Die Böden haben hohe Tongehalte – vor allem quellfähige Smectite – und eine gute Nährstoffausstattung. Die basenreichen äolischen Einträge aus der südaustralischen Synklinale wirken sich positiv auf die Bodenentwicklung im semiariden und semihumiden Süden Australiens aus. Dies stellt einen großen Unterschied zu den Bodengesellschaften im Südwesten dar.

4.6.7   *Das Problem einer bodenzonalen Zuordnung*

Ähnlich wie die feuchten Mittelbreiten ist die Ökozone der winterfeuchten Subtropen räumlich zerstückelt und bodengeographisch sehr heterogen. GANSSEN und HÄDRICH (1965) teilen die winterfeuchten Subtropen bodengeographisch verschiedenen Zonen zu und gliedern einen eigenständigen Bereich der „Braunen und Roten Mediterranböden (einschl. Terra rossa)" in Chile, Kalifornien und im Mittelmeerraum aus. Allerdings wurde beispielsweise das Mediterrangebiet wegen der Verbraunungstendenz vieler Böden auch der sogenannten Braunerdezone der feuchten Mittelbreiten zugeordnet (SEMMEL 1993). Doch stehen die Böden in den winterfeuchten Subtropen in einem eigenständigen ökozonalen Wirkungsgeflecht, das sich deutlich von dem anderer Ökozonen der Erde unterscheidet und die Böden als eigenständige Bildungen abgrenzen läßt. SCHULTZ (1995) beispielsweise betont mit seinem Vorschlag die klimaabhängigen, pedogenen Merkmale der Rubefizierung und Lessivierung sowie der mangelhaften Entkalkung vieler (junger) Eutric Cambisols – besonders in den trockeneren Gebieten der Ökozone (Chromic Luvisol-Calcaric Cambisol-Zone). Er bezieht jedoch nicht die australischen winterfeuchten Subtropen mit ihren Planosols und altverwitterten Böden ein. JAHN (1997) weist darüber hinaus mit Recht auf die Bedeutung der Calcisols hin, die bei einer Gesamtbetrachtung der Ökozone flächenmäßig vorherrschen (in der Weltbodenkarte überwiegend noch als Calcic Cambisols dargestellt). Allerdings lassen ihre bodenprozessualen Merkmale sie besser den Halbwüsten zuordnen (Kap. 4.5.7). Auch das großflächige Auftreten der Fluvisols in Chile oder der Leptosols in den von Bodenerosion besonders betroffenen Gebirgsräumen (v.a. im Mittelmeergebiet) findet in zonalen Zuordnungen wenig Berücksichtigung.

Dies alles zeigt, daß in der räumlich fragmentierten, bodengeographisch sehr verschieden ausgestatteten Ökozone wie der winterfeuchten Subtropen nur schwer eine Boden*zone* zu konstruieren ist. Stärker als in den bislang behandelten Erdräumen wird hier deutlich, daß Bodenzonen nur schwer mit den Ökozonen zur Deckung zu bringen sind. Gründe dafür sind die starke Reliefprägung und das unterschiedliche erdgeschichtliche Erbe der Böden.

4.6.8 Aspekte der Nutzung und Gefährdung der Böden

Die agrarische Landnutzung der fünf winterfeuchten Subtropengebiete der Erde weist naturbedingte Gemeinsamkeiten auf, von denen einige hervorgehoben werden sollen. *Regenfeldbau* ist auf die feuchte Jahreszeit beschränkt und besonders in den weniger dicht besiedelten Gebieten im Landesinneren verbreitet. Hierfür werden meist die Luvisols, vor allem aber die schweren Planosols und Vertisols in Anspruch genommen. Die Erosion der Ackerflächen ist besonders groß, wenn die intensiven winterlichen Starkregen auf abgeerntete Flächen fallen. Um den Abtrag zu mindern, ist zur nachhaltigen Bewirtschaftung der Flächen nicht nur die Anbautechnik, sondern auch die Fruchtfolge (Vegetationszeit, Deckungsgrad) auf die klimatischen und pedologisch-geomorphologischen Bedingungen abzustimmen (z.B. FAUST 1995).

Die starke Denudation der Hänge und Akkumulation des Bodenmaterials in den Tiefenlinien hat zur intensiven Nutzung der größeren Talzüge, Becken und besonders der küstennahen Gebiete geführt. Gut bearbeitbare, nährstoffreiche Böden und Bodensedimente, die geringen Hangneigungen und die Nähe zum Grundwasser ermöglichen hier intensiven Anbau, bei dem *Bewässerung und Düngung* mit organischen Abfällen kombiniert werden, was hohe Erträge erbringt (bspw. in Spanien: Vega, Huerta-Wirtschaftsform, ROTHER 1993). An den zum Teil terrassierten Hängen sind meist nur weitständige Baumkulturen (Olive, Mandelbaum, Feigenbaum), auf flacheren Hängen auch Mischkulturen im Stockwerksanbau entstanden.

Die mächtigeren Böden in den Becken und Talweitungen erfordern aufgrund ihrer guten Wasserspeicherfähigkeit zur ganzjährigen Nutzung erheblich weniger Bewässerung als die flachgründigeren Cambisols und Regosols beziehungsweise Leptosols. Mit der Bewässerung muß die Dränage des überschüssigen Wassers erfolgen, um Salzabfuhr zu ermöglichen. Ansonsten droht – wegen der hohen Verdunstung – die Anreicherung residualer Salze. In den letzten Jahrzehnten wurden die Bewässerungsgebiete in allen subtropischen Winterregengebieten weit ausgedehnt (z. B. im Mittelmeergebiet: POPP und ROTHER 1993), was zu großen Flächen anthropogener Böden (z. B. durch Aufschüttungen, Cumulic Anthrosols) geführt hat.

Eine besondere Anbautechnik in verschiedenen Varianten, die auf die besonderen bodengeographischen Verhältnisse des Winterregengebiets zugeschnitten ist, hat vor allem im Mittelmeergebiet eine sehr weite Verbreitung gefunden: Es sind die *Enarenado-Invernadero*-Kulturen. Bei den Enarenado-Kulturen wird – ursprünglich auf wenig geneigten Fußflächen mit schwach entwickelten Regosols, Leptosols und Cambisols, heute auch auf künstlich eingeebneten Flächen – eine etwa 10 bis 15 cm mächtige Schicht aus Stalldung aufgetragen, die ihrerseits von einer bis zu 20 cm mächtigen Sandschicht bedeckt wird. Im traditionellen Anbau erhöht diese Sandauflage die Infiltration der Winterregen und vermindert den Bodenabtrag. Zugleich dient sie als Wärmespeicher. Während der Sommermonate wirkt die Sandschicht als Evaporationsbarriere, da der kapillare Wasseraufstieg durch die gröbere Sandauflage mit ihren insgesamt kleineren Partikeloberflächen behindert wird oder sogar an ihrer Untergrenze abreißt. Dies verhindert während der heißen und trockenen Sommermonate die tiefgründige Austrocknung der bedeckten Böden unter Salzausscheidung an der Oberfläche. Heute sind die Enarenado-Kulturen überwiegend in die Anlagen zur Tröpfchenbewässerung integriert. Mit dieser dosierten Wassergabe können neben Pflanzenschutzmitteln auch Nährstoffe zugegeben werden, die es ermöglichen, auf die Stalldungschicht zu verzichten. Statt dessen sind zusätzliche Plastikfolien (Plastiktreibhäuser: Invernaderos) über die Kulturen gespannt, die zwar das Licht durchlassen, aber die Luftfeuchtigkeit zurückhalten. Dadurch wird ein feuchttropisches Mikroklima geschaffen und die Evaporation durch die Sande und damit der Wasserverbrauch sowie die Versalzungsgefahr vermindert.

Angesichts des beschränkten Nutzungspotentials vieler Flächen beziehungsweise aus Mangel an Anbaufläche wurden – im Mittelmeerraum mindestens seit der Antike – viele Hänge terrassiert und künstlich Bodenmaterial akkumuliert (Cumulic Anthrosols). Dadurch wurde die Ackerbaufläche erheblich ausgeweitet. Von besonderer Bedeutung ist dabei der Erhaltungsgrad der Terrassenbauten (LEHMANN 1994). Ältere Böden gut erhaltener *Terrassen* ohne tiefgründige anthropogene Beeinflussung zeigen meist eine Entwicklung hin zu Calcaric Cambisols.

Eine große Rolle spielt traditionell die *Weidewirtschaft* (vorwiegend Schafe und Ziegen). Vor allem in stark reliefierten Bereichen, in denen kein Anbau möglich ist, fand und findet bis in große Höhen der Gebirge (Transhumanz) die Beweidung statt (z. B. Tunesien s. MEURER 1985). Geplant durch Rodung oder Abbrennen, aber auch ungeplant durch Verbiß der meist sekundären Vegetationsgesellschaften, wird durch die Tiere die Bedeckung der bereits degradierten Böden weiter reduziert und so dem Bodenabtrag Vorschub geleistet. Dieser Prozeß kann bis zur nachhaltigen Flächenzerstörung durch Badland-Bildung oder Exhumierung des anstehenden Festgesteins fortschreiten. Futter*anbau* fehlt im Mittelmeergebiet weitgehend. Auf den unfruchtbaren Flächen Südaustraliens versucht man vereinzelt die Futterproduktion auf den Weiden durch Düngung zu steigern (BIDDISCOMBE 1987), im Südlichen Afrika wird mit der Zusaat verschiedener Grassorten experimentiert, um den Ertrag zu erhöhen.

4.7   Böden und Bodengesellschaften in den immerfeuchten Subtropen

Im Gegensatz zu den winterfeuchten liegen die immerfeuchten Subtropen auf den Ostseiten der Kontinente etwa zwischen 25° und 35° Nord beziehungsweise Süd. Es sind dies auf der Nordhalbkugel der Südosten der USA, Mittelchina, das südliche Küstentiefland Koreas sowie das südliche Japan. In der Südhemisphäre gehören der Süden von Brasilien, Teile der Pampa Argentiniens und Uruguay (s. Kap. 4.4.6), der Südosten der Republik Südafrika (v. a. Natal), die Zone zwischen der Küste und der Great Dividing Range Ostaustraliens zwischen etwa 23° und 37° S sowie die Nordinsel von Neuseeland dazu. Polwärts grenzen die immerfeuchten Subtropen an die feuchten Mittelbreiten, äquatorwärts an die feuchten oder sommerfeuchten Tropen.

Die *Ostseiten-Subtropen* sind ganzjährig feucht, weil sie während des Sommers monsunale Niederschläge erhalten, deren Intensität (Sommermaximum) gegen das Landesinnere schnell nachläßt. Im Winter erreichen Tiefdruckausläufer der Planetarischen Frontalzone die Gebiete und bringen gelegentlich sogar Schneefälle. Die jährlichen Niederschlagsmengen können 2 000 mm erreichen, aber auch unter 1 000 mm mit trockenen, wenngleich kaum völlig niederschlagsfreien Monaten bleiben. Dies ist dort der Fall, wo die Subtropen gegen das jeweilige Kontinentinnere mit semihumidem Klima in die tropisch-subtropischen Trockengebiete übergehen.

Die immerfeuchten Subtropen sind noch durch ein thermisches Jahreszeitenklima gekennzeichnet, das zwischen dem der Mittelbreiten und dem der Tropen steht: Als thermische Grenze zu den Tropen gilt die Frostgrenze oder die 18 °C-Isotherme des kältesten Monats (Tiefland). Zu den feuchten Mittelbreiten verläuft die Grenze „etwa dort, wo die sommerliche Erwärmung in weniger als 4 Monaten Mitteltemperaturen von +18 °C erreicht und die Mitteltemperatur des kältesten Monats +5°C, in einigen (kontinentalen) Gebieten +2 °C unterschreitet" (SCHULTZ 1995, S. 435).

4.7.1 Charakteristika der Bodenbildung und kennzeichnende Böden

Die ganzjährigen Niederschläge durch Sommermonsune und winterliche Tiefs der Planetarischen Frontalzone verbunden mit meist frostfreien Wintern und heißen Sommern erzeugen *Bodenbildungsbedingungen, die den Feuchttropen ähneln*. Carbonatisierungen wie in den winterfeuchten aber sommertrockenen Subtropen treten nicht auf. Der prägende Bodenbildungsprozeß auf gut dränierten und geomorphodynamisch stabilen Landoberflächen ist die Lessivierung. Die intensive ganzjährige Durchfeuchtung führt dabei nicht nur zur Tonmineralverlagerung, sondern durch die intensive chemische Verwitterung auch zu *Entbasung*. Dies unterscheidet die hier dominant auftretenden Alisols und Acrisols von den Luvisols, Lixisols und vielen Nitisols.

Die *Alisols* (Horizontfolge z. B. Ah-E-Bt-C oder Ah-E-Bt-Bv-C) wurden erst 1988 als eigenständige Hauptbodengruppe in die FAO-Nomenklatur aufgenommen. Wie die Acrisols (Kap. 4.8.3) sind sie durch eine niedrige Basensättigung gekennzeichnet ($<50\%$ wenigstens in einigen Abschnitten bis in 125 cm Profiltiefe). Alisols haben im Gegensatz zu Acrisols aber einen Tonanreicherungshorizont mit relativ hoher Kationenaustauschkapazität (>24 cmol/kg Ton). Der Bt-Horizont (*argic B-horizon*) ist wie bei den anderen lessivierten Böden (nicht den Nitisols) mehr oder weniger deutlich vom E-Horizont abgesetzt (s. Abb. 42). Der texturelle Unterschied zwischen E- und Bt-Horizont ist nicht so deutlich wie bei den Planosols (s. u.), wo oft ein Schichtwechsel vorliegt. Die hohe Kationenaustauschkapazität im Bt geht auf immer noch hohe Gehalte an Dreischichtsilikaten in der Tonfraktion zurück. Deren Basensättigung ist allerdings gering, denn anstelle von Ca, Mg, Na und K ist vor allem Al adsorbiert.

Die Tonmineralgarnitur belegt die Verwandtschaft mit den Luvisols der Mittelbreiten, während die Entbasung und der hohe Grad der Aluminiumadsorption bereits die starke chemische Verwitterung der Silikate unter einsetzender Desilifizierung deutlich macht. Sie ist für ältere, (wechsel-)feucht tropische Böden (Kap. 4.8.3) typisch. Soweit es die lessivierten Böden betrifft, leiten die Alisols von den nährstoffreichen Luvisols zu den verarmten, oft altverwitterten Acrisols über. Die Verbreitung von Alisols und Acrisols in den immerfeuchten Subtropen ist an das Alter beziehungsweise den Grad der Vorverwitterung der Substrate gebunden. Diese lessivierten Böden sind daher nur beschränkt Zeiger der rezenten ökozonalen Zusammenhänge.

In Senken oder auf Verebnungen verursachen die ganzjährigen Niederschläge eine hydromorphe Überprägung der Böden. Auf ebenen Altflächen sind die *Planosols* (Horizontfolge z. B. Ah-Eg-Btg-C) (dt.: meist Stagnogleye) besonders weit verbreitet. Sie sind durch einen mehr oder weniger gebleichten Eg-Horizont gekennzeichnet, der zumindest in Teilen hydromorphe Merkmale wie Rostfleckung und/oder kleine Eisen-Mangan-Konkretionen aufweist. Die starke Bleichung und Zerstörung der Tone im Eg-Horizont bewirkt einen abrupten Übergang zum tonreichen Unterboden (Btg). Der drastische Texturwechsel ist für Planosols ein diagnostisches Merkmal im Sinn der FAO-Nomenklatur. Er fällt oft auch mit einem Schichtwechsel im Substrat zusammen (deshalb meist Ah-Eg-2Btg-2C). Der Stauwassereinfluß hält – im Gegensatz zu Planosols in Gebieten mit wechselfeuchtem Klima – in den immerfeuchten Subtropen lange an, mit der Folge schlechter Durchlüftung. Während der Trockenperiode sind die Planosols verhärtet, was die Durchwurzelbarkeit einschränkt. Baumwuchs ist damit sowohl während der Regen- wie der Trockenzeit gehemmt. Hinzu tritt – als Folge der Tonmineralzerstörung – die Neigung der Planosols zur Aluminiumtoxizität, die ihre Qualität als Standort tiefer wurzelnder Pflanzen weiter mindert. Planosol-Gesellschaften fördern deshalb die Entstehung ausgedehnter Grasländer (vgl. Kap. 4.4.6; Bild 10).

Wegen der weiten Verbreitung basenarmer Böden in den immerfeuchten Subtropen wächst die Bedeutung der Streu beziehungsweise die der *Humifizierung zur Nährstoffbereitstellung*. Die warmfeuchten Bedingungen zersetzen die Streuauflage relativ schnell (innerhalb von etwa zwei Jahren). Ein Beispiel aus dem Südosten der USA belegt dies: Bei einem jährlichen Streuanfall von ca. 4,4 t/ha liegt der Streuvorrat am Waldboden bei etwa 8,5 t/ha. Dies bedeutet eine Zersetzungsdauer der Streu von etwa 2 Jahren. Die Humusmengen im Boden sind mit ca. 145 t/ha wesentlich größer (MONK und DAY 1988, S. 154). Bei fast doppelt so hoher jährlicher Primärproduktion der Pflanzenbestände (15–25 t/ha) wie in den feuchten Mittelbreiten (8–13 t/ha) ist – aufgrund der höheren Abbaurate – die organische Substanz im Boden damit doch erheblich geringer (feuchte Mittelbreiten: Streu ca. 30 t/ha; organische Substanz im Boden ca. 200 t/ha). Der zügige Stoffumsatz in den immerfeuchten Subtropen führt dazu, daß der Mineralstoffbedarf der Pflanzen zu einem großen Teil aus dem Abbau der organischen Bodensubstanz gedeckt wird – das ist bei Stickstoff etwa zur Hälfte, bei Phosphor und Magnesium etwa zu einem Viertel und bei Kalium etwa zu einem Fünftel (nach SCHULTZ 1995: 448).

4.7.2 Überblick über die Verbreitung der Böden und Bodengesellschaften

Das Besondere an den Standorten im *Südosten der USA* (Abb. 38) sind die ausgedehnten jungen Deckschichten: Löß und Lößderivate sind weit verbreitet. Sie gehen auf die nordamerikanischen Vereisungen (v. a. Wisconsin-Vereisung) zurück. Dazu kommen fluviale Aufschüttungsflächen (v. a. am Mississippi) und gehobene marine Sedimente in einem breiten Streifen im Hinterland der Atlantikküste. Damit liegen vergleichsweise großflächig gut permeable Sedimente vor – von reliefierteren Bereichen in den Appalachen sowie jung gehobenen tonigen Sedimentgesteinen im Küstentiefland von Texas abgesehen. Die Verwitterung der Substrate ist unter den feuchten Bedingungen weit fortgeschritten, so daß nur noch vereinzelt Luvisols auftreten und die Entwicklungstiefen der Bt-Horizonte sehr groß (> 1,5 m, Nitisols) sind. Die Entbasung hat vielerorts zu Alisols geführt (WRB 1994). Die Verwitterung ist aber noch nicht so weit fortgeschritten, daß Acrisols mit kaolinitreicheren Tonfraktionen und niedriger Kationenaustauschkapazität (Kap. 4.8.3) vorherrschen würden (auf der Weltbodenkarte sind die später ausgegliederten Alisols noch als Acrisols kartiert).

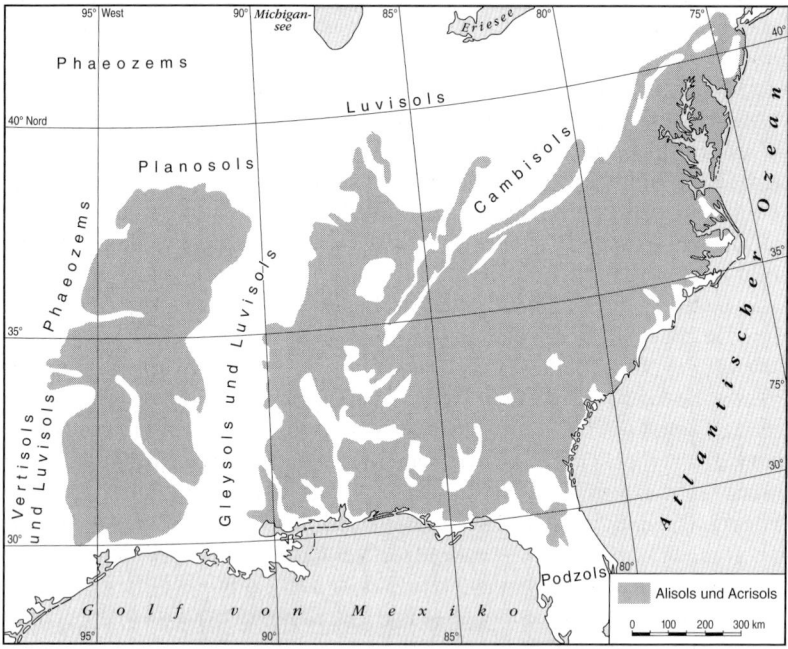

Abb. 38: Stark vereinfachte Übersicht über die Verbreitung von Alisols und Acrisols im Südosten der USA (generalisiert nach FAO-UNESCO 1979a).

Die ökozonalen Grenzen der immerfeuchten Subtropen sind fließend, vor allem zu den feuchten Mittelbreiten im Norden (ab etwa 36°N) und den subtropischen Trockengebieten mit ihren Steppenböden im Westen (etwa um 98°E).

Für die klimatische Zuordnung lessivierter Böden gilt: Auf jungen und feinkörnigen, meist lößderivatreichen Lockersedimenten entsprechen den Luvic Phaeozems der feuchten Waldsteppen und den Luvisols der feuchten Mittelbreiten nun die Alisols der immerfeuchten Subtropen. Sie entwickeln sich mit zunehmendem Alter und fortschreitender Verwitterung zu Acrisols weiter.

Mit den Appalachen reichen größere Cambisol-Regionen südwärts. In den Hügelländern, die nach Osten und Südosten zur Küste überleiten, sind die Alisols eng mit Cambisols vergesellschaftet. Die Lessivierung erfolgt hier vor allem in lößangereicherten Deckschichten über paläozoischen Metamorphiten. Mit zurückgehender Reliefenergie auf marinen Sedimenten und fluvialen Lockersedimenten unterliegen sie der Hydromorphierung bis hin zur Bildung von Gleysols. Diese dominieren im nördlichen Florida, wo sie mit podsoligen Böden vergesellschaftet sind.

Dennoch sind im Südosten der USA auch Böden anzutreffen, die eher für (wechsel-)feuchttropische Altflächen typisch sind: Von älteren Reliefeinheiten der höheren Küstenebene (DANIELS et al. 1978) mit stark verwitterten Substraten wurden tiefgründig entbaste Profile beschrieben (CADY und DANIELS 1968), die den Acrisols entsprechen. Lokal treten Plinthit, Eisenkonkretionen bis hin zu Eisenkrusten in Böden des Küstenhinterlands auf. Sie sind auf laterale Eisenzufuhr mit dem Grundwasserstrom zurückzuführen, der an Stufen und Talhängen die Böden mit Eisen anreichert (PHILLIPS et al. 1997).

Auch die gehobenen Sedimentgesteine südlich und südwestlich der Appalachen sind vorwiegend von Lößderivaten bedeckt. Während saure Dystric Cambisols auf die reliefierteren Bereiche mit geringerer Lößbedeckung beschränkt sind (z. B. Sandstein- und Schieferareale), haben sich Alisols und Acrisols großflächig entwickelt. Mit Annäherung an den Mississippi liegen sie auf gehobenen marinen Sedimenten. Oft mit Nitisols vergesellschaftet, werden sie nach Norden zu allmählich durch Luvisols ersetzt. Entlang des Mississippi und in anderen großen flachen Talzügen herrschen Gleysols vor (Abb. 38). Auf gut dräniertem, nährstoffreichem Schwemmland entwickelten sich neben Alisols vor allem Luvisols und untergeordnet auch Nitisols.

Zusammen mit Planosol-Regionen treten auch Luvic Phaeozems auf. Beide weisen bereits auf längere Trockenphasen im Wechsel mit starken Regenfällen. Dies ist im innerkontinentalen Übergangsbereich der immerfeuchten Subtropen zu den Steppen der Fall. Für die Planosol-Bildung spielen im Gebiet um St. Louis wasserstauende Sedimente eine große Rolle. In Texas erfolgt der Übergang zu den Kastanozems der innerkontinentalen Trockengebiete (vgl. Abb. 27) mit Chromic Luvisols und Vertisols auf marinen Tonsteinen (FAO-UNESCO 1979a).

In den *südamerikanischen immerfeuchten Subtropen* sind die bodengeographischen Verhältnisse vielfältiger und komplizierter. Grob ist eine Zweiteilung erkennbar: Im Süden umfaßt das Gebiet die Pampa Argentiniens und Uruguays (s. Abb. 28 im Farbteil S. XIV), wo tertiäre und quartäre Lockersedimente vorliegen. Auf die Steppenböden dieser Region und die vegetationsgeographischen Folgen wurde bereits beim „Pampa-Problem" eingegangen (Kap. 4.4.6). Zur Pampa im weiteren Sinn gehört auch noch das Tiefland zwischen Rio Paraná und Rio Uruguay, in dem im Süden Vertisols, sonst Mollic und Eutric Plano-sols sowie Fluvisols, vorherrschen.

Im Norden und Nordosten des Subtropengebiets (in den südlichsten brasilianischen Provinzen Rio Grande do Sul, Sta. Catarina und Paraná) wird die Landoberfläche von Vulkaniten über präkambrischem Basement geprägt. Auf den mächtigen Flutbasalten, die aus der Zeit der Trennung Südamerikas von Afrika stammen (Oberjura/Unterkreide), entwickelten sich tiefgründige Nitisols neben Luvic Phaeozems sowie Acrisols. Sie leiten zu den Ferralsols (Kap. 4.8.3) über, die in den Subtropen Brasiliens mit über 20 Mio. ha flächenmäßig die wichtigste Hauptbodengruppe darstellen. Sie liegen als Rhodic beziehungsweise Humic Ferralsols vor. Verwitterungsdecken der Trappbasalte, im Osten auch mesozoischer Sedimentgesteine und kristalliner Gesteine des präkambrischen Schilds bilden die Ausgangssubstrate (FAO-UNESCO 1971).

Die immerfeuchten Subtropen umfassen im *südöstlichen Afrika* vor allem den Nordosten der Republik Südafrika (Natal, Transkei) sowie angrenzende Gebiete der Nachbarstaaten. Die Große Randstufe beziehungsweise die Drakensberge (bis über 3 000 m ü. M.) prägen die Landschaft. Sie trennen das Küstentiefland vom Highveld, dem inneren Hochplateau, das zur Karoo-beziehungsweise der südlichen Kalahari-Halbwüste abdacht. Die orographische Barriere für die feuchte Meeresluft von Südosten (warmer Agulhas-Strom vor der Küste in Verbindung mit Südostpassatwinden aus dem Süd-Indik-Hoch) bewirkt hohe Jahresniederschlagsmengen: So weist die Hafenstadt Durban bereits über 1 000 mm auf (MÜLLER 1987). Diese Beträge steigen am Gebirgsrand beträchtlich an. Die Böden auf dem Highveld sind stark gesteinsgeprägt: Tonige und schluffige Sedimentgesteine aus der Trias (Mittlere Karoo-Folge) beziehungsweise jurassisch-kretazische Vulkanite – jeweils auf großen Verebnungen – bedingen die Verbreitung von Planosols und Vertisols (Kap. 4.8.4). Mit Annäherung an die Randstufe herrschen lessivierte Böden vor: Auf den zertalten Basalten Lesothos noch eng mit Lithosols und Chromic Cambisols vergesellschaftet, dominieren Chromic Luvisols (mit Nitisols). Ähnliche Bodengesellschaften befinden sich auf den gut permeablen Verwitterungsdecken auf Sandsteinen, Quarziten oder Schiefern in Transvaal, aber auch im Berg- und Hügelland, das zur Küstenebene überleitet. Ferralsols mit tiefgründigem Saprolith (SCHOLTEN 1997) treten besonders in den tieferen Abschnitten der Großen Randstufe auf und sind überwiegend an wiederaufgedeckte Flächen des kristallinen präkambrischen Basements gebunden (Abb. 39). Im Lowveld und an der Küste sind – bei zurückgehender Reliefenergie – wiederum auf mesozoischen Sedimentgesteinen Acrisols entwickelt, auf Strandsanden auch gebleichte Albic Arenosols. Die Differenzierung der Bodenregionen gründet sich also vorwiegend auf Gestein und Relief.

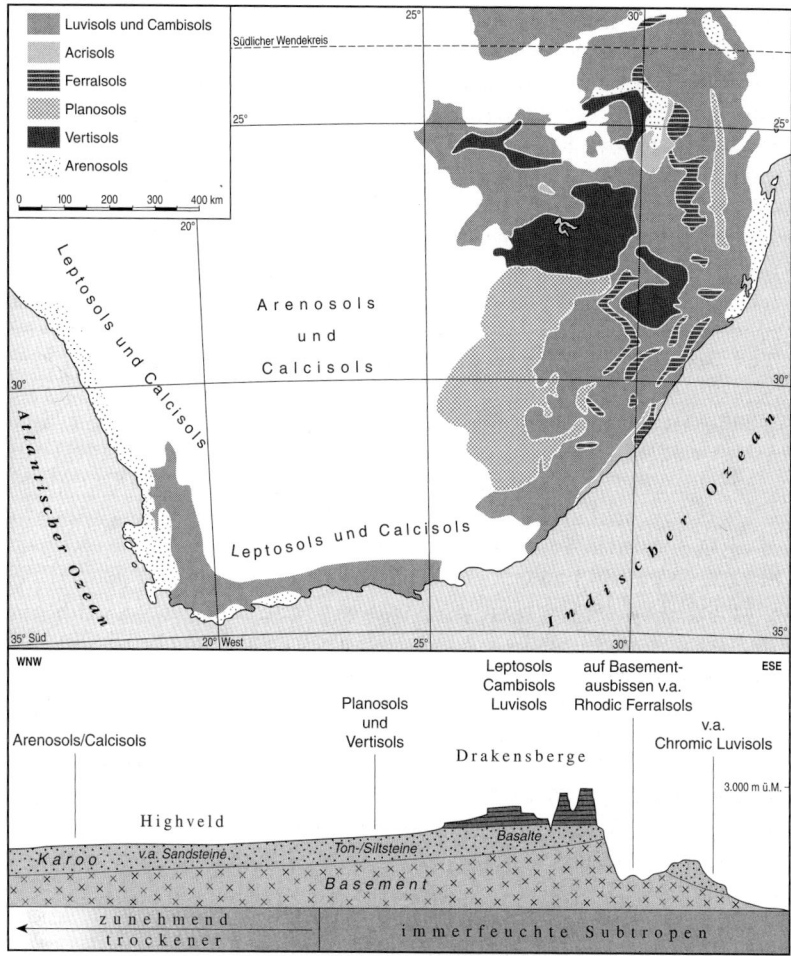

Abb. 39: Stark vereinfachte Übersicht über die Verbreitung der vorherrschenden Haupt-bodengruppen in der winterfeucht subtropischen Kapregion sowie im immerfeucht-subtropischen Osten des südlichen Afrikas (oben; generalisiert nach FAO-UNESCO 1977).

Unten: Die östliche Randstufe trennt die sehr feuchten küstennahen Regionen vom trockeneren Hochplateau (Highveld), das zur Karoo- beziehungsweise Kalahari-Halbwüste überleitet (vgl. Abb. 36).

Im immerfeucht subtropischen Teil *Ostaustraliens* (etwa zwischen 23° und 37° S) sind die Bodengesellschaften sehr vielfältig. Das Gebiet steigt von der Küste zur Great Dividing Range auf. Östlich von ihr beginnt das trockene Innere des australischen Kontinents. Die geomorphologische Situation ähnelt der im südöstlichen Afrika. Auf feinkörnigen, ton- und schluffreichen Sedimentgesteinen herrschen westlich der Randstufe Vertisols (Kap. 4.8.4) vor, eng mit Luvisols und Planosols vergesellschaftet. Hier macht sich bereits länger anhaltende Wintertrockenheit bemerkbar.

Besonders in New South Wales treten am Trockengebietsrand und bis in Gebiete über 500 mm Jahresniederschlag bis zu 3 m mächtige tonreiche Deckschichten aus äolischem Material auf. Es wurde aus den westlich anschließenden Trockengebieten eingeweht (BUTLER und HUTTON 1956). Darin sind fossile Böden enthalten, die teilweise in die rezente Bodenentwicklung mit einbezogen wurden (BEATTIE 1969). Vielerorts scheinen am Trockengebietsrand daher die Vertisols und Luvisols polygenetisch zu sein.

Der Abfall zur Küste ist dagegen wesentlich niederschlagsreicher und aufgrund kleinräumiger Wechsel der lithologisch-sedimentologischen und geomorphologischen Bedingungen bodengeographisch sehr vielfältig. Auf jünger aufbereiteten, teils basaltischen Verwitterungsdecken treten – je nach deren Ausbildung – Leptosols, Cambisols, Luvisols und Nitisols auf. Aus tiefgründig verwittertem vulkanischem und in Senken akkumuliertem Abtragungsmaterial entstanden auch Eutric Vertisols. Daneben sind auf basenarmen Quarzsanden Podzols entwickelt. Die Sande stammen überwiegend aus der Basementverwitterung. Ebenfalls auf die gut durchlässigen, nährstoffarmen Sandsteinverwitterungsprodukte sind die Haplic Acrisol-Regionen bei Sydney zurückzuführen. Auf vorverwitterten, zum Teil lateritischen Deckschichten herrschen Rhodic Ferralsols vor. In schlecht dränierten Reliefpositionen (Mulden, Grabensituationen, Talzügen und flachwelligen Verebnungen des hügeligen Übergangsgebiets zwischen Randstufe und Küste) sind Planosols häufig in enger Vergesellschaftung mit den oben genannten Böden anzutreffen.

Das *fernöstliche immerfeuchte Subtropengebiet* bildet neben jenem im Südosten der USA den größten Teilraum der Ökozone. Bodengeographisch reicht es in Zentralchina bis in das breite Tiefland am Yangtze. Nährstoffreiche und feinkörnige Sedimente aus den jungen Faltengebirgen am Oberlauf wurden hier weitflächig hydromorph überprägt. Eutric Gleysols dominieren, bei mächtigerem humosem Oberboden auch Mollic Gleysols. Nach Süden zu sind sie in den tiefgelegenen Talzügen der Tributäre zunehmend mit Vertisols vergesellschaftet, die an tonreiche Sedimente gebunden sind. Sie werden bei geringem Gefälle vor allem nach Sommerhochwässern abgelagert. Die Flußsysteme entwässern das in Bruchschollen aufgelöste südchinesische Grundgebirge. Es ist durch Gräben und Synklinalen gegliedert, in denen Deckgebirge – vorwiegend rötlicher Sandstein – erhalten ist. Damit stehen in den Tälern und Becken den Fluvisol-Gleysol-Vertisol-Gesellschaften der Flußauen und -terrassen die Ferric Acrisols der sogenannten Rotsandsteine (NEEF 1977) gegenüber. Sie ihrerseits werden erst im Bereich der übergeordneten paläozoischen Blöcke von Acrisol-Gesellschaften (vereinzelt mit Cam-

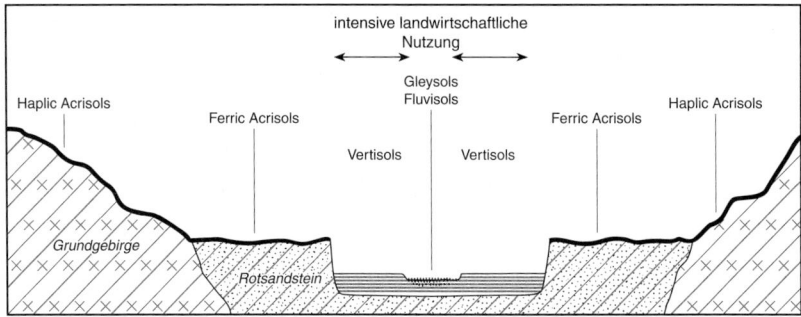

Abb. 40: Schematische Boden-Toposequenz durch einen Talzug im südlichen Zentralchina.
Deutlich die drei Reliefeinheiten, die das Auftreten der typischen Bodengesellschaften steuern: Fluvisols und Gleysols auf lehmig-sandigen Sedimenten der Aue sowie Vertisols in abflußperipherer Lage und auf Terrassen aus lehmigen Sedimenten (bedeutende Reisanbauflächen), Ferric Acrisols auf nährstoffarmen mesozoischen Rotsandsteinen, Haplic Acrisol-Gesellschaften auf sauren Decksedimenten im Grundgebirgsbereich (nach KLUTE in NEEF 1977 und FAO-UNESCO 1978).

bisols und Leptosols) auf unterschiedlich mächtigen und verschieden intensiv verwitterten Zersatzdecken abgelöst (Abb. 40).

Die FAO-UNESCO-Weltbodenkarte (1978) weist für das gesamte Zentral- und Südchina Acrisols aus. Nach Einführung der Alisols (1988) ist jedoch davon auszugehen, daß nicht überall Acrisols vorliegen. Tatsächlich dürfte es sich besonders in den Regionen im lößbeeinflußten Zentralchina um Alisols handeln. Darauf weist auch die Vergesellschaftung mit Luvisols und Leptosols.

Einen Sonderfall stellt das Rote Becken am oberen Yangtze dar, in dem weniger Sandsteine, sondern vor allem violettrote, kretazische Tonsteine vorliegen: Chromic und Vertic Cambisols auf höheren Flächen stehen den Gleysols und Vertisols der Talzüge gegenüber. Abhängig von Höhenlage und Relief unterliegen in den Ausläufern des östlichen Himalaya die Böden am oberen Yantze natürlich dem hypsometrischen Wandel, so daß sich zunehmend Cambisols und Leptosols bildeten (vgl. dazu Kap. 4.9).

Der Süden der Koreanischen Halbinsel und Japans fallen ebenfalls in die immerfeuchte Subtropenzone Ostasiens. Die Koreanische Halbinsel ist geomorphologisch und bodengeographisch zweigeteilt: Der gebirgigere Ostteil mit Cambisol-Leptosol-Gesellschaften dacht nach Westen mit einem Hügelland ab, in dem neben die Cambisols zunehmend Acrisols treten. Gleysols und Fluvisols prägen die Tiefenlinien. In Japan umfassen die immerfeuchten Subtropen noch etwa die Südhälfte der Hauptinsel Honschu, was am küstennahen Auftreten von Acrisols und Alisols deutlich wird. Im Inselinneren herrschen jedoch – je nach Deckschichtencharakter – Eutric oder Dystric Cambisols vor. Vor allem die nährstoffreichere Variante ist oft stark von vulkanischem Material beeinflußt, das die Böden wiederholt verjüngte. Dort, wo mächtigere Aschedecken abgelagert worden sind, haben sich weitflächig Andosols entwickelt.

4.7.3 Das Problem einer bodenzonalen Zuordnung

Das Problem einer bodenzonalen Zuordnung wurde bereits für die winter-feuchten Subtropen diskutiert, die räumlich fragmentiert und als geschlos-sene Zone kaum darstellbar sind. Das gilt auch für die immerfeuchten Sub-tropen, die – gegen die Mittelbreiten noch einigermaßen abgrenzbar – zudem oft fließende Übergänge in die Tropen besitzen. Dies trifft auch auf die Bodengesellschaften zu: So existiert in China keine scharfe bodengeographi-sche Grenze zwischen den immerfeuchten Subtropen und den Tropen. Hier herrschen Acrisols sowie großräumiger *Reisanbau* vor – typische Nutzung in den sommer- und immerfeuchten Tropen Süd- und Südostasiens. Eine Tren-nung beider Räume ist daher auch mit Hilfe dieser anthropogen veränderten Böden (Kap. 4.8.7) kaum möglich.

Die räumliche Fragmentierung und damit die unterschiedlichen geoökolo-gischen Bedingungen für die Bodenbildung erschwert eine bodenzonale Zuordnung selbst als Übergangszone: Während in den USA das Verbrei-tungsgebiet der Alisols einigermaßen einheitlich und von den Tropen durch den Golf von Mexiko weitgehend getrennt wird, ist das südamerikanische Subtropengebiet sedimentologisch-landschaftsgeschichtlich und damit bodengeographisch zweigeteilt. Der südliche Teil mit eher steppentypischen Bodenregionen ist eigenständig (Pampa), der nördliche Teil leitet zu den Tro-pen über. Am ehesten miteinander noch vergleichbar sind die immerfeuchten Subtropen im Südlichen Afrika und Ostaustralien mit ähnlicher Randstufen-situation, bei starkem Zurücktreten der Acrisols und großflächiger Bildung von Planosols und Luvisols.

Damit dominieren in den unterschiedlichen Regionen der immerfeuchten Subtropen verschiedene Hauptbodengruppen. Von der Zugehörigkeit der immerfeuchten Subtropen zu einer *Acrisol-Alisol-Zone* (SCHULTZ 1995) kann nur unter starken Vorbehalten gesprochen werden. Bei globaler Betrachtung herrschen – abseits der Gebirge – zwar die Acrisols und Alisols vor, doch beruht dies vor allem darauf, daß sie in den größeren nordhemisphärischen Teilgebieten der immerfeuchten Subtropen dominieren, während sie in den südhemisphärischen deutlich zurücktreten. Daher wurden aus bodenzonalen Gründen große Teile der Bodenregionen in den immerfeuchten Subtropen zur *Zone der Tropenböden* geschlagen (SEMMEL 1993). Zwischen den Acrisols, Alisols und Planosols liegen besonders in stärker reliefierten Bereichen und in der trocken-kühleren Übergangszone zu den Mittelbreiten größere Cambisol-Regionen vor, die man zur sogenannten *Zone der Braunerden* (SEMMEL 1993) rechnen kann. Damit entfiele eine eigene Bodenzone.

4.7.4 Aspekte paläoklimatischer Einflüsse

Das reale Bodenmosaik in den immerfeuchten Subtropen ist selbstverständlich vielfältiger, als es die großräumige Übersicht vortäuscht. Dies liegt vor allem am polygenetischen Charakter vieler Böden. Agrarökologische Gunsträume stellen die großen Talzüge, Becken und Schwemmländer dar, in denen Nährstoffe akkumuliert wurden und werden (z. B. Mississippi, Yangtze). Viele Böden an Hängen werden jedoch auch trotz ihrer fortgeschrittenen Verwitterung (Entbasung, mehr oder weniger deutliche Kaolinitisierung) oft großflächig landwirtschaftlich genutzt. Dies ist einmal auf äolischen Eintrag silikatreicher Stäube in die Bodendecken zurückzuführen, wie beispielsweise durch Lösse (vor allem Südost-USA, in geringerem Maß auch Teile Zentralchinas) und vulkanische Aschen (z. B. Japan). In reliefierteren Landschaften, aber auch an Hängen oder Gesteinsausbissen, wurde immer wieder frisch aufbereitetes Material in die Böden eingearbeitet. Dies setzt – im Gegensatz zur heute herrschenden Reliefstabilität – eine hohe geomorphodynamische Aktivität an der Landoberfläche voraus. Gegenüber dem immerfeuchten Subtropengebiet Nordamerikas, das in jüngerer erdgeschichtlicher Vergangenheit nie trocken war (VAN DEVENDER zit. in LITTMANN 1988), sind hierfür vor allem großräumige landschaftsökologische Veränderungen verantwortlich: So erfolgten bei gelichteter Vegetation – beispielsweise unter trockeneren Bedingungen der letzten Kaltzeit – großflächige kolluviale und alluviale, teilweise auch äolische Umlagerungsprozesse. Dadurch wurde frisches Verwitterungsmaterial mit alten Boden- und Dekompositionsdecken vermischt.

In Südamerika gilt eine hoch- beziehungsweise spätglaziale Aridisierung als gesichert (LITTMANN 1988). Durch die veränderte Geomorphodynamik (KLAMMER 1981) entstand im hügeligen Kristallingebiet Südbrasiliens durch intensive Abtragung eine neue Reliefgeneration. Dabei gelangte besonders an den Hängen geringer verwittertes Substrat über ältere intensiv verwitterte, rubefizierte und stark kaolinitisierte Böden. Diese Deckschichten zeigen rezente Lessivierung und Verbraunung (SEMMEL und ROHDENBURG 1979, BIBUS 1983, BORK und ROHDENBURG 1983). Auch äolische Komponenten scheinen eine große Bedeutung zu haben: SEMMEL und ROHDENBURG (1979, S. 210) weisen auf hohe, bis über 50 % erreichende Anteile der Mittel- und Grobschlufffraktion in den jungen Auflagen und Böden Südostbrasiliens hin. Aus dem sich nördlich anschließenden randtropischen Bereich sind äolische Auflagen bis 2,5 m Mächtigkeit beschrieben worden, die sich durch geringere Verwitterung von autochthonen Böden und Deckschichten unterscheiden

(LICHTE 1980). Das Liefergebiet ist nicht bekannt, doch kommen – was Ferntransporte betrifft – vor allem die Trockengebiete im Inneren des Kontinents in Frage, in denen genügend silikatreiches, schluffiges Feinmaterial oberflächig zur Verfügung steht. Trockengebiete waren während des Pleistozäns nicht nur große Teile der Pampa und des Chaco, sondern auch der Mato Grosso und vor allem der Pantanal am oberen Rio Paraguay, der – heute sommerfeucht und von Planosol-Gesellschaften geprägt – zeitweise das Zentrum einer innerkontinentalen Paläowüste bildete (KLAMMER 1982).

Auch im südöstlichen Afrika führten im Jungquartär andere geomorphodynamische Prozeßkombinationen zum Abtrag alter Bodendecken beziehungsweise zur Bildung frischer Decksedimente. So hatte die Vergletscherung der Drakensberge und die periglaziale Geomorphodynamik die Aufbereitung junger Verwitterungsdecken zur Folge. Andererseits intensivierte das veränderte Niederschlagsregime bei stärkerer Trockenheit und lückenhafterer Pflanzendecke die Abtragung im Vorland der Randstufe. Dies führte zur partiellen Denudation alter, nährstoffverarmter Böden wie der Ferralsols (FRÄNZLE 1976). Kolluviale Sedimente bedecken etwa 20 % der Landoberfläche südlich des Sambesi, die auf Abtragung unter semiarider Geomorphodynamik während des letzten Hochglazials zurückgeführt werden. Umgelagerte pisolithische Eisenkonkretionen ähneln in ihrer Lage und Anordnung stark den stone lines in den Tropen (Kap. 4.8.5), welche ebenfalls als Zeugnisse früherer Trockenphasen interpretiert werden (WATSON et al. 1984).

4.8   Böden und Bodengesellschaften in den sommer- und immerfeuchten Tropen

Von den trockenen Randtropen (s. Kap. 4.5), die weniger als 4,5 Regenmonate aufweisen und weniger als etwa 500 mm Jahresniederschlag erhalten, werden die feuchten inneren (d. h. äquatornahen) Tropen abgegrenzt. Alle Monatsmitteltemperaturen liegen über +18 °C. Frostereignisse sind nahe des Äquators auf Hochgebirgslagen beziehungsweise in den randtropischen Gebieten auf Bergländer beschränkt. Mit abnehmender Breite sinkt die jahreszeitliche Temperaturschwankung, und tageszeitliche Gradienten, die in den inneren Tropen um maximal etwa 6 °C bis 11 °C schwanken, werden bedeutender.

Die feuchten Tropen werden besonders nach hygrischen und vegetationsgeographischen Kriterien weiter untergliedert: Zum einen in das *immerfeuchte Klima der Regenwälder*, zum anderen – nach der Differenzierung von Savannen-Ökosystemen durch JÄGER (1945) – in die *Klimate der Feuchtsavannen* (mit 9,5–7 Regenmonaten, mit immergrünen Feuchtwäldern und halblaubwerfenden Übergangswäldern) und die *wechselfeuchten Klimate der*

Trockensavannen (mit 7–4,5 Regenmonaten und regengrünen Trockenwäldern) (TROLL und PAFFEN 1964, WALTER 1990). Da die Vegetationsgesellschaften weiträumig stark anthropogen beeinflußt und sehr vielfältig sind (IBRAHIM 1984, WALTER 1990), ist das entscheidende Merkmal zur Differenzierung der feuchten Tropen die Zahl der humiden Monate (WALTER 1964, S. 277).

Das *Klima der Savannen* zeichnet sich durch einen Wechsel zwischen kühleren Trockenzeiten und wärmeren Regenzeiten aus. Die Niederschläge fallen im Sommer mit der Verlagerung der innertropischen Konvergenzzone sowie den Sonnenhöchstständen (daher auch die summarische Bezeichnung *sommerfeuchte Tropen* für Trocken- und Feuchtsavannen, SCHULTZ 1995). Dann überqueren die Passate den Äquator und werden aufgrund der nun anders gerichteten Coriolis-Ablenkung zu Sommermonsunen. Damit verbunden ist eine hochreichende labile Luftschichtung mit meist heftigen Gewitterniederschlägen, die in Süd- und Südostasien besonders intensiv auftreten, wo die Monsune über dem Meer viel Feuchtigkeit aufnehmen können und zusätzlich auf orographische Hindernisse treffen. Sie bedingen Steigungsregen.

Die konvektiven Niederschlagsereignisse besitzen – entsprechend der zeitlich weit auseinanderliegenden Zenitalstände der Sonne – in Äquatornähe zwei Maxima (Frühjahr und Herbst, *Äquinoktialregen*), weshalb in der Feuchtsavanne oft zwei Regenzeiten auftreten. Mit zunehmender Entfernung vom Äquator verschmelzen diese beiden Regenzeiten zunächst zu einer zweigipfeligen, schließlich einer einfachen in den Randtropen.

Im *immerfeuchten Klima der Regenwälder* (weniger als 2,5 Trockenmonate) sind im Übergangsbereich zu den Feuchtsavannen ebenfalls zwei äquinoktiale Niederschlagsmaxima charakteristisch. Im äquatornahen Kern der innertropischen Regenklimate ist jedoch die Verdunstung und daher auch die Konvektion so hoch, daß meist keine wirklich trockenen Monate mehr auftreten. Die Feuchtigkeit wird überwiegend aus den tropischen Meeren geliefert, doch kommt damit in kontinentaleren Regenwaldgebieten wie im westlichen Amazonas-Tiefland ein sich nahezu selbsterhaltender Niederschlags-Verdunstungs-Kreislauf in Gang, der ganzjährige Niederschläge auch ohne anhaltende Zufuhr maritim-feuchttropischer Luftmassen gewährleistet (WEISCHET 1997).

Die Niederschlagsmengen gehen – orographische Effekte unberücksichtigt – von 2 000–3 000 mm/J in den Regenwäldern über etwa 1 500 mm/J in den Feuchtsavannen auf 500 mm/J in den Trockensavannen zurück. Diese Abnahme geht mit einem Anstieg der raum-zeitlichen Variabilität der Niederschläge während der Regenperiode einher, was große Auswirkungen auf die Geomorphodynamik und die Bodenentwicklung hat.

4.8.1 Die organische Substanz

Die *Savannen* sind tropische Grasländer „mit mehr oder weniger regelmäßig darin zerstreut stehenden Holzarten, Sträuchern oder kleinen Bäumen" (WALTER 1979, S. 92). In den sommerfeuchten Tropen, ist die Walddichte vor allem von der Dauer der Trockenzeit abhängig, während der die meisten Bäume ihr Laub abwerfen. Zudem ist sie vom (Brenn-)Holzeinschlag stark beeinflußt. Die Gräser und Kräuter reagieren mit dem Absterben ihrer oberirdischen Sproßteile auf die Trockenheit. Die Nettostreuproduktion liegt jährlich bei etwa 2,5 t/ha (VAN WAMBEKE 1992). Die abgestorbene Biomasse wird sehr schnell, das heißt in weniger als einem Jahr abgebaut (READING et al. 1995), denn die chemische *Remineralisierungsrate* ist vor allem unter den Bedingungen der feuchtwarmen Regenzeit sehr hoch. Zudem spielt die reichhaltige Fauna eine große Rolle: Die Tätigkeit der Bodentiere erleichtert den mikrobiellen Abbau der Pflanzenabfälle, indem tote organische Substanz mechanisch zerkleinert, chemisch aufbereitet und in den Mineralboden eingebracht wird. Dabei sind vor allem die Termiten wichtig: Die meisten Arten leben ausschließlich von toter organischer Substanz. Mit Hilfe von Bakterien und Protozoen verarbeiten sie in ihrem Verdauungstrakt sogar Zellulose. Andere Termitenarten, zum Beispiel *Ancistotermes cavithorax*, nutzen Pilzkulturen, um totes Holz und Streu zu verwerten. Wieder andere Arten, sogenannte Humusfresser, ernähren sich von mikrobiell aufbereiteten Abfällen. Bodenfauna und Mikroben bauen daher die Streu fast vollständig ab, so daß in den Boden nur sehr wenig Humus eingearbeitet werden kann. Die geringe Humifizierungsrate bedingt deshalb in gut durchlüfteten und dränierten Böden einen Mangel an Stickstoff und Phosphor.

Der hohe Remineralisierungsgrad der Streu bewirkt, daß *Savannenbrände* nur begrenzt ihren Abbau beziehungsweise die Humifizierungsrate beeinflussen. Das Feuer hat auch für die Bodenfauna nur geringe Bedeutung, da durch den Brand der Gräser die Bodentemperaturen nicht wesentlich ansteigen. Allerdings haben die Feuer mittel- und langfristig große Folgen für die Böden: Das Abbrennen ruft einen Verlust von Stickstoff, Phosphor und Schwefel hervor, weil sie sich als Gase verflüchtigen. Die weitgehend vegetationsfreien, von der Asche dunkel gefärbten Böden besitzen nun eine wesentlich geringere Albedo als zuvor. Dies führt zu höheren Bodentemperaturen, zu weiterer Intensivierung des Humusabbaus und zu beschleunigter Austrocknung der Oberböden. Das wiederum hat eine Verringerung der Aggregat- und Bodenstabilität zur Folge. Die verminderte Bodenrauhigkeit auf den abgebrannten Flächen erlaubt zudem höhere, bodennahe Windgeschwindigkeiten. Deflation der Feinbodenbestandteile und damit Verlust wichtiger Nährstoffträger droht. Da die Feuer meist am Ende der Trockenzeit entstehen, treffen die intensiven Niederschläge zu Beginn der Regenzeit auf weitgehend ungeschützte Oberböden. Deren nun luftgefüllte Bodenporen verzögern die Infiltration des Regenwassers, was zu starker Abspülung führt. Dabei erfassen Deflation und Erosion gerade auch die Aschen, was den Nährstoffverlust an den abgebrannten Standorten weiter verstärkt. In den Feuchtsavannen droht zusätzlich die vertikale Nährstoffperkolation aus den Oberböden in tiefere Horizonte beziehungsweise in das Grundwasser. Neben diesen negativen Wirkungen auf die Pedosphäre haben natürliche und gelegte Savannenbrände auch vorteilhafte Effekte: Die chemisch stark verwitterten Böden in den Savannen bekommen wichtige Nährstoffe, besonders Calcium, Kalium und Magnesium. das führt zumindest kurzfristig zu einem Anstieg der Basensättigung (Kap. 2.2.7.1) und des pH-Milieus. Größere Bedeutung haben die Feuer für die Regeneration der Phytomasse und die Bekämpfung von Parasiten (MEURER et al. 1994, SCHULTZ 1995).

In den *immerfeuchten Tropen* ist die Remineralisierungsrate der toten organischen Substanz noch größer als in den Savannen, da die Trockenzeit wegfällt, in welcher der chemische wie auch der mikrobiell-mykotische Abbau nur gehemmt vor sich geht. Der Streuanfall beträgt in den feuchten Tropen jährlich zwischen bis zu etwa 15 t/ha. Die organische Substanz im Boden kann stark variieren und in dichten Regenwäldern 200 t/ha (entspricht ca. 4%) erreichen. Das ist damit etwas weniger als in temperaten Wäldern. Die hohe Zersetzungsrate (z. B. von Laub in 0,2–0,4, Zweigen in 1–2 und Holz in 1–9 Jahren; JOHN 1973) macht die Pflanzennährstoffe im Oberboden schnell wieder verfügbar. Hierbei spielen humuszersetzende Pilze eine große Rolle. In Symbiose mit den Wurzeln der höheren Pflanzen lebend (*Mykorrhiza*), sind sie Teil eines *kurzgeschlossenen Nährstoffkreislaufs*, bei dem die meisten Pflanzennährstoffe in der Biomasse angereichert sind. Die Folge der schnellen Remineralisierung ist – trotz erhöhtem CO_2-Gehalt der Böden durch die Mikroorganismen und Wurzeln – ein pH-Milieu im Oberboden, das selten unter 6,5 absinkt. Diese schwach sauren Bedingungen kommen ihrerseits wieder den Zersetzern entgegen, die zum Abbau beitragen.

An vielen Standorten befindet sich der größte Teil der Mineralstoffvorräte in der oberirdischen Phytomasse (READING et al. 1995, SCHULTZ 1995). Der effektiven und schnellen Remineralisierung steht die langsamere Synthese sekundärer Huminstoffe im Boden gegenüber, an der die mikrobielle Zersetzung in Verbindung mit stabilisierenden anorganischen Stoffen (v. a. Metallionen und Tonminerale) großen Anteil hat (ZECH et al. 1997).

Doch ist dieses Bild eines weitgehend homogenen, ökologisch nahezu autarken tropischen Regenwalds mit einem fast geschlossenen Nährstoffkreislauf sicherlich eine Vereinfachung. Das wechselnde Angebot autochthoner pedogener Nährstoffe und allochthoner Einträge einerseits, sowie die ständigen Nährstoffverluste über Sickerwasser- und Grundwasserstrom andererseits müssen stets mitberücksichtigt werden – gerade angesichts langer

Wirkungszeiten. Wie die wechselfeuchten bilden auch die immerfeuchten Tropen keine homogene geographische Einheit, sondern sind je nach landschaftsgeschichtlicher Vergangenheit ausgesprochen vielgestaltig. Die Unterschiede sind nicht zuletzt auch bodengeographisch begründet.

4.8.2   Die Bedeutung der Bioturbation

Von großer Bedeutung für die nichthydromorphen Böden in den wechselfeuchten Savannen ist die *Bioturbation*. Eine besondere Rolle spielen die Termiten. Arten, die charakteristische oberirdische Bauten errichten, holen das Material hierfür aus bis zu mehreren Metern Tiefe. Sie sind daher auf Reliefeinheiten ohne den für Termiten ungünstigen starken Grund- und Stauwassereinfluß besonders bodenwirksam. Besonders effektiv wirken sie dort, wo mächtige Aufschüttungen oder tiefgründige Böden, Verwitterungs- oder Gesteinszersatzdecken vorliegen.

Komplexe Termitenhügel aus tonig-schluffigem Substrat können mehrere Meter hoch und ein Materialvolumen von über 100 m3 erreichen. In Nordostthailand wurde in einem Teakwald durch die Bioturbation der Termiten eine oberflächige Feinmaterialakkumulation von jährlich über 0,3 mm/ha ermittelt. Im Laufe von etwa 10 000 Jahren können 1 bis 4 m mächtige Substrate vollständig bioturbat umgelagert werden (LÖFFLER 1996). Aus Zentralafrika berichtet RUNGE (1996) sogar von etwa 17 m³/ha bioturbat gefördertem Material innerhalb von nur 4–6 Monaten. Dies entspricht einer Feinmaterialauflage von jährlich etwa 45–60 t/ha oder 3–4 mm und ist das zehnfache des von LÖFFLER (1996) für Thailand angegebenen Werts. Die Bedeutung der Termitenbauten für den Substrataufbau und die Bodenart wird daran deutlich, daß in den Tropen bis zu mehrere 100 Bauten pro Hektar auftreten können (Literaturübersicht in GOUDIE 1988, S. 171). Große Bedeutung hat der Stofftransport an die Landoberfläche. Die Termiten schaffen eine *Feinmaterialauflage*, die der Vegetation als Nährstofflieferant dient. Dies ist wichtig, wenn harte Krustenhorizonte (z. B. vorzeitliche Eisenkrusten, Kieselkrusten, Kalkkrusten) vorliegen. Allerdings sind die Feinmaterialauflagen bei Rodung oder acker- beziehungsweise weidewirtschaftlicher Nutzung sehr erosionsanfällig, regenzeitlich durch Abspülung, trockenzeitlich auch durch Deflation, die besonders an der Trockengrenze der Savannen wirksam sind (EITEL 1993).

Die Feinmaterialanreicherung an der Oberfläche hat Auswirkungen auf die physikalischen und chemischen Bodeneigenschaften. So wirkt die Bioturbation durch oberflächennahe *Basenanreicherung* – im Falle von Ca und Phosphat um bis zu 30 % (VAN WAMBEKE 1992) – chemisch einer tiefgründigen Lessivierung entgegen. Verlagerte Tonpartikel werden wieder nach oben transportiert. Durch diese *Homogenisierung* werden eindeutige Profilgrenzen verwischt, was die typologische Unterscheidung tropischer Rotlehme erschwert.

4.8.3 Chemische Verwitterung und Bodenbildung bei guter Dränage

Bereits die Böden in den immerfeuchten Subtropen besitzen große Ähnlichkeit mit denen der Tropen. Besonders viele gemeinsame Merkmale haben jedoch die Böden der Feuchtsavannen mit denen in den immerfeuchten Regenwäldern. Generell wirkt hier die chemische Verwitterung (v. a. Hydrolyse) aufgrund der intensiven Durchfeuchtung der Substrate und Böden sehr stark. Dies führte bei sehr alten Landoberflächen mit anhaltender chemischer Verwitterung zu tiefgründigen Verwitterungsdecken über mächtigen, bis über 100 m tiefen Gesteinszersatzzonen (*Saprolith*). Im Gegensatz zu den Dornstrauchsavannen mit weniger als 500 mm Jahresniederschlag und zu Teilen der Trockensavanne erreicht der Sickerwasserstrom in den Feuchtsavannen überall zumindest periodisch den Grundwasserspiegel, wodurch es zu einer deszendenten *Entkalkung* und *weitgehender Basenabfuhr* kommt.

Außerdem nimmt äquatorwärts bei gut durchlässigen Substraten die Tendenz zur *Desilifizierung* zu: Amorphe Kieselsäure und Quarz besitzen in mäßig sauren Milieus zwar nur eine sehr geringe Löslichkeit (LOUGHNAN 1969), doch führt der Sickerwasserstrom neben der Abfuhr der Alkalien und Erdalkalien zu beträchtlichem Kieselsäureaustrag. Eine Folge ist, daß aus der Verwitterung primärer Silikate vor allem Zweischichtsilikate aufgebaut werden (Kaolinit, Si-Verlust bewirkt einen Mangel an Tetraederbausteinen für die Tonmineralbildung, Kap. 2.2.3.2). Diese Tonmineralgruppe zeichnet sich durch eine geringe Kationenaustauschkapazität aus. Die kaolinitischen Böden sind daher vergleichsweise nährstoffarm und wenig ertragsfähig.

Durch die chemische Verwitterung und Desilifizierung erfolgt die residuale Anreicherung von Oxiden und Hydroxiden vor allem von Fe, Mn und Al (Sesquioxide). Dabei werden die Verwitterungsdecken und Böden oft durch rotfärbenden, bodenchemisch sehr stabilen Hämatit (Fe_2O_3) *rubefiziert*.

Alle diese Böden mit rotgefärbten B-Horizonten wurden früher summarisch auch als tropische *Rotlehme* bezeichnet. Die erläuterte Art der Verwitterung, die bei Desilifizierungstendenz zu neugebildeten, *Si*-ärmeren Zweischichtsilikaten (Kaolinit) und zugleich zu *Fe*- und *Al*-Anreicherung führt, wird auch *fersiallitische Verwitterung* genannt. Die entsprechenden meist rotgefärbten, tonreichen Böden werden auch als *Fersiallite* (AG Boden 1994) bezeichnet:

Schon in den Trocken- und erst recht in den Feuchtsavannen unterliegen viele gut durchlässige, fersiallitische Böden – wie auch in den immerfeuch-

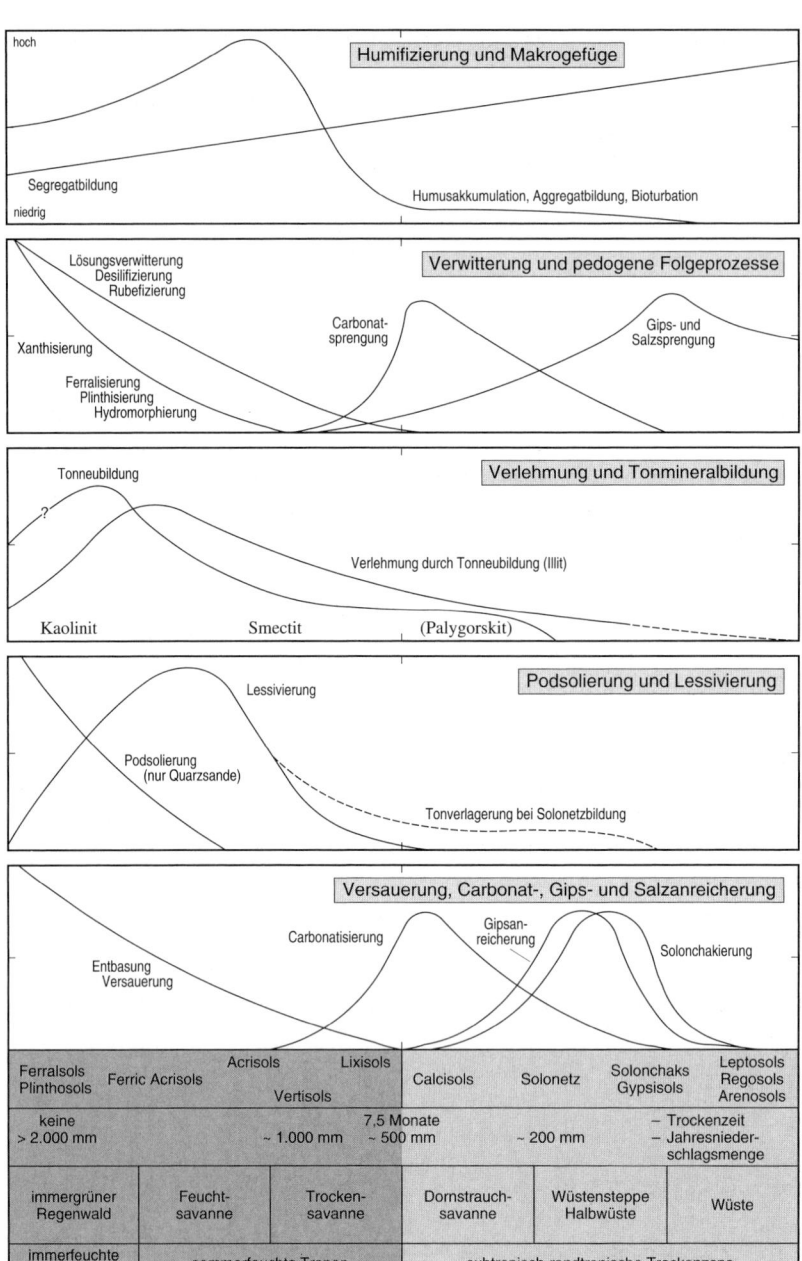

ten Subtropen – starker *Lessivierung*. Durch die starken Regenfälle wird der Ton dispergiert und vertikal verlagert.

Die schon lang anhaltende Desilifizierung vor allem auf älteren Landoberflächen hat zur Folge, daß Alisols im Gegensatz zu vielen Gebieten in den immerfeuchten Subtropen in den sommerfeuchten Tropen selten sind. Alisols haben einen höheren Anteil an meist glimmerbürtigen Dreischichtsilikaten. An ihre Stelle treten lessivierte Böden mit kaolinitischen Bt-Horizonten (entsprechen Bj-Horizonten nach AG Boden 1994): Lixisols (lat.: lixius = ausgelaugt) und Acrisols (lat.: acer = sauer).

Lixisols (Horizontfolge z. B. Ah-E-Bt-C) weisen – im Unterschied zu den ebenfalls kaolinitischen Acrisols (s. u.) – eine höhere Basensättigung (mindestens 50 %) und eine geringe Kationenaustauschkapazität (< 24 cmol(+)/kg Ton) auf. Sie sind typische Böden auf metamorphen Gesteinen wechselfeuchter Savannen. Bei Niederschlagsmengen über 1 200–1 500 mm/J werden sie einerseits von Ferralsol-Acrisol-Gesellschaften abgelöst. Andererseits neigen sie bei Jahresniederschlagsmengen unter 600 mm zur Calcifizierung. Der hohe Basengehalt kann auf periodisch aufsteigende Bodenlösungen und/oder äolische Einträge aus den Randtropen zurückgehen (Abb. 42). Meist ist er eine Folge noch unvollständig zersetzter Primärminerale (v. a. Silikate). Zwar dominiert auch in Lixisols der Kaolinit (nicht so in Alisols, s. Kap. 4.7.1), doch sind daher in der Regel noch untergeordnete Mengen an Dreischichtsilikaten vorhanden (READING et al. 1995).

Die Entbasung in den lessivierten Böden wächst mit zunehmender Feuchte und steigender Verwitterungsintensität. Die *Acrisols* (Horizontfolge z. B. Ah-E-Bt-C) sind in der Regel über 1,5 m mächtige, meist durch Verwitterung von silikatarmen, quarzreichen Substraten beziehungsweise Zersatzdecken gebildete saure Böden (meist bei pH 5). Sie haben einen Tonanreicherungshorizont, der im Gegensatz zu den Nitisols vom E-Horizont deutlich abgesetzt ist. Bei den Acrisols ist zudem die Basensättigung gering (wenigstens in einigen Teilen der oberen 125 cm unter 50 %), ebenso die Kationenaustauschkapazität (< 24 cmol(+)/kg Ton). In der Tonfraktion dominieren die stabileren Kaolinite (Abb. 42). Dreischichttonminerale sind weitgehend verwittert (Bild 26).

Haplic Acrisols zeigen durch ihre gute Perkolation keine hydromorphen Merkmale. Sie geht auf die grobe Gefügebildung bis in einen Meter Tiefe

◄ *Abb. 41: Die Abhängigkeit der Intensität bodenbildender Prozesse beim Übergang vom humiden in den ariden Klimabereich (zusammengestellt nach BLUME 1985, GIESSNER 1988, EITEL und BLÜMEL 1997).*

Die stark schematisierte Zusammenstellung zeigt den klimaabhängigen Wandel entlang einer gedachten Achse von den feuchten Tropen bis in die subtropisch-randtropischen Trockengebiete. Nicht berücksichtigt ist zum Beispiel die Tatsache, daß die Ferralisierung meist sehr alt ist und Ferralsols überwiegend polyklimatische Bildungen sind.

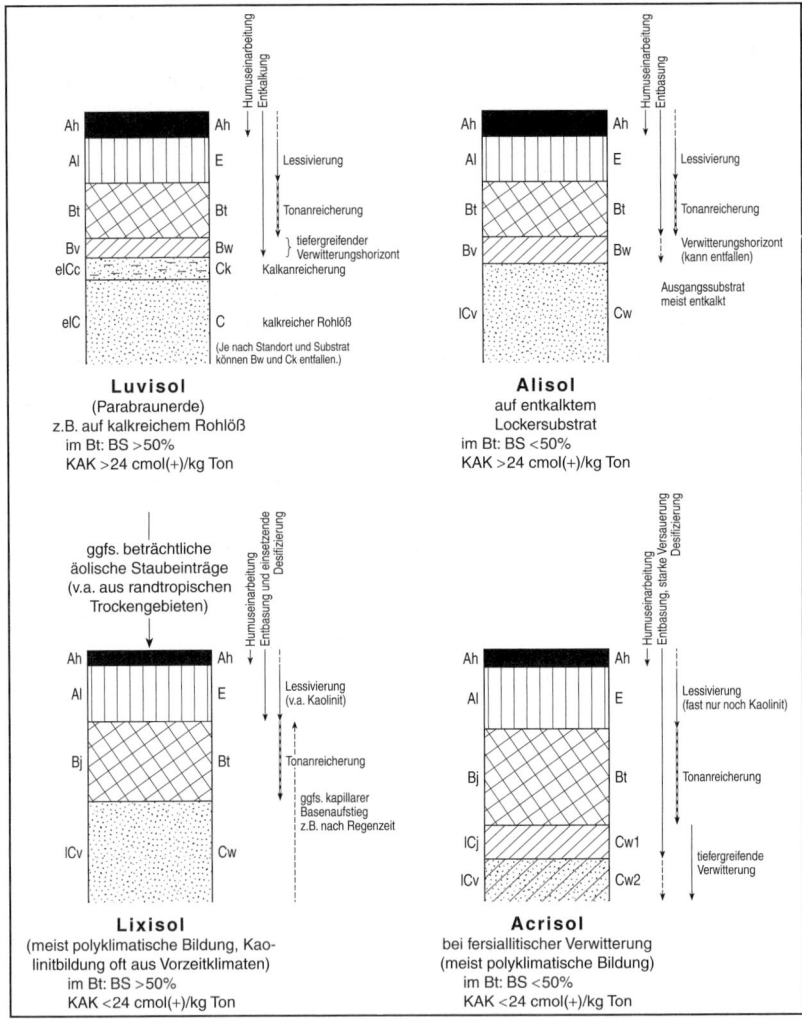

Abb. 42: Gegenüberstellung von Luvisol, Alisol, Lixisol und Acrisol: Beispiele mit den wichtigsten Merkmalen und pedogenetischen Prozessen (Horizontbezeichnung links nach AG Boden 1994, rechts nach FAO 1988).

zurück. Erst der untere Abschnitt des Bt-Horizonts ist oft hydromorph über-prägt. Dies und die Verdichtung erschweren die Durchwurzelung. Bei Nähe zum Grundwasserspiegel wird die Hydromorphie verstärkt (Gleyic Acrisols).

Die weitergehende Desilifizierung bei anhaltender relativer Anreicherung freiwerdender Eisen- und Aluminiumoxide bezeichnet man bodengenetisch als *Ferralisierung* (auch *ferallitische Verwitterung*; engl.: *ferralization*): Derartige Merkmale können Cambisols und Arenosols kennzeichnen (Ferralic Cambisols, Ferralic Arenosols; s. u.) oder zu ferralic B-Horizonten bei den *Ferralsols* (lat.: ferrum = Eisen, Al für Aluminium; Horizontfolge beispielsweise Ah-Bo-C) führen (Abb. 43). Die Ferralisierung wirkt besonders effektiv in den immerfeuchten Tropen (über 1 750 mm N/J). Mit der intensiven Desilifizierung ist – im Unterschied zu den trockeneren Savannenlandschaften – die weit umfassendere Zerstörung von Silikaten verknüpft. In Bo-Horizonten (entspricht Bu nach AG Boden 1994) verbleiben weniger als 10 % verwitterbarer Minerale in der 50–200 µm-Fraktion (FAO 1997). Die saure Bodenreaktion (pH meist unter 5, READING et al. 1995) unterstützt die Basenabfuhr. Das saure Milieu ist vor allem auf die schnelle Zersetzung der Streu unter tropischen Regenwäldern zurückzuführen. Dadurch wird viel *Atmungskohlensäure* frei (durchschnittlich bis zu 5 mal mehr als in temperaten Wäldern).

Auf die Kieselsäuremobilisierung haben Säuren kaum direkten Einfluß, da die Lösungsraten unter pH 7 nahezu konstant sind (LOUGHNAN 1969). Die Desilifizierung wird in Ferralsols vielmehr durch die hohe Wasserperkolation gefördert, die durch die *Bildung von Pseudosand* (auch: *Vererdung*) unterstützt wird. Darunter versteht man bis zentimetergroße oxidische Aggregate, in denen auch Kaolinit verbacken ist (READING et al. 1995). Trotz ihres feinkörnigen Charakters sind Ferralsols daher doch recht permeabel, standfest und vergleichsweise wenig erosionsgefährdet. Die über 30 cm mächtigen Unterböden sind von der Bodenart her sandiger Lehm oder noch feiner und durch weniger als 10 % wasserdispergierbaren Ton (Kaolinit) gekennzeichnet. Allerdings ist ihre nutzbare Wasserkapazität gering, was in trockenen Phasen flachwurzelnden Pflanzen Probleme bereitet (SCHMIDT-LORENZ 1986).

Die gelöste Kieselsäure kann, falls sie nicht bis ins Meer ausgetragen wird, an anderer Stelle wieder ausfallen. Dies geht aber nur sehr langsam vor sich (Jahrzehnte). Die SiO_2-Transportstrecken sind oft sehr groß. Kieselsäurekrusten (engl.: *silcrete*) sind deshalb besonders in den Randtropen verbreitet (WIRTHMANN 1987).

Nicht immer führt die Ferralisierung direkt zu Ferralsols. Vor allem an Hängen kleingekammerter Hügelländer verhindert die anhaltende Abspülung verwitterten Solums an Hängen und die Exhumierung unvollständig aufbereiteten Gesteinszersatzes die vollständige Ferralisierung. Im Unterschied zu den Ferralsols ist daher das Mineralspektrum jünger. Diese flachgründigeren, gleichwohl der Ferralisierung unterliegenden *Ferralic Cambisols* (ferralic properties) unterscheiden sich von anderen Cambisols zwar durch die geringe Kationenaustauschkapazität von weniger als 24 cmol(+)/kg Ton. Diese liegt jedoch aufgrund höherer Silikatanteile noch immer über jener der Ferralsols

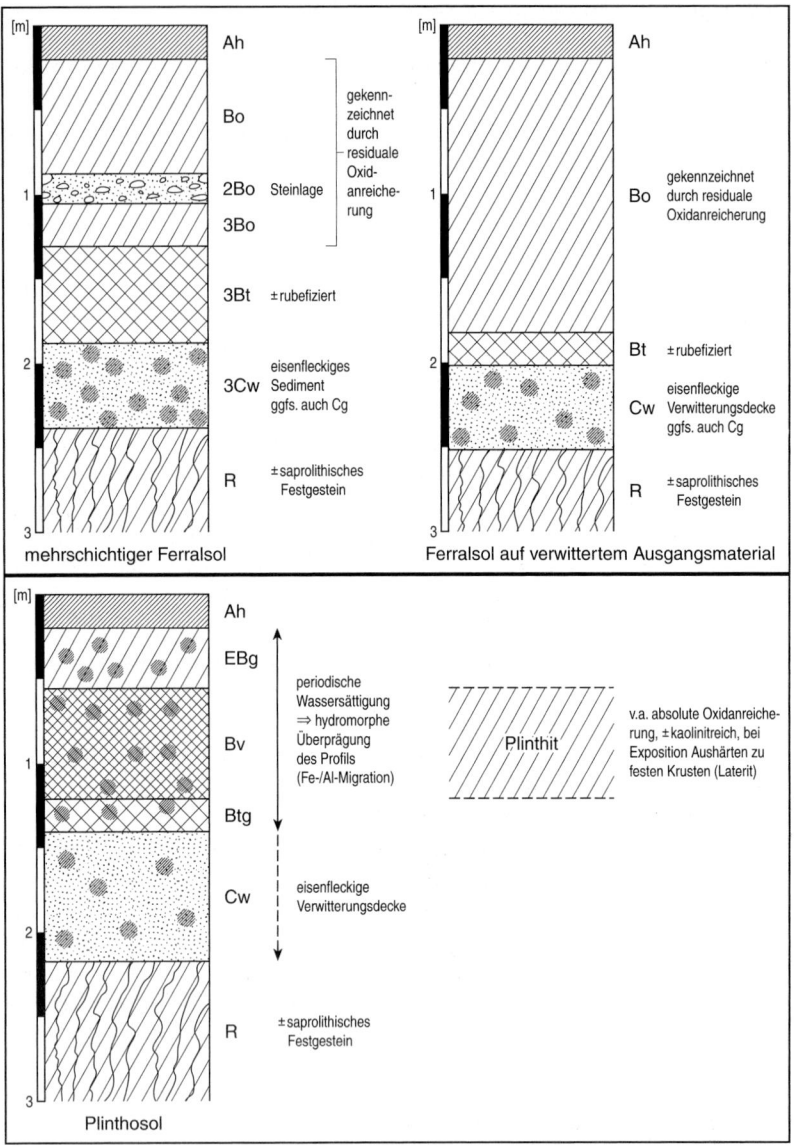

Abb. 43: Schematische Profile von Ferralsols, links mehrschichtig und durch eine Steinlage durchgreifend, rechts idealisiert auf autochthonem Material entwickelt (nach ESWARAN et al. 1986).

Ferralsols haben in den tieferen Profilabschnitten oft einen tonreichen, kaolinitischen Horizont (Bt nach FAO 1997 entspricht Bj nach AG Boden 1994), der jedoch nicht diagnostisch (i. S. FAO 1997) ist. Wäre er innerhalb der obersten 125 cm entwickelt und – im Idealfall – deutlich von einem Lessivierungshorizont abgegrenzt, so läge ein Acrisol vor. Darunter ein Plinthosol mit der typischen hydromorphen Überprägung.

(unter 16 cmol(+)/kg Ton). Gleiches gilt für die *Ferralic Arenosols* (FAO 1997).

Neben der relativen Oxidanreicherung wird in den Feuchtsavannen und Regenwäldern auch eine absolute Fe-Anreicherung pedogenetisch wirksam. Sie ist mit der Ferralisierung eng verknüpft. Durch die anhaltende Bodenfeuchte wird mobiles Fe^{2+} nach der Freisetzung bei der Mineralverwitterung nicht vollständig wieder oxidiert. Durch den Sauerstoffmangel in wassergesättigtem Boden bleibt es mobil. In reliefierteren Gebieten verursacht lateraler Transport dort Eisenkrusten, wo der Sickerwasserstrom beziehungsweise das Hangzugswasser oder eisenhaltiges Grundwasser austritt. Luftsauerstoff führt zur Oxidation und Anreicherung des gelösten Eisens bis hin zur Bildung von Krusten (engl.: *ferricrete*).

Dort, wo das Eisen wegtransportiert worden ist, bleiben neben Quarz und Kaolinit hydratisierte Aluminiumoxide (*Gibbsit*, $Al(OH)_3$) zurück. Viele sekundäre Aluminiumlagerstätten (*Bauxit*) sind letztlich im Zuge der Desilifizierung unter mesozoisch-tertiären Tropenklimaten entstanden. Nahezu reine *Allite*, die als residuale Endprodukte tropischer Verwitterung fast ausschließlich aus Gibbsit aufgebaut werden, sind solange nicht zu erwarten, wie sich noch Quarz im Boden befindet. Selbst bei Gehalten an gelöster Kieselsäure von nur wenigen ppm (Milligramm pro l Wasser) erfolgt noch die Neubildung von Kaolinit in der Bodenlösung. Dies erklärt die Anwesenheit des Kaolinits in den Ferralsols. Verwitterungsdecken aus sauren, grobkristallinen Massengesteinen (z. B. Gneis, Granit) verhindern damit die *Allitisierung*, die weitgehend auf quarzarme basische Gesteine (z. B. Peridotite, Basalte) beschränkt ist (WIRTHMANN 1987).

In weiten Flachlandschaften kann das aus dem Gesteinszersatz gelöste Eisen mit dem Bodenwasser längere Zeit im Solum migrieren und auch bei längeren Trockenphasen aufsteigen. Bei Sauerstoffkontakt kommt es zu einer Marmorierung beziehungsweise Eisenfleckigkeit, teilweise auch zu Konkretionen (ESWARAN et al. 1986). Mit derartiger Eisenmigration ist die *Plinthisierung* von Bodenhorizonten verknüpft: Humusarmes, mehr oder weniger hydromorph überprägtes, im Gegensatz zur Ferralisierung zusätzlich mit Eisen absolut angereichertes Bodenmaterial, bildet im Unterboden *Plinthit* (gr.: plinthos = Ziegel). Plinthit hat zudem hohe Aluminiumgehalte, ist kaolinit- und quarzreich und meist rot gefärbt. Bei höherem Kaolinitgehalt kann er auch weiß gefleckt sein. Plinthit ist in feuchtem Zustand grabbar, härtet jedoch zu Krusten oder größeren Aggregaten irreversibel aus, sobald er unter Luftzutritt trocknet.

Diesen Vorgang bezeichnet man aus pedologischer Sicht als petroferric contact. Die Böden erhalten dadurch eine *petroferric* oder *skeletic phase* (FAO 1997). Plinthit ist ein pedologischer Begriff, strenggenommen nur für das grabbare Material (FAO 1997). Die ausgehärteten Krusten bezeichnet man als Laterit (lat.: later = Ziegel, da auch als Baustein benutzt; auch engl.: *petroplinthite, ironstone,* nicht zu verwechseln mit echten Eisenkrusten, den ferricretes, s. o.; z. B. HERBILLON und NAHON 1988, STRAHLER und STRAH-LER 1996).

Als *Plinthosols* (Horizontfolge beispielsweise Ah-(E)-Bv-C; früher auch sog. *Latosole*) werden Böden angesprochen, die einen mindestens 15 cm mächtigen Horizont innerhalb des obersten halben Meters mit mindestens 25 Vol.% Plinthit besitzen (FAO 1997). Ist ein Bleichhorizont (E) über dem Unterboden ausgebildet (*Albic Plinthosol*), dann kann – für die Ansprache als Plinthosol – der Plinthit bis in eine Tiefe von 125 cm vorkommen. Das gleiche gilt bei starker hydromorpher Überprägung des Bodens innerhalb des obersten Meters.

Der Rotlehm-Eindruck vieler Böden der immerfeuchten Tropen wird durch die hydromorphe Überprägung durch Stau und Grundwasser, oberflächennahe Bleichung durch einsetzende Podsolierung (s. u.) sowie helle Färbungen durch Kaolinit verhindert. Zudem treten besonders in höheren Profilabschnitten der Ferralsols gelbe Farbtöne (*Xanthic Ferralsols*) an die Stelle der roten (*Xanthisierung*, engl.: xanthization, SCHWERTMANN 1971). Sie sind die Folge von Hydroxiden (v. a. Goethit), die unter Regenwaldklima besonders an Unterhängen und in Senken (Abb. 44) die oxidischen Tönungen des Hämatits ersetzen. Oft sind organische Säuren an der Xanthisierung beteiligt (s. auch FEY 1983, SCHWERTMANN und CORNELL 1996; Bild 27).

Zwischen den (sub-)tropischen lessivierten Böden sowie den Ferralsols und Plinthosols besteht eine enge genetische Verwandtschaft. Die bodengenetischen Prozesse Lessivierung, Ferralisierung und Plinthisierung überlagern sich oft und machen eine Zuordnung der Böden zu Hauptbodengruppen beziehungsweise Bodeneinheiten nach der Nomenklatur der Weltbodenkarte

	GOETHIT	**HÄMATIT**
Makro	Höhere Breiten	Niedere Breiten
	tropische Regenwälder ohne Trockenzeiten	Savannen mit Trockenzeiten
	untere Abschnitte von Toposequenzen (feuchte Tieflagen und Unterhänge)	höhere Abschnitte von Toposequenzen (gut dränierte, trockenere Positionen; Oberhänge und Toplagen)
	oberflächennahe Bodenhorizonte	tiefere Profilabschnitte
Mikro	(saure) Gesteine mit wenig Fe, kalkreiche Lockergesteine, Mergel	(basische) Gesteine mit viel Fe, massive Kalksteine

Abb. 44: Das Vorherrschen von Goethit und Hämatit in Böden.
Die Zusammenstellung berücksichtigt verschiedene Maßstabsebenen. Deutlich die klimatischen, topographischen und edaphischen Abhängigkeiten (nach CORNETT und SCHWERTMANN 1996: 404).

schwierig. Den graduellen Zwischenstadien in der Bodenentwicklung trägt die Klassifizierung aber Rechnung: Lessivierte Böden müssen ihren Tonanreicherungshorizont innerhalb der obersten 125 cm Boden haben. Dies bedeutet, daß Böden mit residual angereichertem Unterboden (Bo) und einem tiefer liegendem tonangereichertem zweiten Unterboden (Bt) den Ferralsols zugeordnet werden (s. Abb. 43).

Eine weitere Verwandtschaft wird deutlich an der Verwendung der Bodeneinheiten *Plinthic Ferralsol, Plinthic Acrisol*, aber auch *Plinthic Lixisol* sowie *Plinthic Alisol*, die zwar Plinthit besitzen, der aber beispielsweise nicht mindestens 15 cm mächtig ist. Erst dann liegt ein Plinthosol vor. Ist in den lessivierten Böden kein Plinthit entwickelt, sondern lediglich eine kräftige Rostfleckung bis hin zu 2 cm dicken Eisenkonkretionen, dann liegen *ferric properties* (FAO 1997) vor. Während in den Savannen *Ferric Lixisols* noch sehr weit verbreitet sind, treten in den Feuchtsavannen und im Regenwald vor allem *Ferric Acrisols* mit Ferralsols und Plinthosols zusammen auf.

Die intensive Silikatverwitterung hat – vorwiegend in Acrisols, Ferralsols und Plinthosols – auch die Freisetzung toxischen Aluminiums zur Folge. Dies macht sie neben ihrer Nährstoffarmut zu landwirtschaftlich schwer nutzbaren Böden. Zu den agrarökologisch günstigeren Böden gehören dagegen die tonreichen Nitisols, die in den Tropen – vorwiegend als *Rhodic Nitisols* (Bild 28) – oft an basenreiches, vulkanisches Substrat gebunden sind. Die Oberböden sind meist humusreich (2–5 %). Im allgemeinen führt auch hier die Verwitterung zu einer Kaolinitdominanz in der Tonfraktion. Die Desilifizierung ist jedoch nicht so weit fortgeschritten und auch die Basensättigung ist höher als in Acrisols. Es handelt sich meist um jüngere Böden, die oft an Unterhängen entwickelt sind, wo sie durch die Abspülung immer wieder nur angewittertes Material zugeführt bekommen. Dies verhindert – wie im Falle der Terra rossa der winterfeuchten Subtropen (Kap. 4.6.1) – eine stärkere Profildifferenzierung. Lessivierungshorizonte sind deshalb oft nicht klar abgrenzbar. Außerdem erlaubt das grobe, polyedrische Gefüge – selbst bei hohen Niederschlägen in den inneren Tropen – eine gute Permeabilität und Durchwurzelbarkeit.

Neben diesen mehr oder weniger tonreichen Böden gibt es in den sommer- und immerfeuchten Tropen auch sandige Substrate. Abgesehen von den kleinen Verbreitungsgebieten junger, meist in unverwittertem Lockersubstrat entstandener Regosols, sind es besonders Arenosols und Podzols. Sie sind meist an heute bewachsene Flugsanddecken, Dünen, ehemalige Strandsande oder verwitterte Sandsteinderivate gebunden. Im Gegensatz zu den Haplic und Calcaric Arenosols, die besonders in den Trockengebieten der Erde auftreten, sind Cambic und Luvic Arenosols vor allem Sandböden, die über einen mehr oder weniger signifikanten Silikat- beziehungsweise Tongehalt verfügen. Diesen noch vergleichsweise nährstoffreichen Sanden stehen in den feuchten Tropen altverwitterte Quarzsande gegenüber. In denen haben sich besonders

Ferralic Arenosols (mehr oder weniger rubefizierte Sandböden mit niedriger Kationenaustauschkapazität <24 cmol(+)/kg Ton) und *Albic Arenosols* (Bleichhorizont E mindestens 50 cm mächtig und innerhalb der obersten 125 cm) gebildet (FAO 1997). Die Albic Arenosols weisen keinen Podzol-Unterbodenhorizont (Bhs) auf. Sie sind aber dennoch eng mit den *Podzols* verwandt, die – von kleinräumigen Gebirgspodzols abgesehen – in den inneren Tropen fast durchweg an sandige Tieflandssubstrate gebunden sind. Die nährstoffarmen Substrate haben eine an Gerbsäuren reiche tropische Heidewaldvegetation zur Folge (WHITMORE 1993, SCHÄFER und DALRYMPLE 1995), die zu einer ausgesprochen sauren Streu führt. Die hohen Niederschläge ermöglichen die schnelle Infiltration von Humussäuren, die dadurch der überaus effizient arbeitenden Remineralisierung entzogen werden. Diese Humussäuren setzen dann die Podsolierung in Gang. Angesichts des hohen Alters vieler Substrate sind viele Podzols in den tropischen Tiefländern polyklimatische beziehungsweise polygenetische Bildungen (SCHWARTZ 1988).

4.8.4 Charakteristische Bodenbildungsprozesse und Böden bei unzureichender Dränage in Senken und Tiefenlinien

Die reliefbedingte Basen- und Kieselsäureabfuhr gut durchlässiger Böden sowie die Abspülung von Feinboden an Hängen verursacht die Anreicherung der gelösten und abgetragenen Stoffe in Mulden oder fluvial überprägten Bereichen. Hier sind deshalb meist andere Böden anzutreffen. Dazu gehören die *Vertisols* (Horizontfolge beispielsweise Ah-AC-C oder Ah-B-C). Weltweit nehmen sie etwa 257 Mio. ha Fläche ein, sind jedoch vor allem in den wechselfeuchten Tropen verbreitet (AHMAD 1996a). Es handelt sich um basenreiche Böden (pH um 7 oder höher) mit hohem Gehalt von Smectiten in der Tonmineralfraktion. Die Kationenaustauschkapazität ist daher hoch. Wichtige Kennzeichen des neutralen bis schwach alkalischen Bodenmilieus in Vertisols sind die Stabilität der Smectite und eine geringe K- und Al- bei hoher Si-, Ca- und/oder Mg-Aktivität. Die quellfähigen Dreischichtsilikate können in situ aus der Silikatverwitterung neu gebildet werden. Möglich ist das durch die Lösungszufuhr von Basen und Kieselsäure von höheren Reliefeinheiten herab. Diese Verkettung reliefbedingter Böden durch die Stoffab- beziehungsweise -zufuhr hat bereits MILNE (1935) in Ostafrika erkannt und beschrieben (Abb. 45). Sie dient bis heute als „klassisches" Beispiel catenarer bodengeographischer Gesetzmäßigkeiten.

   Die Smectite verursachen unter dem wechselfeuchten Klima eine *Peloturbation* (auch: *Hydroturbation*). Dabei bilden sich in der Trockenzeit bis über zwei Meter tiefe Schrumpfrisse. Die Tonminerale in den Vertisols (lat.: vertere = wenden; früher gebräuchlichere Regionalnamen: *Regur, Tirs*) quellen

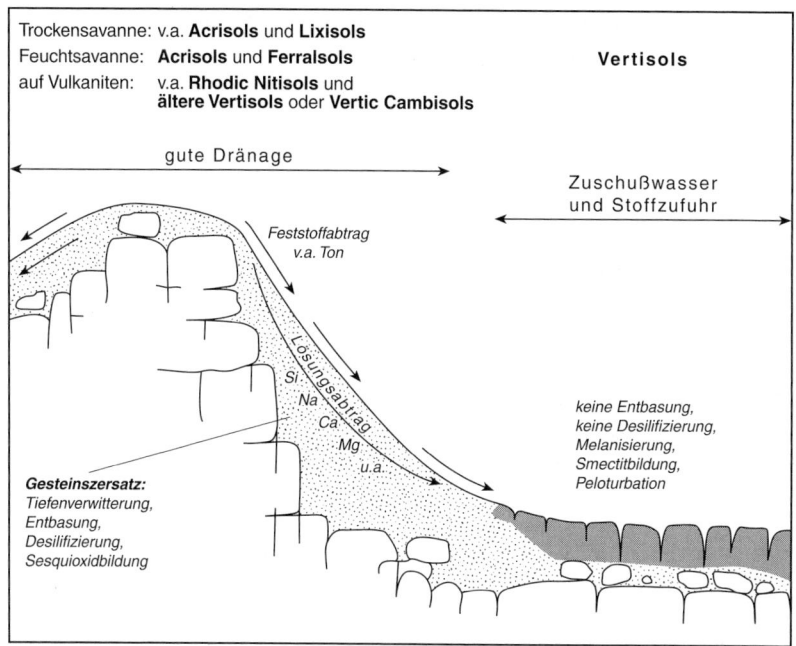

Trockensavanne: v.a. **Acrisols** und **Lixisols**
Feuchtsavanne: **Acrisols** und **Ferralsols**
auf Vulkaniten: v.a. **Rhodic Nitisols** und
ältere Vertisols oder **Vertic Cambisols**

Vertisols

gute Dränage

Zuschußwasser
und Stoffzufuhr

Feststoffabtrag
v.a. Ton

Lösungsabtrag
Si
Na
Ca
Mg
u.a.

keine Entbasung,
keine Desilifizierung,
Melanisierung,
Smectitbildung,
Peloturbation

Gesteinszersatz:
Tiefenverwitterung,
Entbasung,
Desilifizierung,
Sesquioxidbildung

Abb. 45: Catenare Beziehungen und Vertisol-Bildung (schematisch):
Die Stoffzufuhr führt auf Kuppen und am Hang zu Acrisol-Ferralsol-Gesellschaften. Auf silikatreichen Gesteinen (z. B. Basalt) verläuft die Entwicklung oft zu Nitisols. Die Stoffzufuhr ermöglicht in den Senken und Tiefenlinien die Vertisolbildung. Vertisols bilden sich aber auch durch die Erosion älterer Vertisols und Vertic Cambisols höherer Flächen. Dann ist keine Neubildung von Smectiten erforderlich (verändert nach Abbildungen bei WIRTHMANN 1987).

oder schrumpfen dann durch täglichen Tau nur gering. In der Regenzeit dagegen entsteht durch intensive Durchfeuchtung ein erheblicher Quelldruck und eine Volumenausdehnung. Dabei können in 25 cm bis 100 cm Tiefe ganze Bodenaggregate gegeneinander verschoben werden und durch Toneinregelung glänzende Scherflächen (*slickensides*) entstehen. An der Bodenoberfläche bildet sich oft ein kuppiges *Gilgai-Relief*. Derartige Vertisols haben bis in mindestens 50 cm Tiefe einen Tongehalt von über 30 % und weisen trockenzeitlich mindestens 1 cm weite polygone Schrumpfrisse auf (FAO 1997). In diese Spalten kann – durch äolische Einträge und gleich zu Beginn der Regenzeit durch Einschwemmung von den Seiten – biogenes oder mineralisches Material fallen, das durch Peloturbation in den Boden eingearbeitet wird. Die Vertisols wurden durch diesen tiefgründigen *Selbstmulcheffekt* intensiv *melanisiert*, das heißt dunkelgrau bis schwarz gefärbt. Dies ist vor allem eine Folge der feinen Verteilung stabiler Ton-Humus-Komplexe (Kap. 2.2.7.1) und keineswegs eines sehr hohen Humusgehalts (meist deutlich unter 3 %). Eine weitere Wirkung der Peloturbation ist die *Sortierung* des Bodenmaterials bei skelettreichen Vertisols. Da die gröberen Bestandteile nicht direkt am Quellen und Schrumpfen beteiligt sind, werden sie langsam zur Oberfläche gedrückt, wo sie sich anreichern (MÄCKEL 1996).

Vertisols in geomorphodynamisch stabilen Positionen, zum Beispiel auf isolierten Plateauflächen, scheinen überwiegend reliktisch zu sein. Diesen alten Böden stehen junge Vertisols an Unterhängen oder in Talauen gegenüber: MÄCKEL (1996) beschreibt zwei bis drei Meter mächtige Vertisols aus Kenia, die aus historischer Zeit stammen und eng mit Nutzung und Beweidung von Hanglagen und damit ausgelöster Abtragung zusammenhängen. Dies ist nicht zuletzt auch das Ergebnis der hohen Erosionsanfälligkeit (FREEBAIRN et al. 1996) der in gequollenem Zustand recht dichten Vertisols, die während der Regenzeit sogar zur subterranen Erosion (engl: piping) neigen. Dies stimmt mit der Beobachtung überein, daß die Smectite in den rezenten Vertisols oft nicht authigen sind, sondern auch durch Abtragung älterer tonreicher Böden (z. B. Vertic Cambisols) höherer Reliefeinheiten in den Tiefenlinien oder an den flachen Unterhängen konzentriert werden (ESWARAN et al. 1988).

Die Vertisols sind unter bodenchemischen Gesichtspunkten sehr gute, nährstoffreiche Böden. Dagegen sind sie meist schwer bearbeitbar: Im trockenen Zustand oft verhärtet und in gequollenem Zustand sehr schwer und tief, können sie im Trockenfeldbau nur mit Mühe genutzt werden. Hinzu tritt die Peloturbation, welche die Bodenoberfläche ständig verändert. Dies ist für eine tiefere Durchwurzelung (Baumkulturen) ungünstig. Die Vertisols werden deshalb in der Trockenzeit oft bewässert (AHMAD 1996b) und darüber hinaus für den Reisanbau (Kap. 4.8.7) geflutet (AHMAD und MUIRHEAD 1996). Das wird durch ihre Lage in Senken und Tiefenlinien begünstigt.

Ausgeprägte Regenzeiten mit hohen Niederschlagsintensitäten und stark wechselnde Abflußaufkommen lassen in Tiefenlinien, in Senken, an Seeufern oder an flachen Küsten mehr oder weniger *hydromorphe Böden* entstehen. Grundsätzlich ist zwischen permanent und periodisch nassen Böden zu unterscheiden. Zu den letzteren gehören die Planosols, die allerdings in den Savannen nur selten auftreten. Histosols sind im wesentlichen auf flache Küstenstreifen, innertropische Tiefländer und verlandende Seen beschränkt. Oder sie sind ombrogene Moore kleinräumig in den tropischen Hochländern.

Fluvisols entstehen auf fluvialen, marinen oder lakustrischen Sedimenten. Dadurch sind mindestens 25 cm des Bodenvolumens innerhalb der oberen 125 cm geschichtet. Charakteristisch für Fluvisols ist außerdem, daß der Gehalt organischen Kohlenstoffs innerhalb des Profils stark schwanken kann, was auf allochthonen Humus beziehungsweise fossile Oberböden (Ahb-Horizonte) zurückzuführen ist (Details s. FAO 1997). Im Gegensatz zu den meist nährstoffarmen Böden, gehören die Fluvisols – abhängig vom zugeführten

Sediment und der Lösungsfracht des Wassers – mitunter zu den nährstoff-
reichsten Böden der Tropen. Abseits der Fließgewässer sind sie oft mit den
Gleysols vergesellschaftet. Fluvisols zeigen ähnlich wie die Gleysols oft
starke Reduktions- und überwiegend fleckenhafte Oxidationsmerkmale, doch
dient ihre deutliche Schichtung als gutes Unterscheidungsmerkmal (FAO
1997).

4.8.5   Decksedimente als Gunstfaktor in den Tropen

Der Bodenbildungsfaktor Zeit gewinnt in den Tropen besondere Bedeutung.
Er ist eng mit den geomorphologischen und (paläo-)klimatischen Entwicklungen verknüpft. Die Vorstellung von tropischen Böden war – analog zu der
tropischer Reliefentwicklung – lange Zeit von dem Eindruck der altkonsolidierten Kratone des ehemaligen Gondwana-Südkontinents beherrscht. In diesen nur schwach reliefierten und kaum gekammerten Räumen haben sich sehr
alte Verwitterungsdecken erhalten, die nährstoffarme Ausgangssubstrate bilden. Dies betrifft kristalline Schilde ebenso wie meist quarzitische Sand-
steindecken des Meso- und Paläozoikums.

Die älteren Vorstellungen hatten eine mehr oder weniger breitenparallele
Einengung der Tropen während der pleistozänen Kaltphasen zugrundegelegt.
Im Gegensatz zu den Ektropen würde dies eine fortschreitende gleichgerich-
tete Verwitterungs- und Bodenentwicklung unter nahezu gleichbleibenden
Bedingungen bedeuten. Geoökologische Arbeiten zur Pflanzengeographie,
Klimageschichte, Geomorphologie und Bodenentwicklung haben jedoch
gezeigt, daß die Tropen während des Quartärs durch hygrische Fluktuationen
sehr stark beeinflußt worden sind. Besonders die Aridisierungsphasen bei
wechselnder Intensität der Niederschläge haben im Quartär einen Wandel der
Vegetationsgesellschaften und eine veränderte Geomorphodynamik hervorgerufen. Das bedeutet, daß viele Böden eine komplexe polyklimatische Entwicklung aufweisen. Dies gilt besonders für altverwitterte Böden der immerfeuchten und der wechselfeuchten Tropen. Berücksichtigt man die von hygrischen Schwankungen gesteuerten Erosionsprozesse und Stoffeinträge, dann
wird letztlich ein realitätsnäheres Bild der Bodengenese und der Bodenverbreitung – gerade auch auf den Altflächen in den Tropen – entworfen.

Verschiedene geomorphologische Forschungen zur Formenentwicklung in
den Tropen haben die auch aus paläobotanischen Arbeiten zunehmenden
Hinweise auf bedeutende hygrische Fluktuationen während des Quartärs in
den niederen Breiten unterstützt (z. B. BRÜCKNER 1955, FÖLSTER 1964, TRI-
CART 1974, GARNER 1966, ROHDENBURG 1969). Eine Schlüsselrolle spielen
in diesem Zusammenhang Decksedimente (EMMERICH 1997). Sie dokumentieren nicht nur den paläoklimatisch-geomorphodynamischen Wandel (WIL-

LIAMS 1985, VAN DER HAMMEN 1991), sondern sie wirken – als Umlagerungsprodukte mit unterschiedlichen Beimengungen – direkt auf die Standortbedingungen und damit auf die Pedogenese ein. Besonders die *Steinlagen* (engl.: stone lines) sind augenfälliger Ausdruck vergangener Abtragungsprozesse an Hängen in den Tropen. Sie bestehen überwiegend aus residualen Quarzen oder Konkretionen präexistenter Eisen- und Kieselkrusten. Sie trennen unterschiedliche Substratkomplexe voneinander, zum Beispiel feinkörnige Decksedimente mit (sub-)rezenten, eher braunfarbigen Böden von alten saprolithischen Verwitterungsresten, beziehungsweise fossilen, hämatitisch rot gefärbten Böden, Krusten oder Bodensedimenten. Wenn sie nicht – wie meist auf Verebnungen – als Verwitterungsresiduen autochthon (IRION 1989) oder auf bioturbate Materialsortierungen zurückgehen (BREMER 1979, LÖFFLER 1996), belegen sie mehrere Phasen geomorphologischer Dynamik und Stabilität. Geringere Vegetationsdichte und vermutlich höhere Intensitäten der Niederschläge haben großflächige Materialumlagerungen verursacht, die sich in oft mehrphasigen Decksedimenten dokumentieren. Die Mehrschichtigkeit ihres Aufbaus kann sich in wechselnden Tongehalten der Lagen äußern. Viele Acrisols sind daher möglicherweise weniger lessivierte Böden im strengen Sinne, sondern eher *Phäno-Acrisols* (im Sinne der Phäno-Parabraunerde (Luvisol) in Mitteleuropa), bei denen eine tonreichere tiefere Decksedimentlage eine Anreicherung vortäuscht (EMMERICH 1989).

Bei den Umlagerungen erfolgte einerseits partieller Abtransport älterer Böden und Verwitterungsdecken, andererseits wurden jüngere, nährstoffreichere Substrate exponiert oder in die mobilisierten Bodensedimente eingearbeitet. Altverwitterte tropische Böden (Ferralsols, Plinthosols) mit mächtigen Zersatzdecken herrschen daher auf geomorphodynamisch stabilen Reliefeinheiten vor, während an Hängen jüngere, eher braun als rotgefärbte lessivierte Böden oder sogar Cambisols verbreitet sind (SEMMEL 1982, EMMERICH 1997). Diese meist jungquartären Böden sind oft nährstoffreicher und bei ackerbaulicher Nutzung besser zu bearbeiten, allerdings auch stark erosionsgefährdet. Selbst im Flachrelief der Feuchtsavannen Westafrikas werden beispielsweise nach der Rodung Erosionsbeträge bis 14 t/ha jährlich erreicht, was etwa dem fünfzehnfachen des natürlichen Abtrags entspricht (WIESE 1997). Diese *kolluvialen Decksedimentkomplexe* treten (Abb. 46) nahezu überall in den Tropen auf, in Savannen ebenso wie unter Regenwald (SEMMEL und ROHDENBURG 1979, BIBUS 1983, DE DAPPER et al. 1988, EMMERICH 1988, SCHAEFER und DALRYMPLE 1995, S. 22, SANDER 1996, RUNGE 1997).

Zunehmende Beachtung findet der *Staub* in den Tropen. Die Partikel dienen in der Regel als Kondensationskerne und werden mit den Regenfällen aus der Luft ausgewaschen. Meist bilden sie äolische Beimengungen in kolluvialen oder alluvialen Sedimenten, da ein dauerhafter Deckschichtenaufbau aus rei-

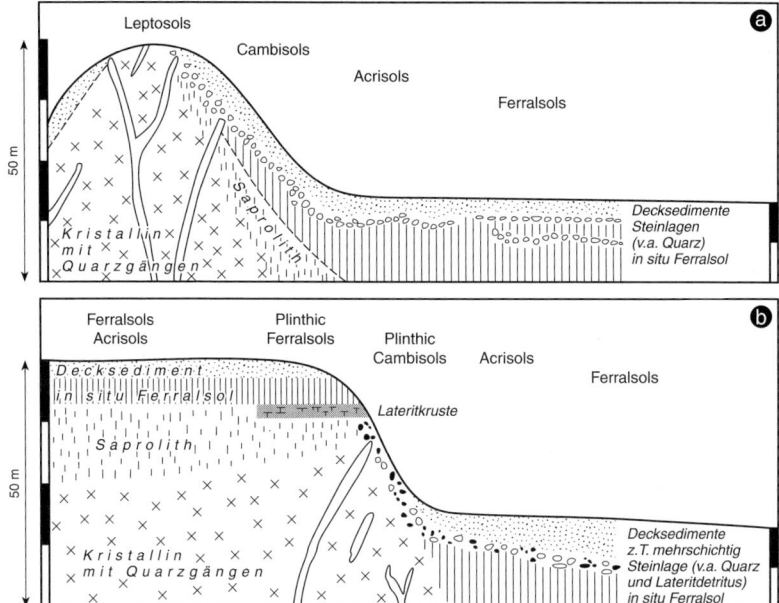

Abb. 46: Schematische Toposequenzen von Böden und Decksedimenten auf kristallinem Gestein in den Tropen (verändert nach EMMERICH 1997).

a) Ein stark zertaltes, in Kuppen aufgelöstes Altflächenniveau mit einer jüngeren Flächengeneration. Die Toposequenz belegt die nährstoffreicheren Böden an den Hängen, wo die alten Verwitterungsdecken im Zuge hygrischer Schwankungen während des Jungquartärs abgetragen wurden. b) Ein wenig zertaltes Altflächenniveau mit ausstreichendem Laterit, der zu den Steinlagen beiträgt. Zu beachten ist hier die Decksedimentlage auf dem Altniveau, die auch äolische Komponenten enthalten kann.

nen Äolianiten aufgrund der oft heftigen Sommerniederschläge und der damit verbundenen Abspülung verhindert wird. Doch können die verspülten Feinsedimente bedeutende Substratkomplexe aufbauen beziehungsweise die chemischen und physikalischen Eigenschaften der Substrate stark beeinflussen.

Das größte Staubliefergebiet für die Tropen ist ohne Zweifel die Sahara. Lößähnliche Ablagerungen treten großflächig im nördlichen Westafrika in Erscheinung, wo in die Böden der Trockensavanne bis zu durchschnittlich 137–181 g/m^2 Staub pro Jahr eingetragen werden (McTAINSH und WALKER 1982). In Zentral- und Nordostnigeria können die Äolianite und ihre abgespülten Derivate mächtige Ablagerungen bilden und somit eine wesentliche Komponente am Decksedimentaufbau darstellen (ZEESE 1991). Der Staub erreicht – bei kontinuierlicher Mengenabnahme – auch die feuchttropische Küstenbereiche, wo in Südbenin immer noch über 10 g/m^2 – besonders im Winterhalbjahr – sedimentiert werden. Der Staub wirkt als Mineraldünger, denn mit ihm werden besonders Kalium (Feldspäte, Glimmer), Calcium (Calcit, Feldspäte) und in geringeren Mengen Magnesium geliefert. Dies trägt zur Pufferung der Säuren im Boden, zur Erhaltung der Basensättigung sowie zur Gefügestabilisierung bei. Die äolischen Einträge sind stellenweise so hoch, daß sie in Böden auf primär nährstoffarmem Substrat die Auswaschung von Basen kompensieren. Gleichwohl sind sie aber nicht in der Lage, die zusätzlichen Verluste durch Erosion sowie Anbau und Entnahme von Kulturpflanzen zu ersetzen (HERRMANN 1996).

Saharischer Staub erreicht sogar das Amazonasbecken. Hier werden die Depositionsraten auf etwa 13 Mio. t/Jahr geschätzt. Im Nordosten des Beckens können bis zu 19 g/m^2 im Jahr sedimentiert werden, also vergleichbar dem feuchttropischen Westafrika. Der Nährstoffeintrag (besonders Kalium, Calcium aber auch Phosphor) fördert die Produktivität des südamerikanischen Regenwalds, weil er einen Großteil der Stoffausträge durch Sickerwasser wieder ausgleicht (SWAP et al. 1992). Ob im Verlauf des Quartärs auch Äolianite aus den innerkontinentalen Trockengebieten Südamerikas (v. a. Gran Chaco, Pantanal; s. KLAMMER 1982) ins Amazonasbecken geliefert wurden, ist bislang noch ungewiß. Auch sind die Auswirkungen jungquartärer autochthoner Staubproduktion aus den Anden ins amazonische Vorland während semiarider Phasen im Pleistozän noch nicht befriedigend geklärt (MEYER und NEUMEYER 1980, BROECKER 1996, S. 91). Doch dürfte angesichts der rezent eingetragenen Mengen die Diskussion um äolische Komponenten auch in den großflächig auftretenden und typischer Weise sehr feinkörnigen Decksedimenten wieder aufleben – gerade auch angesichts der Tatsache, daß feinkörnige Decksedimente ebenso in Toplagen von Hügeln wie in geomorphodynamisch weitgehend stabilen Positionen auftreten (LICHTE 1980; vgl. auch Abb. 46).

Die geomorphodynamischen Prozesse haben auch die Böden in jenen Gebieten der Tropen erfaßt, in denen Vulkanite und damit silikatreiche Gesteine vorherrschen. Dabei sind *alte Trappbasaltgebiete* wie in Indien, im östlichen Zentralafrika oder in Brasilien von jungen Vulkangebieten mit starker Reliefierung und/oder (sub-)rezenten Eruptiva zu unterscheiden: Auf den überwiegend jurassisch-kretazischen, in Ostafrika tertiären Basaltdecken haben sich auch tiefgründige alte und meist polyklimatische Böden entwickeln oder erhalten können. An den Hängen können sie wie in Kristallingebieten mehrfach umgelagert sein, erhielten frisches Material zugeführt und weisen daher ähnliche Bodengesellschaften auf.

Dagegen sind die Böden und Substrate in den *jungen Vulkangebieten* in der Regel viel frischer. Wiederholte Vulkanausbrüche mit großräumiger „Aufdüngung" oder Fossilierung der älteren Böden *durch vulkanische Aschen und Lapilli* haben oft eine tiefgreifende chemische Verwitterung verhindert oder verzögert. Die Folge sind zwar schnell verwitternde, aber vergleichsweise basenreiche Böden mit wesentlich höherer Austauschkapazität.

So treten zu den bereits erläuterten Böden die Andosols auf vulkanischen Aschen, sowie bereits weitergehend verwitterte, tiefgründige Nitisols hinzu. Da die Vulkangebiete an tektonisch sehr aktive Bereiche gebunden sind, weisen sie stärkere Reliefunterschiede und kleinräumige Kammerung auf. Das drückt sich in einer größeren Differenziertheit der Bodengesellschaften aus. Laterale, kolluviale und alluviale Stofftransporte belegen die starke Regelung der Pedogenese durch das Relief dieser Landschaften – beispielsweise in Mittelamerika, in Südostasien, in den Anden (Kap. 4.9) oder in Ostafrika. Die jungen Vulkanlandschaften in den Tropen bilden landwirtschaftlich hochproduktive Regionen: Hohe Insolation, ganzjährige Wärme und zumindest saisonale Niederschläge erlauben oft mehrere Ernten im Jahr, was mithilft, eine vergleichsweise dichte Bevölkerung zu ernähren.

Neben den altkristallinen Reliefeinheiten und den Vulkangebieten weisen die jungen Faltengebirge und ihre Vorländer ebenfalls junge, *nährstoffreiche Substrate* und Böden auf (Kap. 8.4.7). Die Hochtäler und Hochflächen mit klimatischer Gunst (hohe Insolation, verminderte chemische Verwitterung, weniger Tropenkrankheiten) sind deshalb kleingekammerte agrarökologische und siedlungsgeographische Gunstgebiete. Während in den Bergländern natürliche oder anthropogen verstärkt starke Bodenabtragung vorherrscht und deshalb die Substrate und Böden flachgründig sind, finden sich in den Gebirgsvorländern und intramontanen Becken die Akkumulation des erodierten Substrats. Es handelt sich um feine Korngrößen und humose Komponenten. Die aus den feinen *alluvialen Decksedimenten* resultierenden lehmigen Böden haben hohe Adsorptionskraft. Beachtet man dabei, daß junge Faltengebirge über bedeutend jüngere und damit basenreichere Gesteine verfügen als die alten kristallinen Schilde, dann wird die Nährstoffkonzentration in den Substraten der Schwemmländer einsichtig. Die chemische Verwitterung setzt unter den tropischen Bedingungen an den feinen Korngrößen mit großer Oberfläche besonders schnell an, so daß die Nährstoffe auch in kürzester Zeit pflanzenverfügbar werden. Auf den Fluvisol-Gleysol-Eutric Cambisol-Gesellschaften finden sich daher in vielen tropischen Tiefländern intensiv genutzte landwirtschaftliche Gebiete, deren Fruchtbarkeit nur noch von den Andosol-Regionen erreicht wird.

4.8.6 Bodengeographische Aspekte von Gunst- und Ungunsträumen innertropischer Tiefebenen: Beispiele aus dem Amazonas- und dem Kongo-Becken

Die Ausgangsbedingungen für die Bodenbildung und Bodenentwicklung in den Tropen sind keineswegs uniform. Von Fall zu Fall spielen klimageschichtliche, geomorphologische und petrographische Bedingungen eine

Rolle. Eine exemplarische innertropische Tiefebene subkontinentaler Dimension stellt – neben dem Kongo-Becken – das *Amazonas-Becken* dar.

Die amazonischen Flüsse werden in drei Gruppen zusammenfaßt: Schwarzwasser-, Weißwasser- und Klarwasserflüsse. Die Färbung dieser Flußsysteme ist nicht zuletzt Ausdruck bodengeographischer Zusammenhänge, die als ein Spiegel von innertropischen Gunst- und Ungunsträumen verstanden werden können. Das größte Einzugsgebiet umfassen die *Weißwasserflüsse* Amazoniens. Sie entspringen in den Anden beziehungsweise im subandinen Bereich. Die lehmgelbe Färbung der Flüsse ist eine Folge der großen Suspensionsfracht (bei Manaus etwa 100 mg/l), die von Erosionsprozessen im Gebirge herrührt und die im Tiefland abgesetzt wird. Die bis über 10 km breite *várzea* – das Überflutungsgebiet der Weißwasserflüsse – ist eine sehr junge holozäne Reliefgeneration. Sie ist erst durch die Verfüllung tiefer Talzüge entstanden, die während der glazialen Meeresspiegelregressionen in die überwiegend tertiäre Grabenfüllung des Tieflands eingetieft worden waren. Durch den raschen Meeresspiegelanstieg hatten sie am Ende der Kaltzeiten langgestreckte Seen gebildet.

Die várzea gilt damit geochemisch als Teil der Anden beziehungsweise ihrer Fußzone: Bei jedem Hochwasser werden die nährstoffreichen Schlämme im Überflutungsgebiet des Amazonas abgesetzt. Die Lehme – dominant Schluffe bei hohem Tongehalt und geringem Sandanteil – sind durch wiederholte Durchgangssedimentation vorverwittert und weisen hohe Gehalte an Smectiten auf (IRION 1976, IRION et al. 1997). Die Schlämme sind sehr nährstoffreich (GIBBS 1967): Entweder liegen die Nährstoffe bereits pflanzenverfügbar vor, oder die mineralischen Feinsedimente mit ihren großen Oberflächen sind leicht verwitterbar. Calcium ist in den Ablagerungen in höheren Gehalten enthalten. Glimmerprodukte, wie Illit, liefern Kalium und Smectite weitere Kationen wie Magnesium.

Vielfach verlaufen stromparallel *Dammufer* (barancos), die von den Hochwassern nur noch flach überflutet werden. Hier dominieren Fluvisols, während sich in den tieferliegenden Bereichen dahinter großflächig Gleysols entwickelten (Abb. 47). Die Neusedimentation andinen Abtragungsmaterials versorgt die Böden der várzea in jährlichem Rhythmus. Am Mittel- und Unterlauf des Amazonas nimmt der rezente Überflutungsbereich etwa 300 000 km^2 Fläche ein. Berücksichtigt man den während des letzten Interglazials (vor etwa 125 000 Jahren) um etwa fünf Meter höher liegenden Meeresspiegel, so kann man aus bodengeographischer Sicht auf eine *Paläo-várzea* von einer Größe von etwa einer Million km^2 schließen (KLAMMER 1976, IRION 1989, IRION et al. 1997). Die mehr oder weniger braun gefärbten Böden (SIOLI und KLINGE 1961) sind hier bereits stärker verwittert und entbast.

Der periodischen Mineralzufuhr waren und sind die Böden der *terra firme* entzogen, die – durch die steilen alten Taloberhänge von der várzea um einige

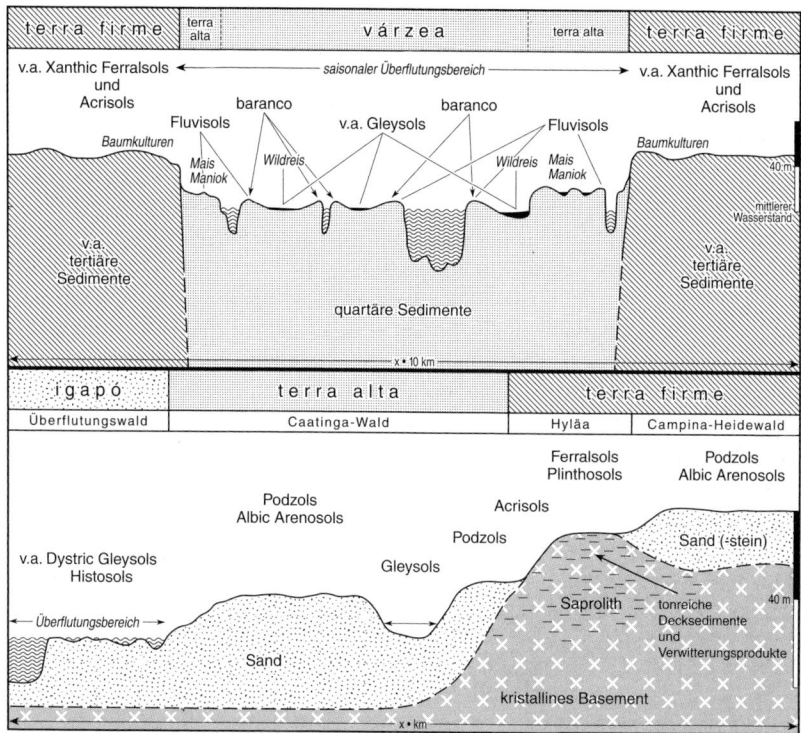

Abb. 47: Schematischer Schnitt durch die várzea am Amazonas (oben) mit den charakteristischen Hauptbodengruppen: Basen- und Smectit-reichere várzea-Böden mit Anbau auf den natürlichen Uferdämmen (v. a. Fluvisols), dahinter Gleysols. Altverwitterte Böden entstanden auf der terra firme. In Nähe von Siedlungen werden die Böden durch Baum- und Strauchkulturen (Nüsse, Kakao o. ä.) genutzt.

Darunter eine schematische Toposequenz am oberen Rio Negro (Schwarzwasser) mit (quasi-)natürlichen Vegetationsgesellschaften: In den igapó-Überschwemmungswäldern (geringe Sedimentation daher Tieflage) dominieren nährstoffarme Gleysols. Sande führen zu Podzols und Albic Arenosols, auf denen artenärmere Caatinga-Wälder und Campina-Heidewälder wachsen (nach Angaben bei SOMBROEK 1984, SIOLI 1984b, RICHARDS 1996, IRION et al. 1997).

Meter bis zu 100 m abgesetzt – nicht von den Hochwässern erreicht wird. Auf den kretazisch-tertiären Sedimenten, die das Amazonasbecken im zentralen Bereich füllen, entstanden daher tiefgründig verwitterte Böden. Gegenüber den Acrisols gewinnen die Ferralsols und Plinthosols an Bedeutung. Es sind sehr alte und wegen starker hygrischer Schwankungen des Klimas im Pleistozän (TRICART 1974) auch überwiegend polygenetische Bildungen (vgl. auch HASTENRATH 1985, S. 418).

Die hohe Sedimentationsrate am mittleren Amazonas staut geradezu die Tributäre. Die Klarwasserflüsse von Süden und Schwarzwasserflüsse von

Norden führen erheblich weniger Suspensionsfracht (ca. 5 mg/l) und konnten ihre im Jungpleistozän erodierten Unterläufe bis heute nicht überall auffüllen. Die *Klarwasserflüsse* entwässern die tiefgründig verwitterten präkambrischen Kristallingesteine des Brasilianischen Berglands südlich des Amazonas. Ihre anorganische Lösungsfracht drückt die intensive tropische Verwitterung aus, die zu nährstoffarmen Ferralsol-Plinthosol-Acrisol-Gesellschaften geführt hat. Hier stockt ein gegenüber der várzea niedrigerer Regenwald.

Die Farbe der *Schwarzwasserflüsse* geht auf gelöste Humussäuren zurück, die das Wasser nicht nur sehr sauer machen (pH 3,8–4,9; SIOLI 1984a), sondern auch dunkelbraun färben. Dies ist Ausdruck ausgedehnter Podzol- und Albic Arenosol-Flächen (Abb. 48) im Einzugsgebiet (über 100 000 km², GRABERT 1991), die sich zwischen die Ferralsol-Plinthosol-Acrisol-Gesellschaften mischen (BRAVARD und RIGHI 1989): Sie sind überwiegend an die präkambrischen Quarzsandsteine der Roraima-Gruppe und deren Abtragungsprodukte gebunden, die große Teile des Guyana-Schilds bedecken (SCHAEFER und DALRYMPLE 1995).

Die gute Permeabilität der Substrate – bei hoher Verfügbarkeit von Fulvosäuren – haben hier die Podsolierung voranschreiten lassen. Dabei werden

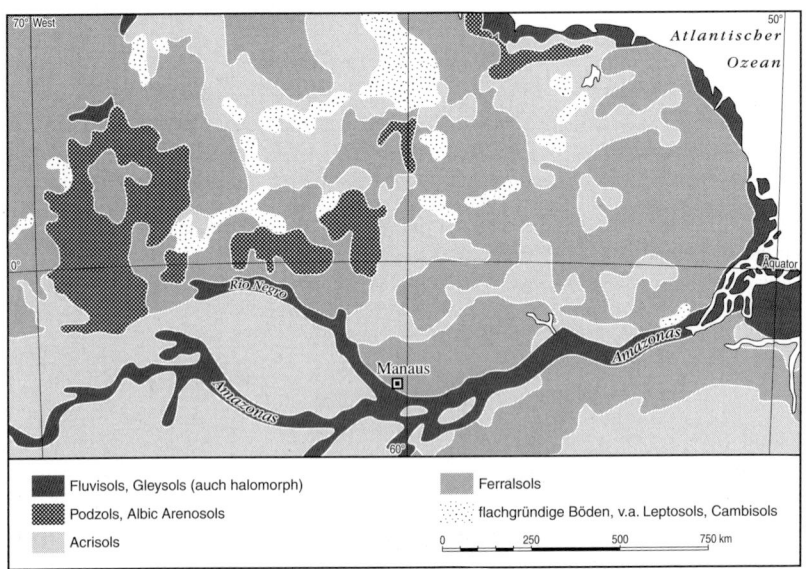

Abb. 48: Übersicht über die Verbreitung von Podzols im nördlichen Amazonasbecken (nach SOMBROEK *1984).*

Die Podzols sind überwiegend stark hydromorph geprägt (Gleyic Podzols). Im Tiefland dominieren Xanthic Ferralsols sowie Ferric und Plinthic Acrisols (vergesellschaftet mit Haplic Ferralsols und Acrisols).

große Mengen an Humussäuren ausgewaschen. Die gebleichten Böden liegen im inneren Amazonasbecken jetzt zum Teil im Grundwasserbereich (KLINGE 1967). Das läßt auf ein pleistozänes Alter vieler Albic Arenosols und Podzols schließen, als bei eustatischen Meeresspiegeltiefständen und nach dem Einschneiden der Vorfluter zumindest zeitweise gut entwässerte Standorte vorlagen. Solche Standorte neigen heute zur Vermoorung, unter Anreicherung weitgehend unzersetzter Streu (Histosols der Tiefländer), da die Remineralierungsraten durch Sauerstoffarmut stark reduziert sind (NEUE et al. 1997). Andererseits wurden in gut dränierter Position am Nordrand des Amazonasbeckens Paläo-Podzols auch umgelagert und/oder fossiliert (SCHAEFER und DALRYMPLE 1995). Auch dies belegt die polygenetische Anlage der meisten tropischen Böden.

Auf solchen verarmten Flächen ist der Regenwald immer wieder von tropischen Heiden durchsetzt, in denen Ericaceen und Sträucher dominieren. Deren Streu wiederum fördert die Versauerung. Trotz der feuchttropischen Verhältnisse können die Pflanzen auf diesen *Campinas* wegen der guten Durchlässigkeit und geringen Wasserspeicherkapazität der Böden nach einigen trockenen Tagen bereits unter extremen Trockenstreß geraten, was zu der Degradationsanfälligkeit dieser tropischen Vegetationsgesellschaften beiträgt (WHITMORE 1993).

Die geringe Suspensionsfracht und bedingt die Nährstoffarmut der Schwarzwasserflüsse. Sie wirkt sich auch auf deren Überschwemmungswaldgebiete (*igapó*) aus (Abb. 47). Im Gegensatz zur várzea der Weißwasserflüsse sind Fluviosols wegen der geringeren Sedimentationsrate kaum verbreitet. Der weitaus größte Teil der Pflanzennährstoffe der igapó-Wälder liegt in der (oberirdischen) Biomasse fest. Der kurz geschlossene Nährstoffkreislauf mit rapider Remineralisierung der Streu spielt eine große Rolle. Deshalb produzieren die Wälder hier wie auch auf den Böden der terra firme eine geringere Biomasse bei niedrigeren Nährstoffgehalten der Streu. Dies steht ebenfalls im Gegensatz zur várzea, wo die Pflanzengesellschaften vielfältiger und produktiver sowie die Streu reichhaltiger ist und die Böden noch einen größeren Nährstoffvorrat besitzen. Die naturräumliche Gunst der várzea bietet forstwirtschaftlich nutzbare Flächen, während die nährstoffarmen Regenwaldstandorte der terra firme sowie der igapó sehr labile Ökosysteme darstellen. Sie sind ohne Schäden im Ökosystem nur schwer in Wert zu setzen (FURCH 1997, WORBES 1997).

Die Böden am Rand der terra firme, vor allem aber der höheren barancos und terra alta, sind zum Teil anthropogen überprägt. Die várzeas sind traditionelle, nachhaltig landwirtschaftlich nutzbare Siedlungsräume, in denen Mais und Maniok, in flachen Seen auch Wildreis angebaut wird (MEGGERS 1984). Allerdings ist die Intensivierung der Nutzung wegen der periodischen Überflutungen begrenzt. Zur pedologischen Gunst kommt die Nähe am Wasser und damit an den Verkehrsadern des Tieflands sowie die Möglichkeit,

Fischfang in den Weißwässern zu betreiben. Deshalb weisen diese Siedlungsstreifen eine relativ hohe durchschnittliche Bevölkerungsdichte bis etwa 14,6 Menschen pro km^2 auf. Zwei Prozent der Fläche Amazoniens (várzea) tragen etwa zwei Fünftel der Bevölkerung. Die nährstoffarmen höher gelegenen Flächen daneben sind – mit 0,1 bis etwa 1,2 Menschen pro km^2 – vor allem von Jäger und Sammlerkulturen genutzt und wesentlich dünner besiedelt. Diese Ungleichverteilung scheint bereits in altindianischer Zeit geherrscht zu haben (DENEVAN 1976).

Noch weitgehend ungeklärt ist, welche Auswirkungen die indianische Landnutzung auf die Böden und Vegetationsgesellschaften des Amazonasbeckens hatte. Es ist anzunehmen, daß ursprünglich keineswegs nur Jäger- und Sammlerkulturen den Regenwald besiedelten: Gerade in den unfruchtbaren Ferralsol- und Arenosol-Podzol-Regionen sind inselartig anthropogene Humusauflagen (sog. *Indianer-Schwarzerde*) pedologische Zeugnisse für Bodenmeliorationsmaßnahmen durch prähistorische Indianerkulturen (ZECH et al. 1979, JORDAN 1985). Neben diesen den Plaggeneschs (Fimic Anthrosols) in Norddeutschland verwandten Böden (Kap. 4.3.3.4) spricht auch das Vorkommen von Savannen auf gering podsolierten Böden für eine altangelegte, anthropogen beeinflußte Entwicklung aus einem ehemaligen Hochwald heraus (SIOLI und KLINGE 1961).

Der Wanderfeldbau in den inneren Tropen, die sogenannte *shifting cultivation*, mit Abbrennen des Waldes und resultierender Aschedüngung, gilt allgemein als traditionelle Form der Bodenbewirtschaftung und – bei einer 10- bis 20jährigen Brache – auf Ferralsols und Acrisols als einigermaßen umweltverträglich (SIOLI 1984b, BRAUNS und SCHOLZ 1997). Allerdings ist die Methode sehr flächenintensiv und erlaubt auf der terra firme nur geringe Bevölkerungsdichten. Hinzu kommt der Mangel an Pflanzennährstoffen, der durch das Brandroden nur kurzzeitig gemindert werden kann. Kalium, Calcium und Magnesium beispielsweise werden schnell aus den Böden ausgewaschen. Gleiches gilt für andere Nähr- und Spurenelemente, denn die Adsorptionsfähigkeit der kaolinitisch geprägten Tonfraktion ist gering. Stickstoff ist großenteils beim Brennen flüchtig, Phosphor wie auch verschiedene Spurenelemente sind für die Pflanzen durch die feste Bindung an die Sesquioxide besonders in den sauren Ferralsols nur in geringen Mengen verfügbar. Zusätzlich wirken die hohen Aluminiumgehalte in Acrisols und Ferralsols toxisch. Bei kürzeren Brachezeiten und bei Einführung des nicht angepaßten großflächigen und dauerhaften Regenfeldbaus, der aus den Savannen mehr und mehr in den Regenwald eindringt, drohen irreversible Schäden, beispielsweise durch Erosion der Böden und Decksedimente und/oder das Aushärten vorhandener Plinthite.

Möglicherweise bietet die moderne *Agroforstwirtschaft*, ein Mischkultursystem aus Gehölz- und annuellen Nutzpflanzen, eine wirtschaftlich erfolgreiche und ökologisch stabile Alternative (SCHOLZ 1984, DOPPLER 1991, NAIR und MUSCHLER 1993). Dabei führen die höheren Bäume durch ihre Streu immer wieder Nährstoffe in den Boden zurück, wo die Kulturpflanzen sie aufnehmen. Limitierend wirkt der Schattenwurf der hohen Bäume und die Konkurrenz zwischen den Gehölzwurzeln und den Nutzpflanzen um Wasser und Nährstoffe (ZECH 1997). Allerdings können auch Agroforstsysteme, ähnlich wie bei anderen permanenten stockwerkartigen Anbaumethoden, einen schleichenden Nährstoffverlust durch Bodenabtrag und Biomasseentnahme nicht verhindern. Düngergaben sind auch hier auf längere Sicht notwendig (KÖNIG 1996).

Das *Kongo-Becken* zeigt viele bodengeographische Parallelen zum Amazonas-Tiefland. Auch hier haben die Böden ein hohes Alter und sind polygenetisch. Podzols beziehungsweise Albic Arenosols dominieren vor allem auf den sogenannten Bateke-Sanden, überwiegend äolischen, möglicherweise im Obermiozän (THOMAS 1987) aufbereiteten Sedimenten kretazischer Sandsteine des südwestlichen Tieflands. Da auch das Kongo-Becken während des jüngeren Pleistozäns von hygrischen Schwankungen erfaßt worden ist, sind die tiefgründigen Podzols zumindest teilweise polyklimatische Bildungen. Die Podsolierung stammt aus der feuchten Phase zwischen 40–30 ka sowie vermutlich aus dem frühen Holozän und war während der letzthochglazialen semiariden Trockenphase in Zentralafrika unterbrochen (SCHWARTZ et al. 1986, SCHWARTZ 1988).

Vor allem nordwärts zur Asande-Schwelle hin, aber auch im Süden, überwiegen Ferralsols auf der terra firme. Wie im Amazonasbecken belegen auch hier die großflächig verbreiteten Decksedimente (mit den eingeschalteten Steinlagen) die hygrischen Schwankungen während des Jungpleistozäns. Selbst im östlichen Kongo-Becken, das man zu den persistenten Regenwald-Kernräumen zählt (HAMILTON 1982, MAYR und O'HARA 1986, WHITMORE 1993), gibt es großräumige Materialumlagerungen mit Steinlagen (RUNGE 1997). Dabei weisen die in den obersten Decksedimentlagen höheren Kieselsäuregehalte ebenfalls auf die Umlagerungen, denn bei pedogener in situ-Desilifizierung müßten gerade die obersten Horizonte geringere Anteile aufweisen (RUNGE 1996). Dies hat nicht nur Auswirkungen auf die Verbreitung von trockenzeitlich-jungpleistozänen Regenwaldrefugien, sondern auch auf wechselnde Mengen jungquartär transportierten Sediments ins Beckeninnere.

Dort sind die saisonal überfluteten pleistozänen Ausraumbereiche analog zum Amazonas-Becken in igapó beziehungsweise várzea zu gliedern. Da in Zentralafrika eine dominante zum Atlantik verlaufende Grabenstruktur wie am Amazonas fehlt, sind die großen Gleysol-Regionen auf das Beckeninnere konzentriert. Am Ostrand des Kongo-Beckens streichen im Zusammenhang mit tertiären und quartären tektonischen Bewegungen im Bereich des ostafrikanischen Grabensystems zum Teil mesozoische Sedimentgesteine aus, auf deren tonreichen Verwitterungsprodukten sich ebenso wie auf Vulkaniten vorwiegend Rhodic Nitisols entwickelt haben (FAO 1977). Daneben tragen die Abtragungsprodukte der Vulkanite der bis heute aktiven Virunga-Vulkane zur Nährstoffversorgung des östlichen Kongo-Beckens bei.

Die Sedimentationsrate ist im inneren Kongo-Becken mit jährlich unter 50 g/m² wesentlich niedriger als am mittleren Amazonas (jährlich 100 g bis 250 g/m²; WALLING und WEBB 1983) und umfaßt vor allem vorverwittertes Bodensediment. Es handelt sich um Sande aus den Verwitterungsdecken mesozoischer Sandsteine ebenso wie von kristallinem Basement. Hinzu treten Tone (v. a. Kaolinit) und gelöste Nährstoffe, die nach Westen transportiert werden. Schluffe – aus basenreichen Gesteinen – kommen weniger vor, denn im Gegensatz zum Amazonas mit dem jungen andinen Faltengebirge als Hinterland werden am oberen Kongo wesentlich ältere Gesteine und Verwitterungsdecken abgetragen. Ergänzt wird die Stofffracht auch durch die Erosion mächtiger tertiärer Sedimente im Becken selbst. Sandige Ablagerungen herrschen daher in vielen Teilen der Überschwemmungsgebiete vor (Gleysols, Histosols). Auf gut durchlässigen Substraten entwickelten sich über längere Zeiträume auch im inneren Kongo-Becken Podzols (PREUSS 1986).

Wie das Amazonas-Tiefland gilt auch das Kongo-Becken als ein Gebiet der Jäger- und Sammler-Kulturen. Doch scheint auch hier schon in voreuropäischer Zeit zumindest entlang der Flüsse großräumig Landwirtschaft betrieben worden zu sein, worauf archäologische Funde hinweisen (EGGERT 1992). Deren Folgen für die Böden sind noch nicht untersucht.

4.8.7   *Bodengeographische Aspekte von Gebirgsvorländern und Vulkangebieten: Beispiele aus Süd- und Südostasien mit Blick auf die Reisböden*

Nährstoffreicher als auf den Schilden des ehemaligen Gondwana-Kontinents sind die Decksedimente und Böden in den *süd- und südostasiatischen Tiefländern*. Besonders großflächig sind jene, in deren Hinterland der Himalaya und seine meridionalen Gebirgsketten jung aufgefaltet wurden. Die starke Reliefierung und die intensiven monsunalen Niederschläge verursachen eine starke Abtragung und in den Tiefländern des Großraums die höchsten Sedimentationsraten der Erde (z. B. Brahmaputra-Ganges-Tiefland/Bangladesch, Songkoi-Tiefland/Nord-Vietnam: jährlich >1 000 g/m², Menam-Tiefland/Thailand und Mekong-Tiefland/Kambodscha: jährlich bis 500 g/m²; WALLING und WEBB 1983). Dadurch treten in den Gebirgsländern neben den basenarmen und kaolinitreichen Acrisol-Ferralsol-Gesellschaften auch ausgedehnte, junge und damit oft flachgründigere Cambisols in höheren Lagen und an erosionsgeprägten Standorten auf (z. B. WELTNER 1996). So werden durch die Abspülung im Hinterland alte Bodensedimente viel weniger mobilisiert, als auf den tief verwitterten Kratonen des ehemaligen Gondwanas. Durch die Abtragung basenreicher Gesteine und die Erosion junger Böden entstehen in den Tiefländern nährstoffreiche Eutric Gleysols und Eutric Fluvisols, deren Fruchtbarkeit erst in Küstennähe durch marine Salze beeinträchtigt ist (FAO-UNESCO 1979b, 1979c).

Ähnlich hohe Sedimentationsraten werden auch in den vulkanischen Teilen Südostasiens erreicht (z. B. Java: jährlich $>1\,000$ g/m²; WALLING und WEBB 1983). Die *basenreichen jungen Vulkanite* bieten beste Voraussetzungen für die Nährstoffaufbereitung durch tropische Verwitterungsprozesse. Durch den aktiven Vulkanismus in Lateinamerika, Ostafrika und Südostasien werden bei heftigen Ascheeruptionen die vorhandenen Böden großflächig aufgedüngt. Damit erfahren sie eine immer wiederkehrende natürliche Melioration. Dies zeigen auch die Bodengesellschaften: *Andosols* (Horizontfolge meist Ah-C oder Ah-Bw-C) – definitionsgemäß neben anderen Kennzeichen auf mehr als 35 cm mächtigen vulkanischen Aschen und Lapilli (FAO 1997) – besitzen oft humose Oberböden, einen pH-Wert zwischen 5 und 7, sind recht locker und daher permeabel, bei meist hoher Kationenaustauschkapazität und mittlerer bis hoher Basensättigung. Aus den vulkanischen Gläsern werden durch Verwitterung *Allophane*, schlecht kristallisierte wasserreiche Aluminiumsilikate, sowie *Imogolit*, ein röhrenförmig aufgebautes Silikat der Tonfraktion, gebildet. Bei weitergehender Verwitterung entwickeln sich die Andosols vor allem zu Nitisols und Acrisols. Es treten aber auch die anderen Hauptbodengruppen mit Tonanreicherungshorizont (Luvisol, Lixisol und Alisol) auf. Deren Abspülung führt in den Talzügen und Küstenebenen der Inseln zu in der Regel sehr lehmigen Fluvisols und Gleysols. Im Gegensatz zu ihnen sind die Andosols wegen ihrer guten Durchlässigkeit vergleichsweise schwer erodierbar.

Davon ausgenommen sind lediglich die von den Vulkangürteln am Indik und Pazifik weit entfernt gelegenen inneren Inseln wie Borneo (Kalimantan). Hier dominieren die altverwitterten, polyklimatischen Acrisols und Ferralsols, und selbst die Fluvisols und Gleysols liegen überwiegend als nährstoffarme Varianten (Dystric) vor. Darüber hinaus sind im Süden der Insel große Podzol- und Albic Arenosol-Regionen auf Sanden entwickelt, die typischerweise tropische Heiden tragen. Diese *Padangs* entsprechen den Campinas Amazoniens (WHITMORE 1993). Inwieweit die pleistozäne Meeresspiegelregression, das Trockenfallen des Sundaschelfs und die resultierende Trockenheit mit Materialumlagerungen zu einer Überarbeitung der alten Böden oder zur Einarbeitung allochthoner Nährstoffe geführt hat, ist ungewiß. Auf den rapiden eustatischen Meeresspiegelanstieg während des Holozäns gehen jedenfalls die ausgedehnten Sümpfe und Moore (Histosols) in den Küstenebenen vor allem Sumatras und Borneos zurück.

Die Flüsse in den jung aufgeschütteten Gebirgsvorländern Asiens neigen aufgrund der hohen Sedimentationsrate bei den periodischen Überflutungen zur Bildung von sandig-lehmigen Uferdämmen (levée). Dies entspricht den Weißwässern des Amazonas. Die Fluvisols bilden Gunsträume für die Anlage von Siedlungen und Feldern. Sie werden – wenn überhaupt – nur noch episodisch überflutet, während die tiefer gelegenen Flächen periodisch geflutet werden und aus tonigeren Substraten bestehen. Diese natürlichen, flach überschwemmten Bereiche (Wassertiefe meist ca. 15–30 cm) bieten gute Voraussetzungen für den Reisbau (Naßreis), der in Süd- und Südostasien das wichtigste Nahrungsmittel ist. Die hier ursprünglich entstandenen Böden – meist Gleysols und flache Histosols – sind sehr reich an organischem Material, was zusammen mit den alluvial transportierten Nährstoffen die anhaltend gute Nährstoffversorgung sicherstellt.

Ferralsols treten in Süd- und Südostasien zurück. Die Fruchtbarkeit der Böden und die tonigen Bodenarten haben bei wachsendem Bevölkerungsdruck dazu geführt, daß der Reisanbau nicht nur auf den natürlich perennierend oder saisonal überfluteten Flächen betrieben wird. Durch anthropogene Eingriffe in die Überschwemmungsereignisse, durch Bewässerung oder den Stau von Regenwasser ist er über mehrere 100 000 km^2 Fläche ausgebaut und intensiviert worden (UHLIG 1983). Damit werden neben Nitisols und Acrisols vor allem Vertisols (auch Vertic Cambisols) für den Reisanbau genutzt. Dies geschieht zum Beispiel besonders in Indien (20 % Trockenreis, 80 % Naßreis; ASELMANN und CRUTZEN 1989) im Bereich der ausgedehnten Dekkan-Trappbasalte (Abb. 49 im Farbteil S. XV) und auf Java (AHMAD und MUIRHEAD 1996). Das Vergrößern der Anbaufläche durch Nutzung von Hanglagen hat die Böden – durch den Bau von Terrassen – stark verändert (DOPPLER 1991). Auf Java beispielsweise erreicht der Reisanbau 1 500 m ü. M. (ANDREAE 1983).

Die periodisch gefluteten *Reisböden* (engl.: *paddy soils*) wurden noch nicht in einer eigenständigen Bodengruppe ausgegliedert, doch besitzen sie charakteristische Merkmale (Abb. 50): In nur zehn Jahren, meist jedoch nach einigen Jahrzehnten, sind die urprünglichen Böden auch mechanisch überprägt. Durch das Kneten des Bodens (engl.: *puddling*) unter Wasserbedeckung – entweder durch Trampeln, Pflügen (dann auch mögliche Ausbildung einer Pflugsohle) oder Hacken – werden die Böden mit der organischen Substanz durchmischt und mit Wasser gesättigt. Zudem wird das Verpflanzen des Reises erleichtert. Mit der Bewirtschaftung verlieren die oft tonigen Böden ihr grobes Gefüge und weitgehend ihre innere Dränage. Mit der Gefügeveränderung wird es schwierig, andere (Trockenland-)Früchte anzubauen, was die Persistenz des Reisanbaus fördert. Das Bearbeiten und die Flutungen verändern nicht nur die physikalischen, sondern auch die chemischen und biologischen Eigenschaften der Böden, wie die redoximorphen Merkmale

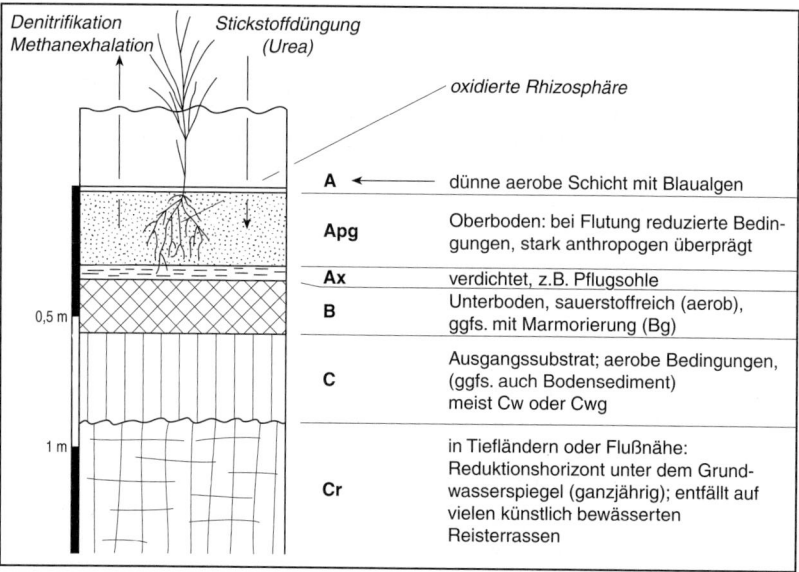

Redoxpotential $(E_{h7}$ in mV$)$	Reduktionsreaktionen und Reduktionsvorgänge	
+800	$O_2 + 4H^+ + 4e^- \longrightarrow 2H_2O$	Sauerstoffverlust
+550 bis +450	Beginn der NO_3-Reduktion $2NO_3^- + 12H^+ + 10e^- \longrightarrow N_2 + 6H_2O$	Denitrifikation
+450 bis +350	Beginn der Mangan-Reduktion $MnO_2 + 4H^+ + 2e^- \longrightarrow Mn^{2+} + 2H_2O$	Mn-Mobilisierung
+330	O_2 nicht mehr nachweisbar	
+200	NO_3^- nicht mehr nachweisbar	
+150	Beginn der Eisen-Reduktion $Fe(OH)_3 + e^- \longrightarrow Fe(OH)_2 + (OH)^-$	Fe-Mobilisierung
−50	Beginn der SO_4^{2-}-Reduktion und Sulfid-Bildung $SO_4^{2-} + H_2O + 2e^- \longrightarrow SO_3^{2-} + 2(OH)^-$ $SO_3^{2-} + 3H_2O + 6e^- \longrightarrow S^2 + 6(OH)^-$	u.U. Bildung toxischer Schwefel- verbindungen
−120	Beginn der Bildung von CH_4	Methan-Freisetzung
−180	SO_4^{2-} nicht mehr nachweisbar	

Zeit nach der Flutung

Abb. 50: Schematischer Aufbau eines anthropogen geprägten Reisbodens bei saisonaler Überflutung (oben; nach SANCHEZ 1976 und FINCK 1986).

Oft sind die Ausgangsböden ton- beziehungsweise feinsedimentreich z. B. Fluvisols, Gleysols in Talzügen, bewässerte Vertisols in Senken aber auch lessivierte Böden (dann Btg-Horizont) im Terrassenanbau. Darunter sind die wichtigsten Reduktionsreaktionen nach der Flutung der Böden und abnehmendem Redoxpotential zusammengestellt (PONNAMPERUMA 1972, SCHEFFER/SCHACHTSCHABEL 1998, READING et al. 1995).

belegen (PONNAMPERUMA 1972), die bis 50 cm tief reichen können (*anthra-quic phase*):
Die obersten etwa 10 mm des Oberbodens sind in der Regel sauerstoff-reich. Dieser diffundiert aus dem zugeführten Wasser, wird vom Reis abge-geben beziehungsweise ist eine Folge von Blaualgenwachstum an der Boden-oberfläche. Da jedoch der Oberboden wegen der Wasserbedeckung ein anae-robes Milieu darstellt, geschieht der Abbau der organischen Substanz unter Freisetzung von NH_4^+, CH_4 und H_2S neben CO_2. Die anaeroben Bedingun-gen führen zur Reduktion und zusätzliche Verfügbarbeit von Eisen und Man-gan (s. Abb. 50).

Dadurch werden wiederum zuvor oxidisch adsorbierte Nähr- und Spuren-elemente frei (beispielsweise Phosphor). Die künstliche periodische Flutung erhöht damit vor allem die Nutzbarkeit oxidreicher Böden wie Ferric Acri-sols. Die Reduktionsvorgänge unterstützen zugleich die Ausbildung eines nur leicht sauren bis neutralen Bodenmilieus, was positiv auf die Phosphor-verfügbarkeit rückwirkt. Nitrat (NO_3^-) wird allerdings fast völlständig redu-ziert, wodurch – trotz seiner partiellen Fixierung durch die Blaualgen – hohe Stickstoffverluste (Denitrifizierung) eintreten können (20–300 kg/ha im ersten Monat nach Flutung, SANCHEZ 1976). Diese sind mit dem Einbringen von Ammoniumdünger (beispielsweise als Harnstoff, *urea*) in den Reduk-tionshorizont zu kompensieren, denn Ammonium (NH_4^+) ist im reduzieren-den Milieu stabil und ein wichtiger Stickstofflieferant zur Ernährung der Pflanze. Da das meiste Wasser verdunstet, bleiben die freigesetzten Nähr-stoffe im Boden und werden nur zu geringen Teilen abgeführt. Die nächste Flutung ersetzt die Verluste.

Allerdings werden die Böden durch die Aggregatzerstörung nicht völlig undurchlässig, so daß kleinere Mengen toxischer Eisen- oder Schwefelver-bindungen, aus dem anaeroben Abbau der organischen Substanz, noch abge-führt werden können. Meist entsteht Sulfit, welches für die Pflanzen verfüg-bar ist. Mit dem Sickerwasserstrom wird auch reduziertes Eisen und Mangan in den Unterboden geführt, wo es – da sich noch aus der Trockenzeit Sauer-stoff in den Bodenporen befindet – zur Oxidation der Metallionen kommt. Der Unterboden kann darüber hinaus Natriumanreicherung aufweisen. Dar-unter folgt dann meist die natürliche Horizontfolge der ursprünglichen Böden oder die Schichtung der Sedimente (Abb. 50). Bei konstant hohem Grund-wasserspiegel können die Oxidationsmerkmale im Unterboden auch entfal-len (FOTH und SCHAFER 1980, FINCK 1986).

Reis kann, da er auch unter Wasser wächst (Oxidation der Rhizosphäre), zweimal im Jahr geerntet werden, wenn die Regenzeit über 6 Monate andau-ert. Es ist möglich, ca. 1,5 t, bei Düngung auch bis zu 6 t/ha Reis, jährlich zu ernten. Mehr und mehr wird der permanente Reisbau aber durch Frucht-wechselsysteme abgelöst, mit denen während der Trockenzeit Trockenlandfrüchte angebaut werden. Zusätzliche Dränage birgt Probleme, denn die typischen Kennzeichen der Reisböden, die erlauben, auch weniger gute Standorte in den Reisbau einzubeziehen, gehen dabei verloren: Ein rapider Nährstoffverlust ist mit dem Fehlen der biologischen Stickstoffixierung, dem beschleunigten Humusabbau bei guter Belüftung und der wieder einsetzenden chemischen Verwitterung verbunden. Dies ist entweder mit Düngung auszugleichen, oder aber der Anbau muß wieder auf die besten Böden der Tiefländer oder Vulkangebiete konzentriert werden. Zudem sind die Oberböden durch trockenes Pflügen – bei tonreichen Böden sehr arbeitsaufwendig – zu belüften (FOTH und SCHAFER 1980, UHLIG 1983, 1984).

Zusammenfassend kann man feststellen, daß mit den Überflutungen nicht nur neue Nährstoffe geliefert werden, sondern auch ein Bodenmilieu erzeugt wird, das es ermöglicht, die vorher in den Böden vorhandenen, aber nicht pflanzenverfügbaren Nährstoffe zu mobilisieren und zu nutzen. Die Gefahr der Denitrifizierung der Oberböden zeigt aber auch, daß die anthropogenen Böden ganz ohne gezielte Nachdüngung kaum nachhaltig bewirtschaftet werden können.

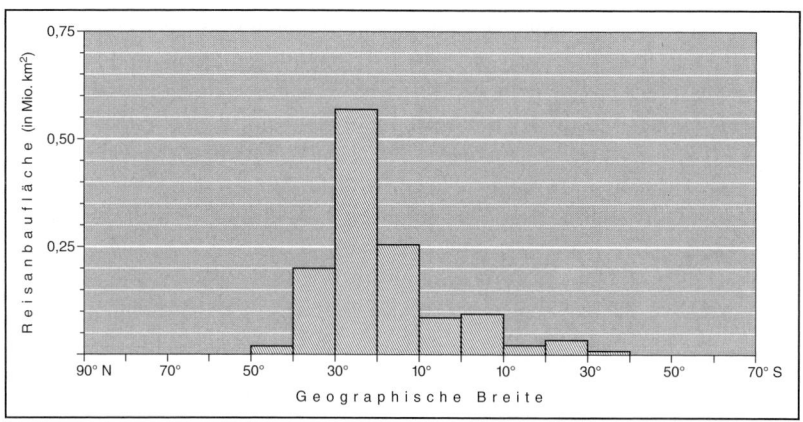

Abb. 51: Verbreitung der Reisböden nach Breitenlage (nach ASELMANN und CRUTZEN 1989).
Die größten Reisanbauflächen liegen nördlich des Äquators (festländisches Südostasien und immerfeuchten Subtropen/China).

4.8.8   Das Problem einer bodenzonalen Gliederung in den Tropen

Immer wieder werden die Lixisols und Acrisols in Verbindung mit den Vertisols als die zonalen klimaphytomorphen Böden der wechselfeuchten Savannen betrachtet. Den inneren immerfeuchten Tropen werden besonders die Ferralsols und Plinthosols zugeordnet. Doch können die entsprechenden Bodenbildungsprozesse bestenfalls einen klimazonalen Gradienten wiedergeben. Mit der tatsächlichen Bodenverbreitung und inneren Differenziertheit der Tropen haben sie wenig gemeinsam. Das Problem der bodenzonalen Abgrenzung zu den immerfeuchten Subtropen wurde bereits angesprochen (Kap. 4.7.4).

Eine bodenzonale Gliederung der Tropen muß vereinfachen und birgt dadurch die Gefahr der Fehleinschätzung. Besonders auf den altkonsolidierten Schilden mit ihren großen Flächensystemen haben sich sehr alte Verwitterungs- und Bodendecken erhalten. Sie sind von den immerfeuchten Tropen bis weit in die subtropisch-randtropischen Trockengebiete hinein verbreitet (z. B. Australien, vgl. Kap. 4.6.6). Die langen Zeiträume, die von diesen alten Böden und Bodensedimenten repräsentiert werden, implizieren zahlreiche Klimaschwankungen, Umlagerungen im Quartär und höchst unterschiedliche Paläomilieus. Hydromorphiemerkmale können ebenfalls sehr alt sein. Die weit entwickelten Tropenböden sind daher in der Regel polygenetische Bildungen. Dies macht es schwierig, die rezenten zonalen Bodenbildungsprozesse und -entwicklungstendenzen zu erkennen und räumlich voneinander abzugrenzen.

Zweifellos ist die intensive chemische Verwitterung das gemeinsame Kennzeichen feuchtwarmer, gut entwässerter Milieus. Doch muß beispielsweise die früher weitgehend unbestrittene Rubefizierung tropischer Böden heute als ein sehr fragliches Merkmal angesehen werden: Viele Beobachtungen scheinen zu belegen, daß die rezenten Bodenbildungsprozesse – besonders in den feuchten Tropen – nicht generell zu roten Böden führen, sondern daß Verbraunungstendenzen überwiegen (s. SEMMEL 1993, WELTNER 1996, EMMERICH 1997). Da dies in jüngeren Substraten und Decksedimenten der Fall ist, belegt die Rubefizierung vielerorts allenfalls das wesentlich höhere Alter der Verwitterung und/oder ihren polyklimatischen Charakter.

4.8.9   Böden in den Tropen: Bezüge zur globalen Klimaentwicklung

Stickoxide (NO_x), Methan (CH_4) und Kohlendioxid (CO_2) sind mit dem Wasserdampf der Atmosphäre wichtige natürlich auftretende Treibhausgase, deren beschleunigte Freisetzung eng mit bodengeographischen Zuständen verknüpft ist. Alle drei Stoffe werden im interaktiven System Vegetation-Boden gebunden und im Zuge der Remineralisierung wieder freigesetzt. Dabei besitzen sie ein unterschiedliches Treibhauspotential: Methan wirkt über eine Zeitspanne von 20 Jahren gesehen 62 mal stärker, Distickstoffoxid sogar 290 mal stärker als die gleiche Masse Kohlendioxid (Wissenschaftlicher Beirat der Bundesregierung 1995).

Durch das Abbrennen der Vegetation in den Tropen fallen – neben Kohlendioxid – besonders Stickoxide und Methan bei der Melioration von Böden an. Mit 7–9,1 Mio. t Stickstoff werden immerhin 7–20 % der weltweiten Emissionen freigesetzt. Ähnliches gilt für Methan, von dem 12–15 Mio. t, etwa 3–13 % der globalen Menge emittiert werden. Etwa drei Viertel davon entfallen auf Savannenbrände und ein Viertel auf die Brandrodung tropischer Regenwälder (Bezugsjahr 1980; Quelle: Deutscher Bundestag 1990, zit. in MEURER et al. 1994).

Schwer abzuschätzen sind die Folgen der *shifting cultivation* beziehungsweise der Umwandlung innertropischer Waldgebiete in land- oder weidewirtschaftliche Produktionsflächen für den Kohlenstoffgehalt der Atmosphäre. Der rapide Verlust von Biomasse und Streu und damit von gebundenem Kohlenstoff ist die Folge. Dabei wird aber auch die von C3-Pflanzen dominierte Waldvegetation von Gräsern oder Anbaufrüchten abgelöst, die vor allem aus C4-Pflanzen mit höherer CO_2-Fixierung bestehen (s. dazu KLINK 1996, S. 194–195). Deren Biomasse wird langfristig eher in den Böden gespeichert, wodurch die Kohlenstofffreisetzung zumindest in Teilen durch eine erhöhte Kohlenstoffrücklage in den Böden wieder ausgeglichen werden kann (VAN NOORDWIJK et al. 1997).

Tab. 12: Quellen für das atmosphärische Methan (zusammengestellt nach SCHLESINGER 1991, WASSMANN und MARTIUS 1997).

Art der Quelle	Methan in Mio. t pro Jahr
Natürliche Feuchtgebiete (davon in den Tropen 65 Mio. t pro Jahr)	115
Reisböden	110
Termiten	40
Tiere	80
Ozeane	10
Offenes Süßwasser	5
Abbrennen von Biomasse	55
andere anthropogen ausgelöste Emissionen	125
Summe:	**540**

Die Angaben zu den globalen pedogenen Methan-Emissionen sind noch immer sehr verschieden. Reisböden (nicht differenziert nach tropischen und ektropischen Flächen) tragen wohl 60 bis 140 Mio. t jährlich bei, also etwa in gleicher Größe wie die natürlichen Feuchtgebiete (ASELMANN und CRUTZEN 1989). Während SCHLESINGER (1991) mit 110 Mio. t Methan aus Reisböden kalkuliert (Tab. 12), gehen andere konservative Schätzungen von jährlich etwa 60 Mio. t aus Reisböden aus und addieren 110 Mio. t aus natürlichen

Feuchtgebieten sowie 40 Mio. t aus anthropogenen Böden und Sedimenten (Auffüllungen, Deponien etc.) zu 210 Mio. t pedogen emittierten Methans. Dem stehen etwa 30 ± 15 Mio. t gegenüber, die durch aerobe Böden vor allem in den Tundren, Wüsten und Savannen oxidiert werden (unter Kohlendioxid-Bildung). Der *pedogene Nettobeitrag* zum atmosphärischen Methangehalt liegt daher etwa bei 180 Mio. t/J (Boeckx und Van Cleemput 1996).

4.9   Bodengeographische Aspekte von Hochgebirgen

Die Gebirgsregionen blieben bislang weitgehend ausgespart. Die Böden sind hier besonders den natürlichen beziehungsweise anthropogen verstärkten Abtragungsprozessen, die mit wachsender Reliefenergie zunehmen, ausgesetzt. Dies führt einerseits zu meist flachgründigeren, steinreicheren Böden und andererseits zu wesentlich jüngeren Bildungen, die allenfalls in Sedimentationsfallen die Merkmale älterer Bodensedimente erkennen lassen. Ohnehin sind umgelagerte Decksedimente fluvialen, solifluidalen, abualen, glazialen oder äolischen Ursprungs sehr häufig, die auch älteres pedogenes Material enthalten können. Diese Charakteristika werden überlagert von dem klimatischen Wandel, der mit größerer Höhe vor sich geht und zusätzlich von Luv-Lee-Lagen sowie der unterschiedlichen Strahlungsexposition modifiziert wird.

Als Grundtendenz ist festzuhalten, daß in Gebirgen, die nicht in Trockengebieten liegen, mit der Abnahme der Lockersubstratmächtigkeiten lessivierte Böden (in den Tropen vor allem Acrisols, in den Mittelbreiten besonders Luvisols) durch Cambisols ersetzt werden. Bei starker Durchfeuchtung – unterstützt durch montane Nadelwälder und basenarme Decksedimente – neigen sie zur Podsolierung. In noch größerer Höhe nimmt die Tiefe der Bodenentwicklung weiter ab. Cambisols werden sehr flachgründig und mehr und mehr von Leptosols, bei Vulkanen auch von jungen Andosols, abgelöst. Bei ausreichender Feuchte weisen die Böden der höheren montanen, subalpinen und unteren alpinen Höhenstufe eine verzögerte Remineralisierung der organischen Substanz auf: Lange Gefrornis im Winter und starke Durchfeuchtung im Sommer – in tropischen Gebirgen auch im täglichen Wechsel – führen zu geringen Abbauraten unter Anreicherung der humosen Substanz. Hieraus können mehrere Dezimeter mächtige, mehr oder weniger gut zersetzte, teils torfige Humusauflagen hervorgehen, die unmittelbar gering verwitterten Substraten aufliegen.

Die Bodenbildung beispielsweise im *Alpenraum* ist besonders von der klimatisch-vegetationsgeographischen und geomorphodynamischen Höhenstufung abhängig. Die Luvisols des Alpenrands werden mit zunehmender Höhe von Cambisols ersetzt. In der montanen Waldstufe (1 000–1 500 m ü. M.) entsprechen sie den Mittelgebirgsböden. Abhängig von Gestein, Exposition, Niederschlag und Permeabilität sind die Gebirgsböden basenreicher oder saurer bis hin zur Podsolierung (Dystric Cambisols). Besonders zwischen Wald- und Baumgrenze (untere subalpine Stufe) haben die Böden mächtige Humusauflagen (Humic Cambisols). Sogenannter Tangelhumus (wenn sauer, dann dystropher *Tangelhumus*) mit bis über 30 cm Mächtigkeit kann entstehen. Oberhalb der anthropogen um 200–400 m erniedrigten Waldgrenze (Nordalpen ca. 1 800 m ü. M., Zentralalpen ca. 2 400 m ü. M.) bedecken die alpinen Matten große Flächen. Oft unterliegen die zunehmend flachgründigeren Böden großer natürlicher und anthropogen verstärkter Bodenerosion. Oberhalb von ca. 2 500 m ü. M. in den Kalk- und etwa 2 900 m ü. M. in den Zentralalpen nehmen in der subnivalen und nivalen Stufe die periglazialen Prozeßkombinationen zu und die geomorphodynamisch stabilen Standorte mehr und mehr ab. Permafrostbereiche treten auf, und die Flächen der Frostschuttgebiete werden bei zunehmender Reliefenergie ausgedehnter. Rohböden werden bei abnehmendem Humusgehalt immer mehr von initialen Bodenbildungen abgelöst (Lithic Leptosols).

Die Grundprinzipien des bodengeographisch-hypsometrischen Wandels gelten auch in *innerkontinentalen Gebirgsräumen* der Mittelbreiten wie beispielsweise im Changai-Gebirge (Mongolei): Aus der Trockensteppe aufragend wird auch hier eine Anreicherung der organischen Substanz bis in die alpine Stufe deutlich. Gleichzeitig treten die Kastanozems an gut dränierten Standorten zugunsten von flachgründigeren Cambisols und letztlich diese zugunsten von Leptosols zurück (Tab. 13).

Tropische Hochgebirge, die aus dem immerfeuchten Regenwald bis in die nivale Stufe beziehungsweise die Kältewüste aufsteigen, zeigen die hypsometrische und hygrische Differenzierung noch markanter. Dies zeigt ein leicht generalisiertes Querprofil durch die Anden (Abb. 52): Im westlichen feucht-tropischen Amazonas-Tiefland prägen polygenetische, gelbfarbene Xanthic Ferralsols auf mächtigen Zersatzdecken der terra firme die Pedosphäre. Sie werden im Andenvorland zunehmend von Acrisols abgelöst. Hierfür sind unter anderem pleistozäne Lockersedimente aus dem Gebirge verantwortlich, die bei guter Entwässerung die Lessivierung fördern. In Flußnähe dominieren Gleysols, vereinzelt vergesellschaftet mit Vertisols.

Mit zunehmender Höhe geht die Hyläa, der tropische Regenwald der Tierra caliente, in den Bergwald der Tierra templada über. Hier herrschen sehr feuchte Bedingungen und starke Verwitterung. Vermehrte Umlagerungen und nährstoffreichere Deckschichten auf jung gehobenen Sedimentgesteinen und Metamorphiten haben neben Acrisols auch Nitisols entstehen lassen. Um 2 000 m ü. M. bringen die aufsteigenden Luftmassen (Passate) besonders hohe Niederschläge. Die Gebirgsflanke darüber ist anhaltend in Wolken gehüllt und trägt eine Nebelwaldvegetation. Auf gut permeablen

Tab. 13: Bodengeographische Höhenstufung im Changai-Gebirge (Zentrale Mongolei) (nach HAASE 1983, PÉCSI und RICHTER 1996). Deutlich der hygrische Wandel, die Humusanreicherung sowie die geringere Mächtigkeit der Böden mit zunehmender Höhe auch in Gebirgen der trockenen Mittelbreiten.

Untergrenze Höhe	Höhenstufe	Vegetation	hygrische Bedingungen	Leitböden	bodenbildende Prozesse
2400–2900 m	Alpine Stufe	Cobresia-Matten	N ≈ 500 mm Sommer vollhumid	Leptosols, Cambisols u.a. (Gebirgstundrenböden)	Anreicherung organischer Substanz Kryoturbation Frostvergleyung
2000–2400 m	Subalpine Stufe	subalpine krautreiche Grasmatten mit Sträuchern	Sommer vollhumid	Dystric Cambisols, Mollic Leptosols u.a. (Gebirgswiesenböden)	Anreicherung organischer Substanz, je nach Feuchtestufe Eisenfreilegung, mineralische Verwitterung, Verlagerung von Feinsandmaterial
1700–2000 m	Gebirgswaldsteppe und Taigainseln	lichter Lärchen-Birken-wald mit reicher Gras- und Krautflora in Nordexposition	Sommer semihumid	Humic Cambisols u.a. (schwarzerdeartige Böden)	Anreicherung organischer Substanz, ausgeglichener Wasserhaushalt
unterhalb 1700 m	Trockensteppe	vorherrschend Federgras-Trockensteppe, in Süd-exposition übergehend	Sommer semiarid	Kastanozems	Entbasung und Verwitterung gehemmt, da nur kurzzeitige Durchfeuchtung
	große Talauen und intramontane Becken	Trockensteppe	Sommer semiarid, reliefbedingt oft Zuschußwasser, starke Frostbodenprozesse	semihydromorphe und hydromorphe Böden und Kastanozems	meist hohe Basensättigung, aber fehlende oder geringe Versalzung

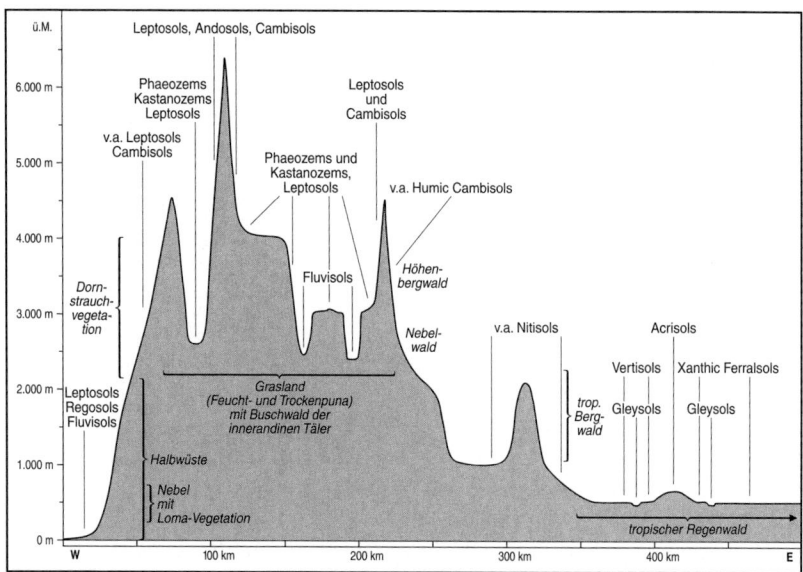

Abb. 52: Generalisiertes West-Ost-Profil durch die Anden Perus südlich Chimbote (wenig nördlich 10° S).

Die vorherrschenden Böden zeichnen die unterschiedlichen geoökologischen Bedingungen nach (nach FAO-UNESCO 1971). Erläuterungen im Text.

Substraten und geomorphodynamisch stabilen Standorten finden sich noch lessivierte Böden, während die zunehmende Reliefenergie und die wachsende Abspülung eine tiefgreifendere Bodenbildung behindern. Humic Cambisols bei Humusanreicherung unter starker Durchfeuchtung und verzögerter Remineralisierung oder Eutric Cambisols auf basenreichen Verwitterungsprodukten dominieren.

Über dem Nebelwald – bei zurückgehender Feuchte (Temperatur- und Wasserdampfabnahme der Luft), reduzierter Verwitterungsintensität und geringerer Vegetationsdichte – werden in der Tierra fria (Höhenuntergrenze ist Wärmemangelgrenze und oft identisch mit der absoluten Frostgrenze) die Cambisols immer skelettreicher und in der Tierra helada von Leptosols abgelöst. Die Zahl der Frosttage übersteigt hier die der Eistage, so daß der Frost nicht sehr tief in die Böden eindringt und Permafrosterscheinungen selten sind. Den Andenketten sind oft noch mächtige Vulkane aufgesetzt, auf deren Aschen Andosols gebildet wurden.

Kennzeichnend für die trockenen Hochebenen und innerandinen Täler ist die Puna, eine Kurzgrassteppe, die unter höheren Niederschlägen auch immergrüne Büsche aufweist (Feuchtpuna) und in den größeren Talzügen in einen trockenen Buschwald übergehen kann. Hier treten auf gut durchlässi-

gen Sedimenten – teilweise mit hohem Anteil äolischer Komponenten (lößartige Äolianite, Aschen) – Kastanozems, bei feuchteren Verhältnissen auch
Phaeozems an die Seite der Cambisols und Leptosols. Gleysols nehmen aufgrund der Trockenheit keine größeren Flächen mehr ein. Statt dessen dominieren in den Tiefenlinien Fluvisols.

Die Tierra fria und die obere Tierra templada werden seit Jahrhunderten
intensiv landwirtschaftlich genutzt (besonders Kartoffeln, Mais, Getreide; in
der Tierra templada Coca, Zitrusfrüchte, Kaffee). Die nährstoffreichen
Böden, das gemäßigtere Klima und das Zurücktreten von Tropenkrankheiten
prägen diesen Gunstraum auch in anderen Gebirgsregionen der Tropen
(HAFFNER 1982). Der limitierende Faktor für die Landnutzung ist in erster
Linie das Relief. Der Terrassenanbau an den Hängen der innerandinen Täler
sowie auf größeren Verebnungen erlaubte schon in präkolumbischer Zeit die
Ernährung einer vergleichsweise dichten Bevölkerung. Die kältere Tierra
helada (etwa über 4 200 m ü. M.) mit ihren flachgründigeren Böden (Cambisols, Leptosols, Andosols) dient vor allem als Weideland (LAUER und ERLEN-
BACH 1987).

Der feuchten Ostflanke des Gebirges steht die trockene Westflanke
gegenüber. Kaltes Auftriebswasser des Humboldtstroms und absteigende
Luftmassen über dem westlichen Andenabfall – unter Ausbildung einer stabilen Inversion – sorgen hier trotz der Nähe zum Pazifik bei gemäßigten Temperaturen für ganzjährig sehr trockene Bedingungen (WEISCHET 1996). Die
Leptosols, schwach entwickelten Cambisols sowie die Kastanozems und
Phaeozems auf mächtigeren Lockersedimenten der Puna werden daher in
geringerer Höhe nicht von lessivierten Böden abgelöst. Statt dessen herrschen bis in die Küstenebene schwach entwickelte Böden der Trockengebiete
vor. Daran vermögen auch die Nebelniederschläge etwa zwischen 300 und
700 m. ü. M. wenig zu ändern, die zwar durch besondere Anpassungen die
loma-Vegetation, eine spezialisierte Krautflur mit Büschen, hervorrufen, aber
auf die Böden wenig Einfluß haben. Auch hier fehlen in der Küstenebene die
Gleysols. Statt dessen sind in den Tiefenlinien Fluvisols verbreitet.

Einen Sonderfall stellen *hohe Vulkane* in den Tropen (z. B. Hawaii, Java,
Ostafrika) dar. Sie bestehen oft aus sehr jungen Gesteinen und Substraten, die
gegenüber der chemischen Verwitterung sehr anfällig sind. Dies führt schnell
zu weit entwickelten Böden: Mit der Höhe beeinflussen auch hier Temperatur
und Niederschläge die Bodenbildungsprozesse. Auf den jüngsten Aschen,
meist in großer Höhe und daher auch unter retardierter chemischer Dekomposition, sind Andosols und Cambisols verbreitet. Sie werden auf älteren vulkanischen Landoberflächen von Nitisols abgelöst, die mit abnehmender Höhe
und höherem Alter ihrerseits durch Acrisols und Ferralsols ersetzt werden
(SANCHEZ 1976, BURINGH 1979).

5 Zusammenschau und Ausblick

Die jüngste *Karte der Bodenzonen der Erde* basiert auf der FAO-UNESCO-Weltbodenkarte (SCHULTZ 1995). Sie bildet keineswegs nur sogenannte zonale Böden an vergleichbaren Standorten (v. a. gut permeable und entwässerte Lockersedimente) ab. Alle von der Weltbodenkarte abgeleiteten Darstellungen orientieren sich weniger an den rezenten Bodenbildungsprozessen und -entwicklungstendenzen, sondern geben die derzeitige Verbreitung verschiedener Hauptbodengruppen und Bodeneinheiten wieder (Abb. 53 im Farbteil S. XVI). Nicht berücksichtigt wird die Tatsache, daß polygenetische, alte Böden nicht mit rezenten geoökologischen Bedingungen übereinstimmen. Der Zeitfaktor beziehungsweise das landschaftsgeschichtlich-geomorphologische Erbe macht die Verknüpfung tatsächlicher Bodenregionen und Bodenprovinzen zu Bodenzonen deshalb schwierig.

5.1 Die Karte der Bodenzonen der Erde

Die Bodenzonenkarte der Erde (Abb. 53 im Farbteil S. XVI) stellt sich diesem Problem, indem die Verbreitung von mehreren Hauptbodengruppen und Bodeneinheiten zu „Zonen" zusammengefaßt wurde. Der so konstruierte, stark vereinfachende Überblick ermöglicht eine Zusammenschau. Sie belegt die starke strahlungsklimatische Abhängigkeit der Bodenzonen. Ebenso stellt sie die breitenparallele Anordnung innerkontinentaler flacher Aufschüttungslandschaften wie in Sibirien oder die enge Bindung der Ferralsols und Plinthosols an die altkonsolidierten, eingerumpften kristallinen Schilde und mesozoisch-tertiären Beckensedimente in den immerfeuchten Tropen dar. Zugleich macht die Karte den Einfluß von jungen Gebirgsräumen oder der Land-Meer-Verteilung deutlich. Darüber hinaus werden selbst in diesem kleinen Maßstab noch landschaftsgeschichtliche Abhängigkeiten abgebildet. Sie zeigen sich im weiten Ausgreifen der Ferralsol-Zone in die Savannen des südlichen Afrikas oder die Kastanozem-Haplic Phaeozem-Chernozem Zone in den Subtropen Südamerikas.

Eine Fehlerquelle entsteht durch die Schaffung neuer Hauptbodengruppen und Bodeneinheiten beziehungsweise neuer Definitionen und Abgrenzungen in der FAO-Bodennomenklatur. An zwei Beispielen wird dies deutlich: Die als Acrisol-Regionen kartierten Flächen müßten wegen der Unterscheidung von Alisols überarbeitet werden. Ähnliches gilt für die Trockengebiete der Erde. Hier wurden die Yermosols und Xerosols 1988 gestrichen. Eine Neukartierung der Trockengebiete steht aus, wodurch die tatsächliche Verbreitung von beispielsweise von Gypsisols, Calcisols aber auch Regosols und Leptosols in diesen Räumen wenig bekannt ist.

5.2   Böden als begrenzte und gefährdete Ressource: Aspekte

Angesichts einer wachsenden Weltbevölkerung kommt der Nahrungsmittelproduktion und damit den Böden der Erde eine gesteigerte Bedeutung zu. Zu den bodengeographisch natürlichen Gunsträumen gehören in besonderem Maß die feuchten Mittelbreiten, die sich durch gemäßigte Wärmeverhältnisse und ganzjährig zuverlässige Niederschläge auszeichnen. Hinzu treten hier verbreitet junge, mäßig verwitterte fruchtbare Böden oder doch zumindest solche, deren Ertrag sich durch Düngung wesentlich steigern läßt. Die größten Nahrungsmittelexporteure der Erde sind daher auch die USA und die EU. Intensiv landwirtschaftlich genutzt sind darüber hinaus die küstennahen sommertrockenen Subtropen sowie die immerfeuchten Subtropen. In den Tropen zeichnen die nährstoffreichen Böden in Ostafrika (v. a. Rwanda, Burundi), in Indien sowie in Südostasien die agrarökologischen Gunstlandschaften nach. Hier finden sich auch die höchsten Bevölkerungsdichten mit teilweise weit über 200 Einwohnern pro km^2 (ANDREAE 1983).

In den Entwicklungsländern führt die hohe Bevölkerungsdichte und die hohe Fertilität mit im Durchschnitt drei bis vier Kindern je Frau – bei in Afrika teilweise sogar sinkender Prokopfproduktion von Agrarprodukten – dazu, daß die Produkte überwiegend zur Befriedigung des Eigenbedarfs dienen. Dies gilt selbst für Gunstgebiete. Zwar könnten Nahrungsmittellieferungen aus den Mittelbreiten viele Defizite in den Entwicklungsländern ausgleichen, doch scheitert dies an logistischen Problemen (beispielsweise Transport, Verteilung, Konservierung), an örtlichen Ernährungsgewohnheiten und besonders an den hohen Agrarpreisen. Auch die Nutzung der Meere stößt an ökologische Grenzen. Ohnehin tragen sie bislang nur 3 % zum Kalorienverbrauch der Bevölkerung der Erde bei (SICK 1997). Daher bleibt der Zwang für viele Entwicklungsländer bestehen, entweder die Nutzfläche zu vergrößern oder den Anbau zu intensivieren und somit die Ressource Boden stärker zu beanspruchen.

Da nahezu alle natürlichen Gunsträume bereits genutzt werden – siehe Karte zu den Intensitätsstufen im Weltagrarraum (ANDREAE 1983) – ist der

Anbau in vom Boden, Klima und Relief her ungünstigere Flächen vorge-
drungen. Die *Ausdehnung der Anbauflächen* in den Trockengebieten mit
ihren oft basenreichen Böden ist nur durch die Erschließung neuer Wasser-
resourcen möglich. Wenn aber überhaupt neue Aquifere erschlossen werden
können, ist das nur mit hohem technischen Aufwand durchführbar. Meist
sind die Grundwasservorräte begrenzt und werden unter rezenten Klimabedingungen nicht wieder aufgefüllt. Zudem setzen solche Maßnahmen die
Bereitschaft zu nachhaltigem, selbstkontrolliertem Wirtschaften voraus. Dies
schließt die Veränderung traditioneller Sozialsysteme und das Erlernen und
Anwenden neuer ökonomischer Regeln und Techniken ein. Sonst drohen beispielsweise Versalzung und/oder Desertifikation. Gleiches gilt für die Expan-
sion der Weidewirtschaft in die Halbwüsten. Meerwasserentsalzung ist teuer
und löst noch nicht das Verteilungsproblem in Binnenräumen.

Im Gegensatz zu hygrischen Grenzen sind thermische Grenzen sowie
Beleuchtungsnachteile an der Polargrenze des Ackerbaus kaum veränderbar.
Hier wirken zudem limitierende pedogene Faktoren wie Permafrosteinfluß,
Staunässe oder Nährstoffarmut (Podsoligkeit). Auch in den Gebirgsregionen
der Erde sind Flächen nur schwer zusätzlich zu nutzen. Neben klimatischen
stellen dort besonders die geomorphologischen Bedingungen Hindernisse
dar. Die große Reliefenergie (starke Neigung der Hänge, engständige Tal-
netze) macht die Flächen nur aufwendig bearbeitbar. Außerdem ist bei einer
Ausweitung der Nutzung mit gravitativen Massenbewegungen zu rechnen
(Murgänge, Steinschläge, Felsstürze, Lawinen etc.). Zudem sind die Böden
oft nur sehr flachgründig, skelettreich und neigen dazu, erodiert zu werden,
wenn die natürliche Vegetationsdecke beschädigt wird. Insgesamt gesehen
machen ökologische, soziale und ökonomische Hindernisse deutlich, daß
kaum größere Nutzflächen zu den bislang vorhandenen etwa 1,5 Mrd. ha
Ackerland und Dauerkulturen hinzu erschlossen werden können. Im Gegen-
teil: Durch anthropogene Bodenzerstörung (auch Überbauung, Verschüttung
etc., s. u.) und Desertifikationsprozesse sind schon etwa 10 % der früheren
Nutzflächen in Ödland übergegangen oder verwüstet, und weitere 25 % sind
akut gefährdet (MANSHARD und MÄCKEL 1995).

Bleibt also die *Intensivierung des Anbaus auf bestehenden Nutzflächen.*
Dies geschieht weltweit vor allem durch eine Konzentration der Produktion
auf die günstigsten Standorte. Mit der Intensivierung auf den verbleibenden
Anbauflächen ist ein erhöhter Kapitaleinsatz verbunden, mit dem die not-
wendigen Maßnahmen zur Bodenmelioration sowie zum Biozideinsatz
durchgeführt werden können. In den Tropen und Subtropen ist ausreichend
Kapital fast nur in marktorientierten, meist (halb)staatlichen oder von
Eigentümern aus den Industrieländern betriebenen Plantagen verfügbar. So
erreicht in Europa der Verbrauch an Mineraldünger durchschnittlich
200 kg/ha, in den Entwicklungsländern gerade einmal 10–20 kg/ha (SICK

1997), obwohl hier auf größeren Flächen nährstoffarme Böden vorherrschen. Dies weist auf ein noch großes Intensivierungspotential in den Entwicklungsländern, das allerdings mit viel Kapitaleinsatz und Energiekosten erkauft werden müßte. Der Energie-Input durch fossile Energieträger ist etwa zehnfach größer als der Energie-Output durch Nutzpflanzen. Ohnehin ist das Düngen angesichts der geringen Sorptionsfähigkeit vieler Böden (v. a. Acrisols, Ferralsols) unter humiden Klimabedingungen umstritten (WIESE 1997).

Und dennoch gibt es Beispiele, wie auch mit einfachen Mitteln die Nahrungsmittelproduktion in Entwicklungsländern langfristig gesteigert werden kann. Dies kann durch *traditionelle Methoden* geschehen, wie die Kombination von Gründüngung, Mulch, Kompostverwendung und Erosionsschutz in sommerfeuchten Savannen. Oder es kann durch *komplexe Formen des Hausgartenbaus* erreicht werden, in denen Agroforstwirtschaft, Mischkulturen und Viehhaltung miteinander vernetzt sind (KRINGS 1992). Eine andere Möglichkeit in Afrika ist eine intensivere Bodennutzung durch *Bewässerung* (v. a. Vertisols, Fluvisols). Vielleicht kann dabei auch von asiatischen Kulturen gelernt werden und der vor allem in Afrika bislang nur punktuell praktizierte Reisanbau (z. B. in Caprivi/Namibia, SCHNEIDER 1988) weitere Verbreitung finden. Mit Hilfe von Naßreis sind auch Histosol-Regionen der tropischen Tiefländer nutzbar. Darüber hinaus sind Mischkulturen – auch im Reisanbau – großen Monokulturen ökologisch und ökonomisch meist überlegen (BRAY 1995). In den wechselfeuchten Tropen bietet der Reisanbau die Möglichkeit, nicht nur Nahrungsmittel zu produzieren, sondern auch die immer knapper werdende Ressource Wasser besser zu nutzen: Die Retention des Oberflächenwassers in der Regenzeit führt zu stärkerer Versickerung und damit auch zu einer Anreicherung des Grundwassers (*agronomisch produktive Grundwasseranreicherungssysteme*; THEUNE 1988).

Die Agroforstwirtschaft in den inneren Tropen wurde bereits angesprochen (Kap. 4.8.6) und ist ein gutes Beispiel für eine kombinierte Forst- und Landwirtschaft in den feuchten Tropen. Allerdings sind mit höherer Bevölkerungsdichte, Intensivierung der Nahrungsmittelproduktion und verminderten Brachezeiten im Wander- wie im Dauerfeldbau oft irreversible Bodenschäden verbunden. Dazu gehören schleichender Nährstoffverlust ebenso wie rapide Bodenerosion bis mehrere 100 t/ha jährlich an steileren Hängen (KÖNIG 1994). Deshalb scheint eine Konzentration der Intensivierungsbemühungen vor allem in den natürlich begünstigten Gebieten der Tropen angeraten (besonders in Faltengebirgsräumen und ihren Vorländern sowie in Vulkangebieten). Da können eingeführte Anbaumethoden verbessert und mit neuen Techniken – unter Berücksichtigung sozialer Einflüsse und ökologischer Folgen – kombiniert werden. Ein gutes Beispiel dafür ist das sehr differenzierte Ecofarming im dicht besiedelten Rwanda (STACHE und DRECHSEL 1997).

Eine neue Entwicklung ist die Anwendung der *Gentechnik* in der Nahrungsmittelproduktion. Mit der gezielten Manipulation der Erbanlagen bei Pflanzen und Tieren wird versucht, die Resistenz gegenüber Seuchen und Schädlingen zu erhöhen und/oder leistungsfähigere, ertragreichere beziehungsweise marktgerechtere Produkte zu entwickeln. Der hohe Forschungseinsatz beschränkt diese Techniken – man denke auch an die Patentierung – auf die Industrieländer. Diese Art von Anbauintensivierung erhöht dort bei partieller Überproduktion zusätzlich den Konkurrenzdruck. Eventuelle ökologische Risiken, die damit verbunden sind, werden kontrovers diskutiert.

Der Mensch wirkt in allen besiedelten Naturräumen der Erde als eigenständiger Bodenbildungsfaktor. Er nutzt die Böden durch land- und forstwirtschaftliche Eingriffe seit Jahrtausenden. Dies hat in vielen relativ dicht besiedelten Regionen der Erde, zum Beispiel im Mediterrangebiet, zu gravierenden landschaftsökologischen Veränderungen geführt. Mit der zunehmenden Technisierung und dem raschen Bevölkerungswachstum hat der Einfluß des Menschen auf die Pedosphäre eine bislang noch nie erreichte Effizienz und Bedeutung erreicht (Kap. 4.3.3.6). Dies findet seinen Niederschlag in der verstärkten Beschäftigung nicht nur mit degradierten, kontaminierten oder mechanisch umgestalteten, sondern auch mit anthropogen geprägten oder entstandenen Böden.

Die Bodensystematiken haben darauf bereits reagiert (FAO 1997: *Anthrosols*; AG BODEN 1994: *Klasse der terrestrischen anthropogenen Böden* und *Klasse der Reduktosole*). Besonders deutlich wird die Entwicklung im Fall der *Reduktosole*. Dies sind Böden mit redoximorphen Merkmalen, die durch aufsteigende Reduktgase wie Kohlendioxid und Methan – zum Beispiel in Müllkippen oder aus Leitungslecken – entstanden (BLUME 1997). Sie bilden seit 1994 eine eigene Klasse in der deutschen Bodensystematik (Kap. 3.1). Besonders in den Industrieländern werden durch die hohe Stadtdichte, in denen der Mensch großflächig neue Böden geschaffen und vorhandene völlig umgestaltet hat, eigenständige Forschungen zu *Stadtböden* (Arbeitskreis Stadtböden 1997) vorangetrieben. Auch in den Megastädten der Entwicklungsländer werden diese Tendenzen hin zu künstlichen Böden immer mehr erkennbar.

Die Bedeutung der Böden der Erde und zugleich ihre Gefährdung hat in den letzten Jahren allmählich ein Problembewußtsein geschaffen, das in der Politik erste Reaktionen ausgelöst hat. Beispielsweise einigten sich die Vertreter von über 100 Staaten 1994 in Paris auf den Text für eine Wüstenkonvention (*UN Convention to Combat Desertification in Countries Experiencing Serious drought and/or Desertification, Particularly in Africa*), die als Schritt zum Schutz der Böden auf internationaler Ebene begriffen werden kann (Wissenschaftlicher Beirat der Bundesregierung 1995). Doch ist dies nicht mehr als ein Anfang. Die zentrale Stellung der Böden und Decksedimente in den verschiedenen Ökosystemen der Erde und die Wechselwirkungen mit anderen Kompartimenten im Lebensraum des Menschen finden noch viel zu wenig Berücksichtigung. Gleiches gilt für ihren Wert aber auch ihre Anfälligkeit und die langen Regenerationszeiten – wenn überhaupt eine Erneuerung möglich ist. So ist es zu verstehen, daß sich 1997 innerhalb der Deutschen Bodenkundlichen Gesellschaft ein *Arbeitskreis für Boden in Schule und Weiterbildung* konstituiert hat, der unter anderem das Ziel verfolgt, die Böden als begrenzte natürliche Ressource deutlicher ins Bewußtsein der Öffentlichkeit zu rücken.

Der Geographie, deren Studien- und Arbeitsobjekt ja der Lebensraum des Menschen ist, kommt dabei in Forschung und Lehre – nicht zuletzt auch als Schulfach – eine führende Rolle zu. Es vermittelt auch die Kenntnisse über die Ressource Boden – ihre Geschichte, ihre Entwicklung und ihre Stellung in den Landschaftsökosystemen der Erde. Mit ihrem integrativen Ansatz ist die Geographie dazu wissenschaftstheoretisch und operativ bestens geeignet.

6 Literatur

AG Boden: Bodenkundliche Kartieranleitung. Hannover (Stuttgart in Komm.) [4]1994

AHMAD, N.: Occurence and distribution of vertisols. – In: N. AHMAD, and A. MERMUT (Eds.): Vertisols and technologies for their management. Developments in Soil Science 24. Amsterdam 1996a, S. 1–41

Ders.: Management of irrigated vertisols. In: N. AHMAD and A. MERMUT (Eds.): Vertisols and technologies for their management. Developments in Soil Science 24. Amsterdam 1996b, S. 429–456

AHMAD, N., and W. A. MUIRHEAD: Management of vertisols for rice production. In: N. AHMAD and A. MERMUT (Eds.): Vertisols and technologies for their management. Developments in Soil Science 24. Amsterdam 1996, S. 457–478

AHNERT, F.: Einführung in die Geomorphologie. Stuttgart 1996

AK Bodensystematik: Systematik der Böden und der bodenbildenden Substrate Deutschlands. Mitt. der Deutschen Bodenkundlichen Gesellschaft, Bd. 86, 1998.

ALAILY, F.: Genesis of cracks in sandy soils of Central East Sahara: a hypothesis. Catena 14 (1987), S. 345–358

ALTERMANN, M.: Rezente und fossile Böden im südlichen Sachsen-Anhalt. Mitteilungen der Deutschen Bodenkundlichen Gesellschaft 80 (1996), S. 11–14

ANDREAE, B.: Agrargeographie. Strukturzonen und Betriebsformen in der Weltlandwirtschaft. Berlin, New York [2]1983

Arbeitskreis Stadtböden: Empfehlungen des Arbeitskreises Stadtböden der Deutschen Bodenkundlichen Gesellschaft für die bodenkundliche Kartierung urban, gewerblich, industriell und montan überformter Flächen (Stadtböden). Teil 1: Feldführer; Teil 2: Handbuch. [2]1997

ASELMANN, I., and P. J. CRUTZEN: Global distribution of natural freshwater wetlands and rice paddies, their net primary productivity, seasonality and possible methane emissions. Journal of Atmospheric Chemistry 8 (1989), S. 307–358

BAHR, W.: Die Marismas des Guadalquivir und das Ebrodelta. Bonner Geographische Abhandlungen 45, 1972

BARRON, V., and J. TORRENT: Origin of red-yellow mottling in a Ferric Acrisol of southern Spain. Z. für Pflanzenernährung und Bodenkunde 150 (1987), S. 303–313

BARSCH, D., W. D. BLÜMEL., W. A. FLÜGEL, R. MÄUSBACHER, G. STÄBLEIN und W. ZICK: Untersuchungen zum Periglazial auf der King-George-Insel, Südshetlandinseln, Antarktika. Berichte zur Polarforschung, Reports on Polar Research 24, 1985

BARSCH, D., R. MÄUSBACHER, G. SCHUKRAFT und A. SCHULTE: Die Änderungen des Naturraumpotentials im Jungneolithikum des nördlichen Kraichgaus dokumentiert in fluvialen Sedimenten. Zeitschrift für Geomorphologie N. F. Suppl.-Bd. 93 (1993), S. 175–187

BEATTIE, J. A.: Peculiar Features of soil development in Parna deposits in the Eastern Riverina, N.S.W. Australian Journal of Soil Research 8 (1969), S. 145–156

BESLER, H.: Klimaverhältnisse und klimageomorphologische Zonierung der zentralen Namib (Südwestafrika). Stuttgarter Geographische Studien 83, 1972

BETTENAY, E.: The geomorphological control of soil distribution in South Western Australia. Transactions of the 9th International Congress of Soil Science/Adelaide, Vol. IV, 1968, S. 615–622

BIBUS, E.: Die klimamorphologische Bedeutung von stonelines und Decksedimenten in mehrgliedrigen Bodenprofilen Brasiliens. Zeitschrift für Geomorphologie Suppl.-Bd. 48 (1983), S. 79–98

Ders.: Zur jungen Relief- und Bodenentwicklung in der Umgebung von Tübingen. Zeitschrift für Geomorphologie N. F. Suppl.-Bd. 56 (1985), S. 109–124

Ders.: Die Bedeutung periglazialer Deckschichten für Bodenprofil, Standort und junge Reliefentwicklung im Schönbuch bei Tübingen. – In: G. EINSELE (Hrsg.): Das landschaftsökologische Forschungsprojekt Naturpark Schönbuch. DFG-Forschungsbericht, 1986, S. 27–57

BIDDISCOMBE, E. F.: The productivity of mediterranean and semiarid grasslands. In: R. W. SNAYDON. (Ed.): Managed grasslands. Ecosystems of the World 17B, 1987, S. 19–27

BIGHAM, J. M., W. T. JAYNES and B. L. ALLEN: Pedogenic alteration of sepiolite and palygorskite on the Texas High Plaines. Soil Sci. Am. J. 44 (1980), S. 159–167

BIRKELAND, P. W.: Soil development as an indication of relative age of Quaternary deposits, Baffin Island, N. W. T., Canada. Arctic and Alpine Research 10 (1978), S. 733–747

BIRKELAND, P. W.: Soils and Geomorphology. New York 1984

BLECKER, S. W., C. M. YONKER, C. G. OLSON and E. F. KELLY: Paleopedologic and geomorphic evidence for Holocene climate variation, Shortgrass Steppe, Colorado, USA. Geoderma 76 (1997), S. 113–130

BLEICH, K.: Bodenbildung und Bodenrelikte in mitteleuropäischen Kartsgebieten, dargestellt am Beispiel der Schwäbischen Alb. Mitteilungen des Verbandes deutscher Höhlen- und Karstforschung 35 (1989), S. 15–16

Ders.: Landoberflächen und Böden der Ostalb – ein Beitrag zur Landschaftsgeschichte. Karst und Höhle 1993, S. 95–111

BLUME, H. P: Klimabezogene Deutung rezenter und reliktischer Eigenschaften von Wüstenböden. Geomethodica 10 (1985), S. 91–121

Ders.: Bildung sandgefüllter Spalten unter periglaziären und warmariden Bedingungen. Zeitschrift für Geomorphologie N. F. 31 (1987), S. 443–448

Ders. (Hrsg.): Handbuch des Bodenschutzes. Bodenökologie und -belastung, vorbeugende und abwehrende Schutzmaßnahmen. Landsberg/Lech [2]1992

Ders.: Reduktosole – eine neue Klasse der deutschen Bodensystematik. Mitteilungen der Deutschen Bodenkundlichen Gesellschaft 85/III (1997), S. 1103–1106

BLUME, H.-P., P. FELIX-HENNINGSEN, W. R. FISCHER, H.-G. FREDE, R. HORN und K. STAHR: Handbuch der Bodenkunde. Erg. Blattsammlung. Landsberg/L. 1996

BLUME, H.-P., L. BEYER, M. BÖLTER, H. ERLENKEUSER, E. KALK, S. KNEESCH, U. PFISTERER and D. SCHNEIDER: Pedogenic zonation in soils of the southern circumpolar region. Advances in Geo-Ecology 30 (1997), S. 69–90

BLÜMEL, W. D.: Calcretes in Namibia and SE-Spain – Relations to substratum, soil formation and geomorphic factors. Catena Supplement 1 (1982), S. 67–82

Ders.: Waldbodenversauerung. Gefährdung eines ökologischen Puffers und Reglers. Geographische Rundschau 38 (1986), S. 312–320

Ders.: Natur und Mensch in der West-Antarktis. Sitzungsberichte der Gesellschaft Naturforschender Freunde zu Berlin N. F. 29/30 (1990), S. 89–110

Ders.: Kalkkrusten – Ihre genetischen Beziehungen zu Bodenbildung und äolischer Sedimentation. Geomethodica 16 (1991), S. 169–197

BLÜMEL, W. D., und J. EBERLE: Merkmale chemischer Verwitterung in hochpolaren Böden – Ergebnisse pedologisch-sedimentologischer Untersuchungen in NW-Spitzbergen. Zeitschrift für Geomorphologie N. F. Suppl.-Bd. 97 (1994), S. 233–242

BLÜMEL, W. D., and B. EITEL: Geoecological aspects of maritime-climatic and continental periglacial regions in Antarctica (S-Shetlands, Antarctic Peninsula and Victorio-Land). Geoökodynamik 10 (1989), S. 201–214

BLÜMEL, W. D., R. EMMERMANN und W. SMYKATZ-KLOSS: Vorkommen und Ent stehung von trioktaedrischen Smektiten in den Basalten und Böden der König Georg-Insel (S-Shetlands/W-Antarktis). Polarforschung 55 (1985), S. 33–48

BOCKHEIM, J. G.: Solution and use of chronofunctions in studying soil development. Geoderma 24 (1980), S. 71–85

BOCKHEIM, J. G., and F. C. UGOLINI: A Review of pedogenic zonation in welldrained soils of the Southern Circumpolar Region. Quaternary Research 34 (1990), S. 47–66

BOECKH, M.: Keine klimabedingten Veränderungen im Grönlandeis. Geographische Rundschau (Nachrichten) 44 (1992), S. 733–734

BOECKX, P., and O. VAN CLEEMPUT: Flux estimates from soil methanogenesis and methanotrophy: Landfills, rice paddies, natural wetlands and aerobic soils. Environmental Monitoring and Assessment 42 (1996), S. 189–207

BOERO, V., and U. SCHWERTMANN: Fe and Mn transformations in a colluvial terra rossa toposequence in Northern Italy. Catena 14 (1987), S. 519–531

Dies.: Iron oxide mineralogy of terra tossa and ist genetic implications. Geoderma 44 (1989), S. 319–327

BÖLTER, M., H.-P. BLUME, and H. ERLENKEUSER: Pedologic, isotopic and microbiological properties of Antarctic soils. Polarforschung 64 (1994), S. 1–7

BORCHERT, W.: Klimaoasen in den Fjorden Westnorwegens. Mitt. der Geogr. Gesellschaft in Hamburg 53 (1958), S. 141–159

BORGGAARD, O. K.: Phase identification by selective dissolution techniques. In: J. W. STUCKI, B. A. GOODMAN and U. SCHWERTMANN (Eds.): Iron in soils and clay minerals. NATO ASI Series, C/217, 1988, S. 83–95

BORK, H.: Soil erosion during the past millenium in Central Europe and ist significance within the geomorphodynamics of the Holocene. Catena Supplement 15 (1989), S. 121–131

BORK, H., und H. ROHDENBURG: Untersuchungen zur jungquartären Relief- und Bodenentwicklung in immerfeuchten tropischen und subtropischen Gebieten Südbrasiliens. Zeitschrift für Geomorphologie Suppl.-Bd. 48 (1983), S. 155–178

BOSS, G.: Niederschlagsmenge und Salzgehalt des Nebelwassers an der Küste Deutsch Südwestafrikas. Bioklimat. Beibl. der Meteorologischen Zeitschrift 8 (1941), S. 1–15

BOTCH, M. S., and V. V. MASING: Mire ecosystems in the U.S.S.R. In: A. J. P. GORE (Ed.): Mires: swamp, bog, fen and moor. Ecosystems of the world 4B. Amsterdam 1983, S. 95–152

BOTTNER, P., and P. LOISSAINT, P.: Etat des nos connaissances sur les sols rouges du bassin méditerranéen. Science du sol 1 (1967), S. 49–80

BRAUNS, T., und U. SCHOLZ: Shifting cultivation – Krebsschaden aller Tropenländer? Geographische Rundschau 49 (1997) H. 1, S. 3–10

224 Literatur

BRAVARD, S., and D. RIGHI: Geochemical differences in an Oxisol-Spodosol toposequence of Amazonia, Brazil. Geoderma 44 (1989)S. 29–42

BRAY, F: Modelle für die Landwirtschaft: Misch- kontra Monokultur. Spektrum der Wissenschaft (1990) H. 6, S. 74–80

BREBURDA, J.: Bodengeographie der borealen und kontinentalen Gebiete Eurasiens. Giessener Abhandlungen zur Agrar- und Wirtschaftsforschung des europäischen Ostens 148, 1987

BREMER, H.: Relief und Böden in den Tropen. Zeitschrift für Geomorphologie N. F., Suppl.-Bd. 33 (1979), S. 25–37

BROECKER, W. S.: Plötzliche Klimawechsel. Spektrum der Wissenschaft (1996) H. 1, S. 86–92

BRONGER, A., and N. BRUHN-LOBIN: Paleopedology of Terrae rossae – Rhodoxeralfs from Quaternary calcarenites in NW Marocco. Catena 28 (1997), S. 279–295

BRÜCKNER, H.: Holozäne Bodenbildungen in den Alluvionen süditalienischer Flüsse. Zeitschrift für Geomorphologie N. F. Suppl.-Bd. 48 (1983), S. 99–116

Ders.: Geoarchäologische Forschungen in der Westtürkei – das Beispiel Ephesos. Passauer Schriften zur Geographie 15 (1997), S. 39–51

BRÜCKNER, W. D.: The mantle rock (laterite) of the Gold Coast and ist origin. Geologische Rundschau 43 (1955), S. 307–327

BRUNNACKER, K.: Die Geschichte der Böden im jüngeren Pleistozän in Bayern. Geologica Bavarica 43, 1957

BUCH, M. W.: Spätpleistozäne und holozäne fluviale Geomorphodynamik im Donautal zwischen Regensburg und Straubing. Regensburger Geographische Schriften 21, 1988

Ders.: Geochrono-Geomorphostratigraphie der Etosha Region, Nordnamibia. Die Erde 127 (1996), S. 1–22

BÜCHER, A.: Fallout of saharan dust in the Northwestern Mediterranean Region. In: M. LEINEN and M. SARNTHEIN (Eds.): Paleoclimatology and Paleometeorology: Modern and Past Patterns of Global Atmospheric Transport. Dordrecht 1989, S. 565–584

BÜCHER, A., et G. LUCAS: Poussières africains sur l'Europe. La Météorologie 33 (1975) H. 5, S. 53–69

BÜDEL, J.: Eiszeitliche und rezente Verwitterung und Abtragung im ehemals nicht vereisten Teil Mitteleuropas. Petermanns Geographische Mitteilungen. Ergänzungsheft 229 (1937), S. 1–83

Ders.: Die Abtragungsvorgänge in der exzessiven Talbildungszone Südost-Spitzbergens. Stuttgart 1987

BURINGH, P.: Introduction to the study of soils in tropical and subtropical regions. Wageningen ³1979

BUSCHIAZZO, D. E.: Calcrete formation in soils of the Argentinian Pampas. In: Ernst Schlichting-Gedächtniskolloquium 1989, Tagungsband. Stuttgart-Hohenheim 1990, S. 92–106

BUSCHIAZZO, D., und N. PEINEMANN: Paläoböden in SE-Argentinien. Zentralblatt für Geologie und Paläontologie I (1985), S. 1559–1570

BUTLER, B. E.: Parna – an aeolian clay. Australian Journal of Science 18 (1956), S. 145–151

Ders.: A contribution towards the better specification of parna and some other aeolian clays in Australia. Zeitschrift für Geomorphologie N. F. Suppl.–Bd. 20 (1974), S. 106–116

BUTLER, B. E., and J. T. HUTTON: Parna in the Riverine Plain of southeastern Australia and the soils thereon. Australian Journal of Agricultural Research 7 (1956), S. 536–553

CAMPBELL, I. B., and G. G. C. CLARIDGE: Antarctica: Soils, weathering processes and environment. Amsterdam, Oxford, New York 1987

CADY, J.G., and R.B. DANIELS: Genesis of some very old soils – the Paleudults. Transact. 9th Int. Congr. of Soil Science, Adelaide/Australia IV (1968), S. 103–112

CHEN, J., and H.P. BLUME: Impact of human activities on the terrestrial ecosystem of Antarctica: A review. Polarforschung 65 (1995), S. 83–92

COLE, D.W., and M. RAPP: Elemental cycling in forest ecosystems. In: D.E. REICHLE: Dynamic properties of forest ecosystems. Cambridge 1981.

CORNELL, R.M., and U. SCHWERTMANN: The iron oxides. Structure, properties, reactions, occurrence and uses. Weinheim, New York, Basel, Cambridge, Tokyo 1996

COUDÉ-GAUSSEN, G., P. ROGNON, A. RAPP and T. NIHLÉN: Dating of péridesert loess in Matmata, south Tunisia, by radiocarbon and thermoluminescence methods. Zeitschrift für Geomorphologie N.F. 31 (1987), S. 129–144

DAHLKE, J.: Der westaustralische Wirtschaftsraum. Aachener Geographische Arbeiten 7, 1975

DANIELS, R.B., E.E. GAMBLE and W.H. WHEELER: Age of soil landscapes in the coastal plain of North Carolina. Soil Science Soc. Am. Journal 42 (1978), S. 98–105

DE DAPPER, M., Y. BIOT, W. BOUCKAERT and J. DEBAVEYE: Geomorphology for soil survey: a case study from the humid tropics (Peninsula Malaysia). Zeitschrift für Geomorphologie, N.F. Suppl.-Bd. 68 (1988), S. 21–56

DENEVAN, W.M.: The aboriginal population of Amazonia. In: W.M. DENEVAN (Ed.): The native population of the Americas. Madison 1976, S. 205–234

DIAZ, C.: The great soil groups of Chile. Agricultura Técnica 1959/60

DIEZ, T.: Die würm- und postwürmzeitlichen Terrassen des Lech und ihre Bodenbildungen. Eiszeitalter und Gegenwart 19 (1968), S. 102–128

DOLUKHANOV, P.M., and N.A. KHOTINSKIY: Human cultures and the natural environment in the USSR during the Mesolithic and Neolithic. In: A.A. VELICHKO (Ed.): Late Quaternary environments of the Soviet Union. Minneapolis 1984, S. 319–327

DOPPLER, W.: Landwirtschaftliche Betriebssysteme in den Tropen und Subtropen. Stuttgart 1991

DOWDESWELL, J.A., J.O. HAGEN, H. BJÖRNSSON, A.F. GLAZOVSKY, W.D. HARRISON, P. HOLMLUND, J. JANIA, R.M. KOERNER, B. LEFAUCONNIER, C.S.L. OMMANEY and R.H. THOMAS: The mass balance of Circum-Arctic glaciers and recent climate change. Quaternary Research 48 (1997), S. 1–14

EBERLE, J.: Untersuchungen zur Verwitterung, Pedogenese und Bodenverbreitung in einem hochpolaren Geosystem (Liefdefjord und Bockfjord/Nordwestspitzbergen). Stuttgarter Geographische Studien 121, 1994

EBERLE, J., und D. THANNHEISER: Rezente Permafrostdegradierung: Auswirkungen auf Böden und Vegetation in Nordwestspitzbergen (Liefde- und Bockfjord). – Die Erde 126 (1995): 19–33

EGGERT, M.K.H.: Über die Flüsse in die Wälder: Zur Besiedlungsgeschichte des äquatorialen Regenwaldes. – In: M. MOLLIG und D. BÜNNAGEL (Hrsg.): Der zentralafrikanische Regenwald. Afrikanische Studien 3, 1992, S. 53–63

EICHLER, H.: Die Bedeutung der Flechten (lichens) für die geowissenschaftliche Ökosystemforschung. Heidelberger Geowissenschaftliche Abhandlungen 6 (1986), S. 81–98

EITEL, B.: Kalkkrustengenerationen in Namibia: Carbonatherkunft und genetische Beziehungen. Die Erde 124 (1993), S. 85–104

Ders.: Kalkreiche Decksedimente und Kalkkrustengenerationen in Namibia: Zur Frage der Herkunft und Mobilisierung des Calciumcarbonats. Stuttgarter Geographische Studien 123, 1994a

Ders.: Paläoklimaforschung: Pedogener Palygorskit als Leitmineral? Die Erde 123 (1994b), S. 171–179

Ders.: Kalkkrusten in Namibia und ihre paläoklimatische Interpretation. Geomethodica 20 (1995), S. 101–124

Ders.: Landschaftseinheiten im Großraum Passau: Geomorphologie, Decksedimentaufbau und zugehörige Bodengesellschaften. In: G. BAURIEGEL (Hrsg.): Der Raum Niederbayern im Wandel. Passauer Kontaktsudium Erdkunde 5, 1997, S. 9–18

EITEL, B., und W. D. BLÜMEL: Gesteinsverwitterung durch Calciumcarbonat: Beispiele aus Namibia. Würzburger Geographische Arbeiten 92 (1997), S. 253–268

EMMERICH, K.-H.: Relief, Böden und Vegetation in Zentral- und Nordwest-Brasilien unter besonderer Berücksichtigung der känozoischen Landschaftsentwicklung. Frankfurter geowissenschaftliche Arbeiten, D, 8, 1988

Ders.: Diskordanzen in Böden der tropischen Feuchtwälder Nordwest-Brasiliens und ihre klimageomorphologische Deutung. – Frankfurter geowissenschaftliche Arbeiten, D, 10, 1989, S. 167–177

Ders.: Decksedimente in den Tropen. Geographische Rundschau 49 (1997) H. 1, S. 18–23

ENDLICHER, W.: Bodengeographisch-geoökologische Umweltforschung: Boden als Mensch-Umwelt-System. Die Erde 126 (1995), S. 287–302

ERIKSSON, E.: The chemical climate and saline soils in the arid zone. Climatology 10 (1958), S. 147–180

ESPEJO, R.: The soils and the ages of the „Raña" surfaces related to the Villuercas and Altamira Mountain Ranges (Western Spain). Catena 14 (1987), S. 399–418

ESWARAN, H., H. IKWARA and J. M. KIMBLE: Oxisols of the world. In: Proceedings, International Symposium on Red Soils, Peking. Amsterdam 1986, S. 90–123

ESWARAN, H., J. KIMBLE and T. COOK: Properties, genesis and classification of vertisols. Transact. Int. Workshop on Swell-Shrink soils. New Delhi 1988, S. 1–22

EVERETT, K. R.: Soil development in the Mould Bay and Isachsen Areas, Queen Elisabeth Islands, Northwest Territiries, Canada. Ohio State University, Institute of Polar Studies Report 24 (1968), S. 1–75

FAO: FAO-UNESCO Soil Map of the World, Revised Legend, with corrections and updates. World Soil Resources Report 60. Rome. Reprinted with updates as Technical Paper 20. Wageningen 1997

FAUST, D.: Bodenerosion in Niederandalusien. Geographische Rundschau 47 (1995), S. 712–718

FELDMANN, L., und G. SCHELLMANN: Abflußverhalten und Auendynamik im Isartal während des Spät- und Postglazials. Düsseldorfer geographische Schriften 34 (1994), S. 95–110

FELIX-HENNINGSEN, P.: Die mesozoisch-tertiäre Verwitterungsdecke im Rheinischen Schiefergebirge – Aufbau, Genese, quartäre Überprägung. Relief, Boden, Paläoklima 6, 1990

Ders.: Frühholozäne Feuchtzeitböden auf Altdünen der Ténéré und des Tchigai-Berglandes, Ost-Niger. Würzburger Geographische Arbeiten 84 (1992), S. 97–129

FELIX-HENNINGSEN, P., E.-D. SPIES und H. ZAKOSEK: Genese und Stratigraphie periglazialer Deckschichten auf der Hochfläche des Ost-Hunsrücks (Rheinisches Schiefergebirge). – Eiszeitalter und Gegenwart 41 (1991), S. 56–69

FELIX-HENNINGSEN, P., und K. E. BLEICH: Böden und Bodenmerkmale unterschiedlichen Alters. In: BLUME et al. (Hrsg.): Handbuch der Bodenkunde. Kap. 4.5.1. Landsberg/L. 1996

FEY, M.: Hypothesis for the pedogenic yellowing of red soil materials. Dept. of Agric. and Fisheries / Pretoria, RSA, Technical Communication Bulletin 18 (1983), S. 130–136

FINCK, A.: Tropische Böden. Hamburg, Berlin 1963

DERS.: Düngung und Bodenfruchtbarkeit in den Tropen und Subtropen. – In: S. REHM (Hrsg.).: Handbuch der Landwirtschaft und Ernährung in den Entwicklungsländern Band 3: Grundlagen des Pflanzenbaus in den Tropen und Subtropen. Stuttgart ²1986, S. 249–284

FÖLSTER, H.: Die Pedi-Sedimente der südsudanesischen Pediplane, Herkunft und Bodenbildung. Pedologie 24 (1964), S. 64–84

FORMAN, S. L., and G. H. MILLER: Timedependent soil morphologies and pedogenetic processes on raised beaches Brøggerhalvøya, Spitsbergen, Svalbard Archipelago. Arctic and Alpine Research 16 (1984), S. 381–394

FOTH, H. D., and J. W. SCHAFER. Soil geography and land use. New York, Chichester, Brisbane, Toronto(1980

FRANZ, H.-J.: Physische Geographie der Sowjetunion. Gotha, Leipzig 1973

FRÄNZLE, O.: Die Schwankungen des pleistozänen Hygroklimas in Südost-Brasilien und Südost-Afrika. Biogeographica 7 (1976), S. 143–162

FREEBAIRN, D. M., R. J. LOCK and D. M. SILBURN: Soil ersosion and soil conservation for vertisols. – In: N. AHMAD and A. MERMUT (Eds.): Vertisols and technologies for their management. Developments in Soil Science 24 (1996), S. 303–362

FRENZEL, B.: Die Vegetations- und Landschaftszonen Nord-Eurasiens während der letzten Eiszeit und während der postglazialen Wärmezeit. II. Teil: Rekonstruktionsversuch der letzteiszeitlichen und wärmezeitlichen Vegetation Nord-Eurasiens. Akad. Wiss., Math.-Naturwiss. Klasse 6. Wiesbaden 1960

FRINGS, T.: Die Bedeutung autochthonen Agrarwissens für die Ernährungssicherung in den Ländern Tropisch Afrikas. Geographische Rundschau 44 (1992), S. 88–93

FRÜHAUF, M.: Beiträge zur Lithologie, Genese, räumlichen Verbreitung und standortkundlichen Bedeutung der schluffreichen Sedimentglieder der periglazialen Lockermaterialdecken in den Mittelgebirgen – dargestellt am Beispiel des Harzes (DDR-Teil). Diss. B. Halle/S. 1986

Ders.: Die Bedeutung jungdryaszeitlicher geomorphologischer Prozesse für die Landschaftsgenese in den Mittelgebirgen. – Z. geol. Wiss. 20 (1992), S. 239–244

FURCH, K.: Chemistry of várzea and igapó soils and nutrient inventory of their floodplain forests. – In: W. J. JUNK (Ed.): The Central Amazon Floodplain. Ecological Studies 126 (1997), S. 47–67

FURRER, G.: Zur Gletschergeschichte des Liefdefjords. Stuttgarter Geographische Studien 117 (1992), S. 267–278

GANSSEN, R.: Bodengeographie. Stuttgart ²1972

GANSSEN, R., und F. HÄDRICH: Atlas zur Bodenkunde. Mannheim 1965

GARNER, H. F.: Derangement of the Rio Caroni, Venezuela. Rev. Geomorphol. Dyn. 16 (1966), S. 54–83

GEHRT, E.: Tonmineralogie der Lösse und mögliche Quellen für Unterschiede. Exkursionsführer, 17. Sitzung AK Paläoböden. Braunschweig 1998a, S. 112–113

Ders.: Entstehung und Systematik der Schwarzerden und Grauerden. Exkursionsführer, 17. Sitzung AK Paläoböden. Braunschweig 1998b, S. 114–115

GEHRT, E., B. MEYER, T. BECKMANN und F. SCHWONKE: Schwarzerden, Grauerden und Pararendzinen – Die frühholozäne Bodengesellschaft der Börden. Mitteilungen der Deutschen Bodenkundlichen Gesellschaft 76/II (1995), S. 1037–1041

GERRARD, J. G.: Soil Geomorphology – An Integration of Pedology and Geomorphology. London ²1995

GIBBS, R. J.: Amazon River: Environmental factors thet control ist dissolved and suspended load. Science 156 (1967), S. 1734–1737

228

Literatur

GIESSNER, K.: Die subtropisch-randtropische Trockenzone. Globale Verbreitung, innere Differenzierung, geoökologische Typisierung und Bewertung. Geoökodynamik 9 (1988), S. 135–183

Ders.: Geoecological controls of fluvial morphodynamics in the Mediterranean Subtropics. Geoökodynamik 11 (1990), S. 17–42

GLAWION, H.: Staub und Staubfälle in Arosa. Beiträge zur Physik der Freien Atmosphäre 25 (1939), S. 1–43

Ders.: Die natürliche Vegetation Islands als Ausdruck des ökologischen Raumpotentials. Bochumer Geographische Arbeiten 45, 1985

GLAZOVSKAYA, M. A.: Soils of the world. Vol. II: Soil Geography. (= Russian Translation Series 10, russ. 1973). Rotterdam 1984

GOUDIE, A. S.: The geomorphological role of termites and earthworms in the tropics. In: H. VLIES (Ed.): Biogeomorphology (1988), S. 165–192

GOUDIE, A. S. & VLIES, H. A. (1995): The nature and pattern of debris liberation by salt weathering: a laboratory study. – Earth Surface Processes and Landforms 20: 437–449

GRABERT, H.: Der Amazonas – Geschichte und Probleme eines Strombegietes zwischen Pazifik und Atlantik. Berlin 1991

GRAETZ, R. D., and I. CONAN: Microclimate and evaporation. In: D. W. GOODALL and R. A. PERRY (Eds.): Aridland ecosystems: structure, functioning and management. Vol. 1, IBP 16 (1979), S. 409–434

HAASE, G.: Struktur und Gliederung der Pedosphäre in der regionischen Dimension. Beiträge zur Geographie (Supplementband) 29, 1978

Ders.: Beiträge zur Bodengeographie der Mongolischen Volksrepublik. In: H. BARTEL, H. BRUNNER und G. HAASE (Hrsg.): Physisch-geographische Studien in Asien. Studia Geographica, Brno 34 (1983), S. 231–367

HAFFNER, W.: Die Gebirge und Hochländer der Tropen und Subtropen. Gießener Beiträge zur Entwicklungsforschung, Reihe I/8 (1982), S. 1–33

HAMILTON, A. C.: Environmental history of East Africa – a study of the Qauternary. London, New York 1982

HASTENRATH, S.: Climate and circulation in the Tropics. Dordrecht, Boston, Lancaster, Tokyo 1985

HEAL, O. W., P. P. FLANAGGAN, D. D. FRENCH and S. F. Jr. MAC LEAN: Decomposition and accumulation of organic matter. In: L. C. BLISS, O. W. HEAL and J. J. MOORE (Eds.): Tundra ecosystems: a comparative analysis. IBP 25. Cambridge (1981), S. 587–633

HEINE, K., und R. WALTER: Die Gipskrustenböden der zentralen Namib (Namibia) und ihr paläoklimatischer Aussagewert. Petermanns Geographische Mitteilungen 140 (1996), S. 237–253

HEINTZENBERG, J.: Arctic haze: air pollution in polar regions. Ambio 18 (1989), S. 50–55

HENNING, I.: Zum Pampa-Problem. Die Erde 119 (1988), S. 25–30

HERBILLON, A. J., and D. NAHON: Laterites and laterization processes. In: J. W. STUCKI, B. A. GOODMAN and U. SCHWERTMANN (Eds.): Iron in soils and clay minerals. NATO ASI Series C, 217 (1988), S. 779–796

HERRMANN, L.: Staubdeposition auf Böden Westafrikas. Eigenschaften und Herkunftsgebiete und ihr Einfluß auf Boden und Standortseigenschaften. Hohenheimer bodenkundliche Hefte 36, 1996

HESSE, P. P.: The record of continental dust from Australia in Tasman Sea sediments. Quaternary Science Reviews 13 (1994), S. 257–272

HINTERMAIER-ERHARD, G., und W. ZECH: Wörterbuch der Bodenkunde. Systematik, Genese, Eigenschaften, Ökologie und Verbreitung von Böden. Stuttgart 1997

HUBBLE, G. D., and R. F. ISABELL: The occurence of strongly acid clays beneath alkaline soils in Queensland. Australian Journal of Science 20 (1958), S. 186–187

IBRAHIM, F. N.: Savannen-Ökosysteme. Geowissenschaften in unserer Zeit 5 (1984), S. 145–159

Irion, G.: Die Entwicklung des zentral- und oberamazonischen Tieflands im Spät-Pleistozän und im Holozän. Amazoniana VI (1976), S. 67–79

Ders.: Quaternary geological history of the Amazon lowlands. – In: L. B. HOLM-NIEL-SEN, I. NIELSEN and H. BALSLEV (Eds.): Tropical Forests. London 1989, S. 23–34

IRION, G., W. J. JUNK and J. A. S. N. DE MELLO: The large Central Amazonian River Floodplains near Manaus: geological, climatological, hydrological and geomorphological aspects. In: J. W. JUNK (Ed.): The Central Amazon Floodplain. Ecology of a pulsing system. Ecological Studies 126, 1997, S. 23–46

JACKSON, M. L., R. N. CLAYTON, A. VIOLANTE and P. VIOLANTE: Eolian influence on terra rossa soils of Italy traced by quartz oxygen isotopic ratio. (Int. clay conf. 1981) Development in Sediment 35 (1981), S. 293–301

JAEGER, F.: Zur Gliederung und Benennung des tropischen Graslandgürtels. Verhandlungen der Naturkundlichen Gesellschaft Basel 56 (1945) H. 2, S. 509–520

JAENICKE, G.: Monitoring and critical review of the estimated source strength of mineral dust from the Sahara. – In: C. MORALES (Ed.): Saharan dust – mobilization, transport, deposition. SCOPE Report 14, 1979

JAHN, R.: Ausmaß äolischer Einträge in circumsaharischen Böden und ihre Auswirkungen auf Bodenentwicklung und Standorteigenschaften. Hohenheimer bodenkundliche Hefte 23, 1995

Ders.: Bodenlandschaften subtropischer mediterraner Zonen. In: H.-P. BLUME et al.: Handbuch der Bodenkunde, Kap. 3.4.5.4, 1997

JAHN, R., L. HERRMANN und K. STAHR: Die Bedeutung äolischer Einträge für Bodenbildung und Standortseigenschaften im circumsaharischen Raum. Zbl. Geol. Paläont. Teil I: 1995, 3/4, Stuttgart 1996, S. 421–432

JAKOBSEN, B. H.: Soil formation as an indication of relative age of glacial deposits in Eastern Greenland. Geografisk Tidsskrift 90 (1990), S. 29–35

JANETZKO, P: Verbreitung und Gliederung periglaziärer Deckschichten im Jungmoränengebiet von Schleswig-Holstein und ihre Bedeutung für die Pedogenese. In: Landesamt für Natur und Umwelt des Landes Schleswig-Holstein Abt. Geologie/Boden (Hrsg.): Böden als Zeugen der Landschaftsentwicklung (STREMME-Festschrift). 1996, S. 15–28

JESSUP, R. W.: The stony tableland soils of the southeastern portion of the Australian arid zone and their evolutionary history. Journal of soil science 11 (1960), S. 188–197

Ders.: Evolution of the two youngest (Quaternary) soil layers in the southeastern portion of the Australian arid zone. I. The Parakylia Layer. Journal of soil science 12 (1961a), S. 52–63

Ders.: Evolution of the two youngest (Quaternary) soil layers in the south-eastern portion of the Australian arid zone. II. The Bookaloo Layer. Journal of soil science 12 (1961b), S. 64–72

JOHN V. D. M.: Accumulation and decay of litter and net production of forest in tropical West Africa. Oikos 24 (1973), S. 430–435

JONES, B. F, and E. GALAN: Sepiolite and palygorskite. – In: S. W. BAILEY (Ed.): Hydrous phyllosilicates. Min. Soc. Am.: Reviews in Mineralogy 19 (1988), S. 631–674

JORDAN, C. F.: Soils of the Amazon rain forest. – In: G. T. PRANCE and T. E. LOVEJOY (Eds.): Key environments: Amazonia. Oxford, New York, Toronto, Sydney, Frankfurt 1985, S. 83–94

KAPPEN, L.: Vegetation and ecology of ice-free areas of Northern Victoria Land, Antarctica. 1. The lichen vegetation of Birthday Ridge and an inland mountain. 2. Ecological conditions in typical micro-habitats of lichens at Birthday Ridge. Polar Biology 4 (1985), S. 213–225 und 227–236

KARTE, J.: Räumliche Abgrenzung und regionale Differenzierung des Periglaziärs. Bochumer geographische Arbeiten 35, 1979

KIMMINS, J. P.: Forest ecology. New York 1987

KLAMMER, G.: Zur jungquartären Reliefgeschichte des Amazonastales. Zeitschrift für Geomorphologie N. F. 20 (1976), S. 149–170

Ders.: Landforms, cyclic erosion and deposition, and the Late Cenozoic changes in climate in southern Brazil. Zeitschrift für Geomorphologie N. F. 25 (1981), S. 146–165

Ders.: Die Paläowüste des Pantanal von Mato Grosso und die pleistozäne Klimageschichte der brasilianischen Randtropen. Zeitschrift für Geomorphologie N. F. 26 (1982), S. 393–416

KLEBER, A.: Coverbeds as soil parent materials in midlatitude regions. Catena 30 (1997), S. 197–213

KLINGE, H.: Über spanische Terra-rossa-Vorkommen und die Möglichkeiten ihrer zeitlichen Einordnung auf Grund bodengeographischer Studien. Zeitschrift für Pflanzenernährung, Düngung, Bodenkunde 76 (1957), S. 223–231

Ders.: Podzol soils: a source of blackwater rivers in Amazonia. Atlas do Simpósio sôbre a Biota Amazônica 3 (limnologia) 1967, S. 117–125

KLINK, H.-J.: Vegetationsgeographie. Das Geographische Seminar. Braunschweig [3]1998

KÖNIG, D.: Dégradation et érosion des sols au Rwanda. Cahiers d'Outre-Mer 47 (1994), S. 35–48

Ders.: Bodenschutz in tropischen Agroforstsystemen. Mitt. der Deutschen Bodenkundlichen Ges. 79 (1996), S. 399–402

KÖPPEN, W.: Grundriß der Klimakunde. Berlin, Leipzig 1931

KOHLMEYER, S.: Wachstum des Grönland-Eisschildes. Physik in unserer Zeit: 21 (1990) H. 5, S. 222–223

KRAHMER, U., und W. G. SCHRAPS: Kartierungstechnik. In: BLUME et al.: Handbuch der Bodenkunde, Kap. 3.5. 1997

KRAUS, E.: Der Blutlehm auf der süddeutschen Niederterrasse als Rest des postglazialen Wärmeoptimums. – Geogn. Jh. 34 (1922), S. 149–224

KRINGS, T.: Die Bedeutung autochthonen Agrarwissens für die Ernährungssicherung in den Ländern Tropisch-Afrikas. Geogr. Rundschau 44 (1992), S. 88–93

KUBIENA, W. L.: Bestimmungsbuch und Systematik der Böden Europas. Stuttgart 1953

Ders.: Kurze Übersicht über die wichtigsten Formen der Bodenbildung in Spanien. Veröff. des geobotanischen Instituts Zürich 31 (1955), S. 23–31

KUNTZE, H., G. ROESCHMANN und G. SCHWERDTFEGER: Bodenkunde. Stuttgart [5]1994

KUSSMAUL, H., und E.-A. NIEDERBUDDE: Bilanzierung der Tonbildung und -verlagerung sowie der Tonmineralumwandlung in Löß-Parabraunerden. Zeitschrift für Pflanzenernährung und Bodenkunde 142 (1979), S. 586–600

KUTILEK, M., and D. R. NIELSEN: Soil hydrology. Cremlingen-Destedt 1994

LACHENBRUCH, A. H., and B. V. MARSHALL.: Changing climate: Evidence from permafrost in the Alascan Arctic. Science 234 (1989), S. 689–698

LAGALY, G., und H. M. KÖSTER: Tone und Tonminerale. – In: K. JASMUND und G. LAGALY (Hrsg.): Tonminerale und Tone. Strktur, Eigenschaften, Anwendung und Einsatz in Industrie und Umwelt. Darmstadt 1992, S. 1–32

LAL, R., J. KIMBLE and R. F. FOLLETT: Pedosheric processes and the carbon cycle. In: R. LAL, J. M. KIMBLE, R. F. FOLLETT and B. A. STEWART (Eds.): Soil processes and the carbon cycle. Boca Raton 1998, S. 1–8

LAL, R., J. KIMBLE, E. LEVINE and C. WHITMAN: World soils and greenhouse effect: an overview. In: R. LAL, J. KIMBLE, E. LEVINE and B.A. STEWART: Soils and global change. Boca Raton 1995, S. 1–7

LARCHER, W.: Ökologie der Pflanzen auf physiologischer Grundlage. UTB. Stuttgart [4]1980

LAUER, W.: Klimatologie. Das Geographische Seminar. Braunschweig [2]1995

LAUER, W., und W. ERLENBACH: Die tropischen Anden. Geoökologische Raumgliederung und ihre Bedeutung für den menschen. Geographische Rundschau 39 (1987), S. 86–95

LE HOUEROU, H. N.: Impact of man and his animals on Mediterranean vegetation. In: F. DI CASTRI et al. (Eds.): Mediterranean-type shrublands. Ecosystems of the world 11 (1981), S. 479–521

LEHMANN, R.: Landschaftsdegradierung, Bodenerosion und -konservierung auf der Kykladeninsel Naxos, Griechenland. Physiogeographica 21, 1984

LEININGEN, W. GRAF ZU: Entstehung und Eigenschaften der Roterde (Terra rossa). Centralblatt f. d. ges. Forstwesen XLIII (1917), S. 1–14

Ders.: Die Roterde (Terra rossa) als Lösungsrest mariner Kalkgesteine. Chemie der Erde 4 (1930), S. 178–187

LESER, H.: Geomorphologie. Das Geographische Seminar. Braunschweig [2]1993

Ders.: Probleme und Möglichkeiten der Anwendung von Geomorphologie. Heidelberger Geographische Arbeiten 104 (BARSCH-Festschrift),1996, S. 481–495

LESER, H., und W. SEILER: Geoökologische Forschungen in Südspitzbergen. Die Erde 117 (1986), S. 1–22

LETOLLE, R., und M. MAINGUET: Der Aralsee. Eine ökologische Katastrophe. Berlin, Heidelberg 1996

LICHTE, M.: Äolische Herkunft der Bodenbedeckung SE-Brasiliens. Zeitschrift für Geomorphologie N. F. 24 (1980), S. 356–360

LIEBEROTH, J.: Bodenkunde. Berlin [4]1991

LIEDTKE, H.: Die nordischen Vereisungen in Mitteleuropa. Forschungen zur deutschen Landeskunde 204. Trier [2]1981

Ders.: Abluale Abspülung und Sedimentation in Nordwestdeutschland während der Weichsel-(Würm-)Eiszeit. In: H. LIEDTKE (Hrsg.): Eiszeitforschung. Darmstadt 1990, S. 261–269

LITTMANN, T.: Jungquartäre Ökosystemveränderungen und Klimaschwankungen in den Trockengebieten Amerikas und Afrikas. Bochumer Geogr. Arb. 49, 1988

LOSSAINT, P.: Soilvegetation relationships in Mediterranean ecosystems of southern France. – In: F. DI CASTRI and H. A. MOONEY: Mediterranean-type ecosystems: origin and structure. Ecol. Studies 7 (1973), S. 199–210

LÖFFLER, E.: Bioturbation als Faktor der Reliefgenese in den wechselfeuchten Tropen. Petermanns Geographische Mitteilungen 140 (1996), S. 301–313

LÖSCHER, M., und T. Haag: Zum Alter der Dünen im nördlichen Oberrheingraben bei Heidelberg und zur Genese ihrer Bänderparabraunerden (mit einem Beitrag von K. MÜNZING). Eiszeitalter und Gegenwart 39 (1989), S. 98–108

LOUGHNAN, F. C.: Chemical weathering of the silicate minerals. New York 1969)

LOYE-PILOT, M. D., J. M. MARTIN and J. MORELLI: Influence of Saharan dust on the rain acidity and atmospheric input to the Mediterranean. Nature 321 (1986), S.427–428

MÄCKEL, R.: Die geomorphologische Bedeutung von Vertisolen in Kenia/Ostafrika. Heidelberger Geographische Arbeiten 104 (1996), S. 154–165

MANSHARD, W.; und R. MÄCKEL: Umwelt und Entwicklung in den Tropen. Darmstadt 1995

MARBUT, C. F.: A scheme for soil classification. Proc. 1. Int. Congr. Soil Science, 4 (1928)

MAYR, E., and R. J. O'HARA: The biogeographic evidence supporting the Pleistocene Refuge Hypothesis. Evolution 40 (1986), S. 55–67

MCTAINSH, G. H., and P. H. WALKER: Nature and distribution of Harmattan dust. Zeitschrift für Geomorphologie N. F. 26 (1982), S. 417–435

MECKELEIN, W.: Beobachtungen und Gedanken zu geomorphologischen Konvergenzen in Polar- und Wärmewüsten. Erdkunde XIX (1965), S. 31–39

MEGGERS, B. J.: The indigenous peoples of Amazonia, their cultures, land use patterns and effects on the landscape and biota. – In: H. SIOLI (Ed.): The Amazon: Limnology and landscape ecology of a mighty tropical river and ist basin. Dordrecht, Boston, Lancaster 1984, S. 627–648

MENSCHING, H.: Bodenerosion und Auelehmbildung in Deutschland. Gewässerkundliche Mitteilungen 6 (1957), S. 110–114

Ders.: Desertifikation: ein weltweites Problem der ökologischen Verwüstung in den Trockengebieten. Darmstadt 1990

MEURER, M.: Ökologische und ökonomische Aspekte der Ziegenhaltung in Nordtunesien. Geographische Rundschau 73 (1985), S. 162–183

MEURER, M., K. REIFF, H.-J. STURM und H. WILL: Savannenbrände in Tropisch-Westafrika. – Petermanns Geographische Mitteilungen 138 (1994), S. 35–50

MEYER, B., und W. KRUSE: Untersuchungen zum Prozeß der Rubefizierung (Entkalkungsrötung) mediterraner Böden am Beispiel kalkhaltiger, marokkanischer Küstendünen. Göttinger Bodenkundliche Berichte 13 (1970), S. 77–140

MEYER, B., und K. NEUMEYER: Holozäne Boden-Gesellschaft aus jungpleistozänen Sedimenten unter Tropen-Regenwald in der Übergangsregion Cordilleren – Amazonas-Becken in Peru. Göttinger bodenkundliche Berichte 62, 1980

MILNE, G.: Some suggested units of classification and mapping, particularly for East African Soils. Soil Research 4 (1935), S. 183–198

Ders.: Some suggested units of classification and mapping particulary for East African soils. Soil Research 4 (1935), S. 183–198

Ders.: Normal erosion as a factor in soil profile development. Nature 138 (1936), S. 548–549

MIOTKE, F. D., und R. v. HODENBERG: Zur Salzsprengung und chemischen Verwitterung in den Darwin Mountains und den Dry Valleys, Victoria-Land, Antarktis. Polarforschung 50 (1980), S. 45–80

MONK, C. D., and F. P. JR DAY: Biomass, primary production and selected nutrient budgets for an undisturbed watershed.In: W. T. SWANK and D. A. JR. CROSSLEY (Eds.): Forest hydrology and ecology at Coweeta. Ecol. Studies 66 (1988), S. 151–160

MOORE, T. R.: The nutrient status of subarctic woodland soils. – Arctic and Alpine Research 12 (1980), S. 147–160

MÜCKENHAUSEN, E.: Entstehung, Eigenschaften und Systematik der Böden der Bundesrepublik Deutschland. Frankfurt/M. [2]1977

MULLER, S. W.: Permafrost or permanently frozen ground and related engineering problems. Ann Arbor, 1947

MÜLLER, M. J.: Handbuch ausgewählter Klimastationen der Erde. Trier [4]1987

MÜLLER, S.: Schwarzerderelikte in Stuttgarts Umgebung. Jh. geol. Abt. d. Württ. Statist. Landesamts Stuttgart 1 (1951), S. 79–90

Ders.: Südwestdeutsche Waldböden im Farbbild. Erläuterungen. – Schriftenreihe der Landesforstverwaltung Baden-Württemberg 23 (1967)

NAIR, P. K. R., and R. G. MUSCHLER: Agroforestry. In: L. PANCEL (Ed.): Tropical Forestry Handbook Vol. 2. Berlin, Heidelberg, New York, London, Paris, Tokyo, Hong Kong, Barcelona, Budapest 1993, S. 997–1057

NEEF, E.: Das Gesicht der Erde. Frankfurt [4]1977

NETTENBERG, F.: The interpretation of some basic calcrete types. S. Afr. arch. Bull. 24 (1969), S. 88–92

Ders.: Calcretes and their decalcification around Rundu, Okavangoland, South West Africa. Palaeoecology of Africa 15 (1982), S. 159–169

NEUE, H. U., J. L. GAUNT, Z. P. WANG, P. BECKER-HEIDMANN and C. QUIJANO: Carbon in tropical wetlands. Geoderma 79 (1997), S. 163–185

NEUSTADT, M. J.: Holocene peatland development. – In: A. A. VELICHKO (Ed.): Late Quaternary environments of the Soviet Union. London 1984, S. 201–206

NIHLÉN, T., and S. OLSSON: Influence of eolian dust on soil formation in the Aegean area. Zeitschrift für Geomorphologie N. F. 39 (1995), S. 341–361

OECHEL, W. C., S. J. HASTINGS, G. VOURLITIS, M. JENKINS, G. RIECHERS and N. GRULKE: Recent change of Arctic Tundra ecosystems from a net carbon dioxide sink to a source. Nature 361 (1993), S. 520–523

OSTENDORFF, E.: Fossile Schwarzerden und Waldböden in Süddeutschland und ihre Bedeutung für die Diluvialgeschichte. Zeitschrift für Pflanzenernährung, Düngung, Bodenkunde 65 (1954), S. 62–80

PAQUET, H., und G. MILLOT: Geochemical evolution of clay minerals in the weathered products in soils of Mediterranean climate. Proc. Int. Clay Conf. Madrid (1972), S. 199–206

PARTRIDGE, T. C., and R. P. MAUD: Geomorphic evolution of Southern Africa since the Mesozoic. S. Afr. J. Geol. 90 (1987), S. 179–208

PECHER, K.: Schadstoffe auch in Polargebieten? Organochlorverbindungen als Indizien globaler Umweltverschmutzung. Geographische Rundschau 44 (1992), S. 231–236

PÉCSI, M., und G. RICHTER: Löss: Herkunft - Gliederung - Landschaften. Zeitschrift für Geomorphologie Supplementband 98, 1996

PHILLIPS, J. D., M. LAMPE, R. TH. KING, M. CEDILLO, R. BEACHLEY and CH. GRANTHAM: Ferricrete formation in the North Carolina Coastal Plain. Zeitschrift für Geomorphologie N. F. 41 (1997), S. 67–79

PONNAMPERUMA, F. N.: The chemistry of submerged soils. Advances in agronomy 24 (1972), S. 29–96

POPP, H., und K. ROTHER (Hrsg.): Die Bewässerungsgebiete im Mittelmeerraum. Passauer Schriften zur Geographie 13, 1993

POTTER, K. N., O. R. JONES, H. A. TORBERT and P. W. UNGER: Crop rotation and tillage effects on organic carbon sequestration in the semiarid Southern Great Plains. Soil Science 162 (1997), S. 140–147

PREUSS, J. G. J.: Jungpleistozäne Klimaänderungen im Kongo-Zaire-Becken. Geowissenschaften in unserer Zeit 4 (1986), S. 177–187

PYE, K.: Aeolian dust transport and deposition over Crete and adjacent parts of the Mediterranean Sea. – Earth Surface Processes and landforms 17 (1992), S. 271–288

QUIST, D.: Zur Bodenerosion im Zuckerrübenanbau des Kraichgaus. Ein Vergleich flurbereinigter und nicht flurbereinigter Gebiete. Stuttgart 1984

RAMSPERGER, B., K. STAHR und N. PEINEMANN: Eintrag und Eigenschaften von Stäuben in der argentinischen Pampa. Mitteilungen der Deutschen Bodenkundlichen Gesellschaft 85/III (1997), S. 1553–1556

RAPP, A.: Are Terra Rossa soils in Europe eolian deposits from Africa? Geologiska Föreningens i Stockholm Förhandlingar: 105 (1984), S. 161–168

RAPP, A., and T. NIHLÉN, T.: Dust storms and eolian deposits in North Africa and the Mediterranean. Geoökodynamik 7 (1986), S. 41–62

Dies.: Desert duststorms and loess deposits in North Africa and South Europe. Catena Supplement 20 (1991), S. 43–55

RAPP, M., and P. LOSSAINT: Some aspects of mineral cycling in the garrigue of southern France. – In: F. DI CASTRI: Mediterranean-type shrublands. Ecosystems of the World 11 (1981), S. 289–301

RAU, D.: Das Für und Wider zum Konzept der „Reichsbodenschätzung" vor deren Beginn am Anfang der 30er Jahre. Mitteilungen der Deutschen Bodenkundlichen Gesellschaft 67 (1992), S. 245–248

Ders.: Rezente und fossile Lößböden in Thüringen. Mitt. der Deutschen Bodenkundlichen Ges. 80 (1996), S. 7–10

READ, D. J., and D. T. MITCHELL: Decomposition and mineralization processes in mediterranean-type ecosystems in heathlands of similar structure. In: F. J. KRUGER et. al.: Mediterranean-type ecosystems. Ecol. Studies 43 (1983), S. 208– 232

READING, A. J., R. D. THOMPSON and A. C. MILLINTON: Humid Tropical Environments. Oxford (GB), Cambridge (USA) 1995

REEVES, C. C.: Origin, classification and geologic history of caliche on the southern High Plains, Texas and eastern New Mexico. J. Geol. 78 (1970), S. 352–362

REHFUESS, K. E.: Waldböden. Entwicklung, Eigenschaften, Nutzung. Pareys Studientexte 29. Hamburg, Berlin 1981

RICHARDS, P. W.: The Tropical Rain Forest. Cambridge 1996

ROHDENBURG, H.: Hangpedimentation und Klimawechsel als wichtigste Faktoren der Flächen- und Stufenbildung in den wechselfeuchten Tropen an Beispielen aus Westafrika, besonders aus dem Schichtstufenland Südost-Nigerias. Göttinger bodenkundliche Berichte 10 (1969), S. 57–152

ROHDENBURG, H., und U. SABELBERG: „Kalkkrusten" und ihr klimatischer Aussagewert – Neue Beobachtungen aus Spanien und Nordafrika. Göttinger Bodenkundliche Berichte 7 (1969), S. 3–26

ROLSHOVEN, M.: Landschaftsentwicklung in Südamerika unter dem Einfluß von Tektonik, Klima und Mensch. Zbl. Geol. Paläont. Teil I, 1984/11/12 (1985), S. 1581–1584

ROTHER, K.: Der Mittelmeerraum. Stuttgart 1993

Ders.: Mediterrane Subtropen. Braunschweig 1984

Ders.: Deutschland – Die östliche Mitte. Braunschweig 1997

RUNGE, J.: Palaeoenvironmental interpretation of geomorphological and pedological studies in the rain forst „core-areas" of Eastern Zaire (Central Africa). South African Geographical Journal 78 (1996) H. 2, S. 91–97

Ders.: Alterstellung und paläoklimatische Interpretation von Decksedimenten, Steinlagen (stone lines) und Verwitterungsbildungen in Ostzaire (Zentralafrika). Geoökodynamik 18 (1997), S. 91–108

SALOMON, J.-N., and S. POMEL: L'origine des carbonates dans les croûtes argentines. Zeitschrift für Geomorphologie N. F. 41 (1997), S. 145–166

SANCHEZ, P. A.: Properties and management of soils in the Tropics. New York 1976

SANDER, H.: Boden und Relief in Nordost- und Zentralaustralien. Verwitterungsintensität und Mehrphasigkeit in Abhängigkeit vom Niederschlag. Relief, Boden, Paläoklima 12, 1996

SCHAEFER, C., and J. DALRYMPLE: Landscape evolution in Roraima, North Amazonia: Planation, paleosols and palaeoclimates. Zeitschrift für Geomorphologie N. F. 39 (1995), S. 1–28

SCHARPENSEEL, H. W., M. SCHOMAKER and A. AYOUB (Eds.): Soils on a warmer earth. Amsterdam, Oxford, New York, Tokyo 1990

SCHEFFER, F., und SCHACHTSCHABEL: Lehrbuch der Bodenkunde. Stuttgart [14]1998

SCHELLMANN, G.: Wesentliche Steuerungsmechanismen würmzeitlicher und holozäner Flußdynamik im deutschen Alpenvorland und Mittelgebirgsraum. Düsseldorfer Geographische Schriften 34 (1994), S. 123–146

SCHENK, E.: Die periglazialen Strukturbodenbildungen als Folgen der Hydratationsvorgänge im Boden. Eiszeitalter und Gegenwart 6 (1955), S. 170–184

SCHERELIS, G.: Untersuchungen zur profildifferenzierten Variabilität der Schwermetalle Cr, Mn, Fe, Ni, Cu, Zn, und Pb in rezenten und fossilen Parabraunerden Baden-Württembergs. Stuttgarter Geographische Studien 112, 1989

SCHILLING, B., und E.-D. SPIES: Die Böden Mittel- und Oberfrankens. Bayreuther Bodenkundliche Berichte 17 (1991), S. 68–82

SCHINDLER, D.: Zur Zonalität der Bodenbildung in Nord-Ost-Sibirien am Beispiel von Jakutien. Mitteilungen der Deutschen Bodenkundlichen Gesellschaft 85/III (1997), S. 1219–1222

SCHLESINGER, W.H.: Carbon storage in the caliche of arid soils: a case study from Arizona. Soil Science 133 (1982), S. 247–255

Ders.: Biogeochemistry: an analysis of global change. San Diego 1991

SCHLEUSS, U., und H.-P. BLUME: Bodengesellschaften einer Jungmoränenlandschaft in Nordwestdeutschland (Bornhöveder Seenkette, Schleswig-Holstein). Petermanns Geographische Mitteilungen 140 (1996), S. 3–13

SCHMIDT, R.: Grundsätze der Bodenvergesellschaftung. In: H.-P. BLUME et al. (Hrsg.): Handbuch der Bodenkunde, Kap. 3.4.1. Landsberg/L. 1997

SCHMIDT-LORENZ, R.: Die Böden der Tropen und Subtropen. In: S. REHM (Hrsg.): Grundlagen des Pflanzenbaues in den Tropen und Subtropen. Handbuch der Landwirtschaft und Ernährung in den Entwicklungsländern 3, 1986, S. 47–92

SCHNEIDER, M. B.: Bewässerungslandwirtschaft in S.W.A./Namibia. Wasser + Boden 8 (1988), S. 433–436

SCHÖNHALS, E.: Ergebnisse bodenkundlicher Untersuchungen in der Hessischen Lößprovinz mit Beiträgen zur Genese des Würm-Lösses. Boden und Landschaft, Schriftenreihe zur Bodenkunde, Landeskultur und Landschaftsökologie Gießen 8, 1996

SCHOLTEN, T.: Genese und Erosionsanfälligkeit von Boden-Saprolith-Komplexen aus Kristallingesteinen in Swaziland. Boden und Landschaft. Schriftenreihe zur Bodenkunde, Landeskultur und Landschaftsökologie Gießen 15, 1997

SCHOLZ, H.: Ein Vorstoß des Inlandeises in Westgrönland – Dokumentation des vorrückenden Eisrandes bei Søndre Strømfjord. Eiszeitalter und Gegenwart 41 (1991), S. 119–131

SCHOLZ, U.: Ist die Agrarproduktion der Tropen ökologisch benachteiligt? Geographische Rundschau 36 (1984), S. 360–366

SCHROEDER, D.: Bodenkunde in Stichworten. Berlin, Stuttgart [5]1992

SCHUNKE, E.: Die Periglazialerscheinungen Islands in Abhängigkeit von Klima und Substrat. Abh. d. Akad. Wiss. Göttingen, II. Math.–Phys. Klasse, 3. Folge, 30, 1975

SCHULTZ, J.: Die Ökozonen der Erde. Stuttgart [2]1995

SCHWARTZ, D.: Some podzols on Bateke Sands and their origins, People's Republic of Congo. Geoderma 43 (1988), S. 229–238

SCHWARTZ, D., A. MARIOTTI, R. LANFRANCHI and B. GUILLET: 13C/12C ratios of soil organic matter as indicators of vegetation changes in the Congo. Geoderma 39 (1986), S. 97–103

SCHWER, P.: Untersuchungen zur Modellierung der Bodenneubildungsrate auf Opalinuston des Basler Tafeljura. Basler Beiträge zur Physiogeographie: Physiogeographica 18, 1994

SCHWERTMANN, U.: Transformation of hematite to goethite in soils. Nature 232 (1971), S. 624–625

Ders.: Occurence and formation of iron oxides in various pedoenvironments. In: J. W. STUCKI, B. A. GOODMAN and U. SCHWERTMANN (Eds.): Iron in soils and clay minerals. NATO ASI Series, C/217 (1988), S. 267–308

SEMMEL, A.: Junge Schuttdecken in hessischen Mittelgebirgen. Notizblatt des hessischen Landesamts für Bodenforschung 92 (1964), S. 275–285

Ders.: Studien über den verlauf jungpleistozäner Formung in Hessen. Frankfurter Geographische Hefte 45, 1968

Ders.: Catenen der feuchten Tropen und Fragen ihrer geomorphologischen Deutung. Catena Supplement 2 (1982), S. 123–140

Ders.: The importance of loess in the interpretation of geomorphological processes and for dating in the Federal Republic of Germany. Catena Supplement 15 (1989), S. 179–188

Ders.: Grundzüge der Bodengeographie. Stuttgart [3]1993

Ders.: Holozäne Bodenbildungsraten und „tolerierbare Bodenerosion" – Beispiele aus Hessen. Geol. Jb. Hessen 123 (1995), S. 125–131

SEMMEL, A., und H. ROHDENBURG: Untersuchungen zur Boden- und Reliefentwicklung in Süd-Brasilien. Catena 6 (1979), S. 203–217

SEUFFERT, O.: Der Einfluß von Klimagenese und Morphodynamik auf Entstehung und Verbreitung der Terra Rossa im westlichen Mittelmeergebiet. Würzburger geographische Arbeiten 12 (1964), S. 161–173

SHAW, G. E., and M. A. K. KHALIL: Arctic haze. In: O. HUTZINGER (Ed.): The handbook of environmental chemistry. Vol. 4, B. Heidelberg 1989, 70–109

SICK, W.-D.: Agrargeographie. Braunschweig [3]1997

SINGER, A.: Pedogenic palygorskite in the arid environment. In: A. SINGER and E. GALAN (Eds.): Palygorskite - Sepiolite. Occurences, genesis and uses. Development in Sedimentology 37 (1984), S. 169–175

SIOLI, H., und H. KLINGE: Über Gewässer und Böden des brasilianischen Amazonasgebiets. Die Erde (1961) H. 3, S. 205–219

SIOLI, H.: The Amazon and ist main affluents: Hydrography, morphology of the river courses, and river types. In: H. SIOLI (Ed.): The Amazon: Limnology and landscape ecology of a mighty tropical river and its basin. Dordrecht, Boston, Lancaster 1984a, S. 127–166

Ders.: Former and recent utilizations of Amazonia and their impact on the environment. In: H. SIOLI (Ed.): The Amazon: Limnology and landscape ecology of a mighty tropical river and ist basin. Dordrecht, Boston, Lancaster 1984b, S. 675–706

SKOWRONEK, A.: Untersuchungen zur Terra rossa in E- und S-Spanien – ein regionalpedologischer Vergleich. Würzburger geographische Arbeiten 47, 1978

SMALLEY, I. J.: Loess, Lithology and Genesis. Benchmark Papers in Geology 26, 1975

SMITH, T. M., and H. H. SHUGART: The transient response of terrestrial carbon storage to a perturbed climate. Nature 361 (1993), S. 523–526

Soil Survey Staff: Keys to soil taxonomy. Washington D. C. [7]1996

SOMBROEK, W. G.: Soils of the Amazon region. In: H. SIOLI (Ed.): The Amazon: Limnology and landscape ecology of a mighty tropical river and ist basin. Dordrecht, Boston, Lancaster 1984, S. 522–535

SOMMER, M., and E. SCHLICHTING: Archetypes of catenas in respect to matter – a concept for structuring and grouping catenas. Geoderma 76 (1997), S. 1–33

SPAARGREN, O. C.: Weathering and soil formation in a limestone area near Pastena (Fr., Italy). Publ. Fys. Geogr. en Bodenk. Lab. Amsterdam 30, 1979

SPRINGER, M. E.: Desert pavement and vesikular layer of some soils of the desert of the Lahotan Basin, Nevada. Soil Science Soc. Am. Proc. 1958 (1958), S. 63–66

STÄBLEIN, G.: Zur quartären Klima- und Permafrostentwicklung am Liefdefjorden/Nordwest-Spitzbergen. Ergebnisse der Spitzbergenexpedition SPE 90. Stuttgarter Geogr. St. 117 (1992), S. 355–368

STACHE, N., und P. DRECHSEL: Ökologischer Landbau in der ländlichen Entwicklung Ruandas. Geographische Rundschau 49 (1997), S. 32–38

STADELBAUER, J.: Die Nachfolgestaaten der Sowjetunion. Großraum zwischen Dauer und Wandel. Wissenschaftliche Länderkunden 41. Darmstadt 1996

STELLA, D.: The geography of soils. Formation, distribution and management. Englewood Cliffs (N.J.) 1976

STEPHAN, S.: Substratschichtung und finale Bodenerosion in Westdeutschland. In: Landesamt für Natur und Umwelt des Landes Schleswig-Holstein Abt. Geologie/Boden (Hrsg.): Böden als Zeugen der Landschaftsentwicklung (STREMME-Festschrift). 1996, S. 29–36

STONER, M. G., F. C. UGOLINI and D. J. MARRETT: Moisture and temperature changes in the active layer of Arctic Alaska. – 4th Int. Conf. on Permafrost, Proceedings. Nat. Acad. Press, Washington D. C. 1983, S. 1194–1199

STRAHLER, A. H., and A. STRAHLER: Physical Geography. Science and systems of the human environment. New York 1990

STREMME, H. E.: Zum Vorkommen brauner Steppenböden im Oberrheingebiet. Zeitschrift für Pfanzenernährung, Düngung, Bodenkunde 60 (1953), S. 273–278

SWAP, R., M. GARSTANG, S. GRECO, R. TALBOT and P. KALLBERG: Saharan dust in the Amazon Basin. Tellus 44B (1992), S. 133–149

TARNOCAI, C.: Wetlands in Canada: distribution and characteristics. In: H. I. SCHIFF and L. L. BARRIE (Eds.): Global change, Canadian wetland study, workshop report and research plan. Report No. 018801. North York 1988, S. 21–25

Ders.: The amount of organic carbon in various soil orders and ecological processes in Canada. In: R. LAL, J. M. KIMBLE, R. F. FOLLETT and B. A. STEWART (Eds.): Soil processes and the carbon cycle. Boca Raton 1989, S. 81–92

TARNOCAI, C., and K. W. G. VALENTINE: Relict soil properties of the arctic and subarctic regions of Canada. Catena Supplement 16 (1989), S. 9–39

TEDROW, J. C. F.: Pedogenic gradients of the polar regions. Journal of Soil Science 19 (1968), S. 197–204

Ders.: Soils of the Polar Landscapes. New Brunswick, N. J. 1977

THANNHEISER, D.: Die Vegetationsgesellschaften des kanadischen borealen Nadelwaldes. Essener Geographische Arbeiten 25 (1994), S. 1–21

The National Atlas of Canada. Ed. by Dept. of Energy, Mines and Resources. Ottawa [4]1974.

THEUNE, CH.: Reisterrassen und Grundwasseranreicherung in Indien. Wasser + Boden 40 (1988) H. 8, S. 428–432

THOMAS, D. S. G.: Discrimination of depositional environments, using sedimentary characteristics, in the Mega Kalahari, central southern Africa. In: L. E. FROSTICK and I. REID (Eds.): Desert sediments, Ancient and Modern. Oxford 1987, S. 293–306

TEICHMANN, R.: Mehrschichtige Böden der nördlichen Frankenalb, erste Arbeitsergebnisse. Tübinger geographische Studien 105 (1990), S. 267–295

TITLYANOVA, A. A., and N. I. BAZILEVICH: Semi-natural temperate meadows and pastures: nutrient cycling. In: R. T. COUPLAND (Ed.): Grassland ecosystems of the world: analysis of grasslands and their uses. IBP 18. Cambridge 1979, S. 170–180

TRETER, U.: Die borealen Waldländer. Braunschweig 1993

Ders.: Die Rolle des Feuers in den borealen Waldökosystemen Kanadas. Ein allgemeiner Überblick mit einer Fallstudie aus dem Flechten-Fichten-Waldland. Essener Geographische Arbeiten 25 (1994), S. 23–42

TRIBUTH, H.: Die Tonmineralentwicklung in Abhängigkeit von der Bodengenese. Mitteilungen der Dt. Bodenkundlichen Gesellschaft 62 (1990), S. 153–156

TRICART, J.: Existance de périodes sèches au Quaternaire en Amazonie et dans les régions voisines. Revue de géomorphologie dynamique 23 (1974), S. 145–158

TROLL, C.: Das Pampaproblem in landschaftsökologischer Sicht. Erdkunde 22 (1968), S. 152–155

TROLL, C., und K.-H. PAFFEN: Karte der Jahreszeitenklimate der Erde. Erdkunde 18 (1964), S. 5–28

UGOLINI, F. C.: Pedogenic zonation in the well-drained soils of the Arctic regions. Quaternary Research 26 (1986), S. 100–120

UGOLINI, F. C., and R. R. SLETTEN: Genesis of Arctic Brown Soils (Pergelic Cryocrept) in Svalbard. Publ. 5. Int. Conference on Permafrost, Trondheim 1988, S. 478–483

UHLIG, H.: Reisbausysteme und -ökotope in Südostasien. Geowissenschaftliche Methoden in der Reisbauforschung und die Ökosysteme des Überschwemmungsreisbaues. Erdkunde 37 (1983), S. 269–282

Ders.: Reisbauökosysteme mit künstlicher Bewässerung und mit pluvialer Wasserzufuhr. Erdkunde 38 (1984), S. 16–29

VALETON, I.: Verwitterung und Verwitterungslagerstätten. – In: H. FÜCHTBAUER (Hrsg.): Sedimente und Sedimentgesteine. Stuttgart 1988, S. 11–68

VAN DER HAMMEN, T.: Palaeoecological background: Neotropics. Climatic Change 19 (1991), S. 37–47

Van NOORDWIJK, M., C. CERRI, P. L. WOOMER, K. NUGROHO and M. BERNOUX: Soil carbon dynamics in the humid tropical forest zone. Geoderma 79 (1997), S. 187–225

VAN WAMBEKE, A.: Soils of the Tropics: Properties and appraisal. New York 1992

VELDE, B.: Composition and mineralogy of clay minerals. In: B. VELDE (Ed.): Origin and mineralogy of clays. Berlin 1995, S. 8–42

VENZKE, J.-F.: Boreale Mittelgebirgs-Geoökotopgefüge und ihre Vergesellschaftung in Zentral-Alaska. Geoökodynamik 10 (1989), S. 1–25

Ders.: Aspekte der Geoökologie semiaridborealer Landschaften in Zentral-Jakutien, Sibirien. Essener Geographische Arbeiten 25, 1994

VOGG, R.: Bodenressourcen arider Gebiete. Untersuchungen zur potentiellen Fruchtbarkeit von Wüstenböden in der mittleren Sahara. Stuttgarter Geographische Studien 97, 1981

VÖLKEL, J.: Periglaziale Deckschichten und Böden im Bayerischen Wald und seinen Randgebieten als geogene Grundlagen landschaftsökologischer Forschung im Bereich naturnaher Waldstandorte. Zeitschrift für Geomorphologie N. F. Suppl.-Bd. 96 (1995)

VÖLKEL, J., und A. MAHR: Neue Befunde zum Alter der periglazialen Deckschichten im Vorderen Bayerischen Wald. Zeitschrift für Geomorphologie, N. F. 41 (1997), S. 131–137

WAGNER, S.: Bodendifferenzierung in einer landwirtschaftlich genutzten Region des Kraichgaus. Geoökodynamik XII (1991), S. 207–235

WALLÉN, C. C.: Impact of present century climate fluctuations in the northern hemisphere. Geografiska Annaler 68A (1986), S. 245–278

WALLING, D. E., and B. W. WEBB: Patterns of sediment yield. In: K. G. GREGORY (Ed.): Background to paleohydrology. Chichester 1983, S. 69–100

WALTER, H.: Die Vegetation der Erde in ökophysiologischer Betrachtung. Bd. I: Die tropischen und subtropischen Zonen. Jena ²1964

Ders.: Das Pampaproblem in vergleichend ökologischer Betrachtung und seine Lösung. Erdkunde 21 (1967), S. 181–203

Ders.: Vegetation und Klimazonen: Grundriß der globalen Ökologie. Stuttgart ⁶1990

WALTER, H., und S.-W. BRECKLE: Spezielle Ökologie der gemäßigten und arktischen Zonen Euro-Nordasiens. Ökologie der Erde 3, 1986

WASHBURN, A. L.: Geocryology. A survey of periglacial processes and environments. London 1979

WASSMANN, R., and C. MARTIUS: Methane emissions from the Amazon floodplain. In: W. J. JUNK (Ed.): Central Amazon Floodplain. Berlin, Heidelberg 1997, S. 137–143

WATSON, A.: Desert gypsum crusts as paleoenvironmental indicators: A micropetrographic study of crusts from southern Tunisia and the central Namib Desert. J. Arid Environment 15 (1988), S. 19–42

WATSON, A., D. PRICE WILLIAMS and A. S. GOUDIE: The palaeoenvironmental interpretation of colluvial sediments and palaeosols of the Late Pleistocene hypothermal in southern Africa. Palaeogeography, Palaeoclimatology, Palaeoecology 45 (1984), S. 225–249

WATTS, N. L.: Quaternary pedogenic calcretes from the Kalahari (southern Africa): mineralogy, genesis and diagenesis. Sedimentology 32 (1980), S. 855–876

WEBER, L.: Untersuchungen zum Versauerungsgrad von Löss-Parabraunerden an ausgewählten Waldstandorten im Kraichgau. Stuttgarter Geographische Studien 113, 1990

WEISCHET, W.: Chile. Seine länderkundliche Individualität und Struktur. Wissenschaftliche Länderkunden 2/3. Darmstadt 1970

Ders.: Regionale Klimatologie. Teil 1: Die neue Welt. Amerika, Neuseeland, Australien. Stuttgart 1996

WEISE, O.: Das Periglazial. Geomorphologie und Klima in gletscherfreien, kalten Regionen. Berlin, Stuttgart 1983

WELTNER, K: Die Böden im Nationalpark Doi Inthanon (Nordthailand) als Indikatoren der Landschaftsgenese und Landnutzungseignung. Frankfurter Geowissenschaftliche Arbeiten D, 22, 1996

WERNER, J.: Zur Kenntnis der Braunen Karbonatböden (Terra fusca) auf der Schwäbischen Alb. Diss. TU Stuttgart 1958

WHALEN, S. C., and W. S. REEBURGH: A methane flux transect along the trans-Alaska pipeline haul road. Tellus 42B (1990), S. 237–249

WHITMORE, T. C.: Tropische Regenwälder. Eine Einführung. Heidelberg, Berlin, New York 1993

WIESE, B.: Afrika. Ressourcen, Wirtschaft, Entwicklung. Stuttgart 1997

WILHELMY, H.: Das Wald-, Waldsteppen- und Steppenproblem in Südrußland. Geogr. Zeitschrift 49 (1943), S. 161–188

Ders.: Das Alter der Schwarzerden und der Steppen Mittel- und Osteuropas. Erdkunde 4 (1950), S. 5–34

WILLIAMS, M. A. J.: Pleistocene aridity in tropical Africa, Australia and Asia. – In: I. DOUGLAS and T. SPENCER (Eds.): Environmental Change and Tropical Geomorphology. London, Boston, Sydney 1985, S. 219–233

WINDHORST, H.-W. & KLOHN, W. (1995): Die Bewässerungslandwirtschaft in den Great Plains. – Vechtaer Studien zur Angewandten Geographie und Regionalwissenschaft 14: 175 S.

WINKLER, E. M., and P. C. SINGER: Crystallization pressure of salts in stone and concrete. Geol. Soc. Am. Bull. 83 (1972), 3509–3514

WINKLER, S., N. Haakensen, A. NESJE und N. RYE: Glaziale Dynamik in Westnorwegen – Ablauf und Ursachen des aktuellen Gletschervorstoßes am Jostedaalsbreen. Petermanns Geographische Mitteilungen 141 (1997), S. 43–63

WIRTHMANN, A.: Geomorphologie der Tropen. Erträge der Forschung 284. Darmstadt 1987

Wissenschaftlicher Beirat der Bundesregierung: Welt im Wandel: Wege zur Lösung globaler Umweltprobleme. Jahresgutachten 1995. Teil C1: Die Klimarahmenkonvention – Berlin und danach. Heidelberg 1995, S. 103–129

WORBES, M.: The forest ecosystem of the Floodplains. In: W. J. JUNK (Ed.): The Central Amazon Floodplain. Ecological Studies 126 (1997), S. 223–265

WRB – World Reference Base for Soil Resources. Draft. Ed. by O. C. SPAARGAREN; ISSS, ISRIC, FAO-UNESCO. Wageningen, Rome 1994

WÜTHRICH, CH.: Die Bodenfauna in der arktischen Umwelt des Kongsfjords (Spitzbergen). Versuch einer integrativen Betrachtung des Ökosystems. Basler Beiträge zur Physiogeographie, Materialien zur Physiogeographie 12, 1989

YAALON, D. H.: Climate, time and soil development. In: L. P. WILDING, N. E. SMECK and G. F. HALL (Eds.): Pedogenesis and soil taxonomy. I. Concepts and interactions. Amsterdam 1983, S. 233–251

YAALON, D. H., and J. DAN: Accumulation and distribution of loess derived deposits in semidesert and desert fringe areas of Israel. Zeitschrift für Geomorphologie N. F. Suppl.-Bd. 20 (1974), S. 91–105

YAALON, D. H., and E. GANOR: The influence of dust on soils during the Quaternary. Soil Science 116 (1973), S. 146–155

ZAKOSEK, H.: Zur Genese und Gliederung der Steppenböden im nördlichen Oberrheingraben. Mitteilungen der Deutschen Bodenkundlichen Gesellschaft 59/II (1989), S. 1021–1024

Ders.: Zur Genese und Gliederung des Rheintal-Tschernosems im nördlichen Oberrheingraben. Mainzer geowiss. Mitteilungen 20 (1991), S. 159–176

ZECH, W.: Geology and soils. In: L. PANCEL (Ed.): Tropical Forestry Handbook Vol. 1. Berlin, Heidelberg, New York, London, Paris, Tokyo, Hong Kong, Barcelona, Budapest 1993, S. 1–93

Ders.: Tropen – Lebensraum der Zukunft? Geographische Rundschau 49 (1997), S.11–18

ZECH, W., E. PABST und G. BECHTOLD: Analytische Kennzeichnung der Terra preta do indio Mitteilungen der Deutschen Bodenkundlichen Gesellschaft 29 (1979) H. 2, S. 709–716

ZECH, W., N. SENESI, G. GUGGENBERGER, K. KAISER, J. LEHMANN, T. M. MIANO, A. MILTNER and G. SCHROTH: Factors controlling humification and mineralization of soil organic matter in the tropics. Geoderma 79 (1997), S. 117–161

ZEESE, R.: Äolische Ablagerungen des Jungquartär in Zentral- und Nordostnigeria. Sonderveröffentl. Geol. Inst. Univ. Köln 82 (1991), S. 343–351

ZÖLLER, L.: Würm- und Rißlößstratigraphie und Thermolumineszenz-Datierung in Süddeutschland und angrenzenden Gebieten. Habilitationsschrift, Manuskr. Geo-Fak. Univ. Heidelberg 1995

Die FAO-UNESCO-Weltbodenkarte (Erläuterungen mit Karten):

FAO-UNESCO Soil Map of the World 1 : 5 000 000, Legends:
– Vol. II: Amérique du Nord, Paris 1979a: 230 S.
– Vol. III: Mexico and central America, Paris 1975: 95 S.
– Voll. IX: South America, Paris 1971: 193 S.
– Vol. V: Europe, Paris 1981: 199 S.
– Vol. VI,: Africa, Paris 1977: 299 S.
– Vol. VII: Asie du Sud, Paris 1979b: 121 S.
– Vol. VIII, North and Central Asia, Paris 1978: 165 S.
– Vol. IX: Southeast Asia, Paris1979c: 149 S.
– Vol. X: Australia, Paris 1978: 221 S.

7 Register

Das Geographische Seminar

Rainer Glawion / Hartmut Leser / Herbert Popp / Klaus Rother (Hrsg.)

LIEFERBARES PROGRAMM 1999

Erik Arnberger
Thematische Kartographie, 245 Seiten .... kart.   **16 0300**

Deutscher Verband für Angewandte Geographie (DVAG)
Geographen und ihr Markt, 141 Seiten .... kart.   **16 0335**

Bernhard Eitel
Bodengeographie, 264 Seiten .... kart.   **16 0281**

Lothar Finke
Landschaftsökologie, 206 Seiten .... kart.   **16 0295**

Johann-Bernhard Haversath,
Deutschland – Der Norden, 193 Seiten .... kart.   **16 0325**

Günter Heinritz, Reinhard Wießner
Studienführer Geographie, 211 Seiten .... kart.   **16 0334**

Burkhard Hofmeister
Stadtgeographie, 258 Seiten .... kart.   **16 0298**

Hans-Jürgen Klink
Vegetationsgeographie, 240 Seiten .... kart.   **16 0282**

Wilhem Lauer
Klimatologie, 267 Seiten .... kart.   **16 0284**

Hartmut Leser
Geomorphologie, 217 Seiten .... kart.   **16 0294**

Cay Lienau
Die Siedlungen des ländlichen Raumes, 246 Seiten .... kart.   **16 0283**

Dieter M. Richter
Geologie, 271 Seiten .... kart.   **16 0288**

Götz H.-G. v. Rohr
Angewandte Geographie, 237 Seiten .... kart.   **16 0302**

Klaus Rother
Deutschland – Die östliche Mitte, 232 Seiten .... kart.   **16 0326**

Ulrich Scholz
Die feuchten Tropen, 189 Seiten .... kart.   **16 0318**

Wolf-Dieter Sick
Agrargeographie, 254 Seiten .... kart.   **16 0299**

Gerhard Stiens
Prognostik in der Geographie, 223 Seiten .... kart.   **16 0337**

Uwe Treter
Die borealen Waldländer, 210 Seiten .... kart.   **16 0312**

Horst-Günter Wagner
Wirtschaftsgeographie, 230 Seiten .... kart.   **16 0296**

Friedrich Wilhelm
Hydrogeographie, 225 Seiten .... kart.   **16 0279**